선구자들이 남긴
지질학의 역사

김정률 지음

Σ 시그마프레스

선구자들이 남긴 **지질학의 역사**

발행일 | 2021년 8월 20일 1쇄 발행

지은이 | 김정률
발행인 | 강학경
발행처 | (주)시그마프레스
디자인 | 김은경
편 집 | 이호선

등록번호 | 제10-2642호
주소 | 서울특별시 영등포구 양평로 22길 21 선유도코오롱디지털타워 A401~402호
전자우편 | sigma@spress.co.kr
홈페이지 | http://www.sigmapress.co.kr
전화 | (02)323-4845, (02)2062-5184~8
팩스 | (02)323-4197

ISBN | 979-11-6226-347-1

＊ 책값은 책 뒤표지에 있습니다.

추천사

이 책은 저자가 서문에서 밝힌 바와 같이 자연과학의 한 분야인 지질학이 어떠한 학문 발전의 궤적을 걸어오며 오늘의 과학적 수준에 이르게 되었는가에 대한 학문 역사의 발자취를 소개합니다. 현재 우리는 우리의 삶에 영향을 미치는 지진, 화산, 해일, 산사태 등 다양한 자연 재해가 발생할 때마다 이에 대한 과학적 근거를 제시하며 설명을 하고 있습니다. 이러한 자연 재해가 일어난다는 것은 우리가 발을 딛고 있는 지각, 더 나아가 그 하부의 맨틀 등에서 활발한 지질 작용이 일어나고 있다는 것을 가리키며, 이러한 지질 작용은 지구의 역사 동안 수많은 지질 기록을 남겼습니다. 지진이나 화산이 지구 어디에선가 발생하면 언론에 보도되며 가장 흔하게 접하게 되는 과학적 용어가 '판구조론'일 것입니다.

이와 같이 대중에게도 익숙한 과학적 용어가 지구에서 일어나는 자연 현상을 설명하기 위해 등장하게 되는 데에는 이전의 수많은 지질학자들의 한줌 한줌의 과학적 업적이 모아지고 검증을 거치면서 학술적 이론으로 정립되었기 때문입니다. 우리가 알고 있는 현재의 지질학적 지식은 어제의 지질학적 지식에 바탕을 두고 있으며, 미래의 지질학적 지식은 또 오늘의 지질학적 지식으로부터 발전될 것입니다. 이러한 점에서 지질학을 공부하는 오늘의 우리 세대는 우리가 알고 있는 현재의 지식이 어떠한 과정을 거치면서 이룩된 것인지에 대한 깊은 성찰이 필요합니다. 우리의 이전 세대 선구자들이 큰 틀의 지질학적 이론들을 정립해 주었기에 후학들은 이러한 뼈대 위에 더 진전된 과학적 발전을 이룰 수가 있었다는 점을 이 책의 저자인 김정률 교수가 잘 헤아렸다고 여겨집니다.

이 책은 오늘의 시점에서 지질학의 발달을 되돌아볼 때 우리가 알고 있는 과학적 이론이 어떠한 과학적 관찰 및 연구 과정, 그리고 과학적 논쟁을 거치면서 발전해 왔는가를 생생히 기술하고 있습니다. 저자는 많은 문헌들을 참고하면서 고대와 중세의 위대한 선구자들이 가졌던 지질학적 사고와 이들이 겪었던 종교와의 갈등을 소개하고, 이를 계승하여 현대 지질학이 출현하는 과정을 잘 소개하였습니다. 지질학이 다른 자연과학의 발전과 더불어 어떻게 점차 과학적인 면모를 갖추어왔는지를 살펴보는 것은 단지 지구의 비밀을 풀어가는 지질학 전공자뿐만 아니라 일반인들에게도 과학의 발전이 어떻게 이루어지는지에 대한 중요한 과학사적인 의의가 있다고 할 수 있습니다.

이 책은 19세기 후반부터 지질학의 영역이 점차 세분화되면서 각 분야가 나름대로의 발전 궤적을 밟아가고 있다고 소개하며, 이러한 다양한 분야의 발전이 어떻게 20세기의 지질학의 발전을 이끌었고, 다시 21세기의 지질학으로 발전할 수 있을까에 대한 전망을 제시하였습니다. 또한 이 책에는 지질학 전공자뿐만 아니라 일반 대중이 국외 여행을 하면서 많이 찾는 세계적인 자연사박물관을 상세하게 소개하고 있습니다. 단순히 여행의 호기심에서 자연사박물관을 찾는 것보다 지질학의 발전 과정을 조금이라도 되돌아보면서 이의 연장선상에서 박물관의 전시실을 찾는다면 아마도 방문자는 더 특별한 감명을 받지 않을까 생각해봅니다. 전시실에 전시된 표본과 설명 등은 지질학을 연구한 우리의 위대한 선구자들의 연구 결과에 따른 것이기 때문입니다.

마지막으로 저자는 한국 지질학의 역사도 함께 되돌아보았습니다. 한국의 지질학 연구의 선구자들의 업적과 그 후학들의 역사가 문자로 기록되어 잊혀지지 않고 향후의 세대에게 전달하려는 저자의 사려 깊은 배려에 많은 찬사를 보냅니다. 이에 이 책이 지질학을 공부하고 연구하는 전공자뿐만 아니라 과학사와 지구에서 일어나는 다양한 지질 현상에 관심을 가지는 일반인들에게도 많은 도움이 되기를 바랍니다.

2021년
이용일
서울대학교 명예교수
전) 대한지질학회 회장

저자 서문

최초의 지질학의 순교자인 엠페도클레스, 광물학의 아버지인 아그리콜라, 지질 조사를 위해 알프스 정상을 열여섯 번이나 답사한 소쉬르, 지질학의 위대한 현인 베르너, 현대 지질학의 창시자 허턴, 층서학의 아버지인 스미스, 홍수설을 폐기하고 빙하설을 강력하게 주장한 버클랜드, 수성론자에서 열렬한 화성론자로 바뀐 부흐, 불굴의 명저인 **지질학의 원리**를 남긴 라이엘, 빙하학의 개척자 아가시, 최후의 완벽한 지질학자 쥐스, 대륙이동설을 주장하여 지구과학의 혁명을 일으킨 베게너 등 지질학의 선구자들의 위대한 업적을 하나의 작은 책으로 담기에는 너무나도 방대하다. 우리는 지구의 신비를 밝혀낸 이들의 업적을 얼마나 알고 있으며, 이들의 업적은 내일을 향해 갈 길이 바쁜 우리에게 무슨 의미가 있는가?

지질학은 지구의 역사를 밝히는 학문이며, 지질학자들은 지구의 과거 비밀을 풀어내는 열쇠를 찾기 위해 야외 조사와 실내 연구를 수행한다. 그리고 과거의 연구 결과를 알아내는 것은 새로운 연구를 수행하는 데 가장 기본적으로 필요한 것이다. 신비한 지구의 비밀에 관심을 갖는 우리들이 위대한 우리 스승들이 우리에게 남겨 준 업적을 모른다면 어떻게 새로운 연구를 수행할 수 있으며, 학문의 발전이 있겠는가?

이 작은 책은 지난 2,500년 동안 이룩된 지질학의 발전 과정을 위대한 선구자들이 남긴 중요한 업적을 중심으로 엮은 것이다. 이 책을 꾸미는 데는 주로 *Handbook of Palaeontology* (Zittel et al., 1900), *History of Geology and Palaeontology to the End of the Nineteenth Century* (Zittel, 1901), *From Mineralogy to Geology* (Laudan, 1987), *The Founders of Geology* (Geikie, 1905), *The Birth and Development of the Geological Sciences* (Adams, 1938), *Pioneers of Geology*

(Robson, 1986), *A History of Geology* (Gohau, 1990), *Geology and Religion: A History of harmony and hostility* (Kölbl-Ebert, 2009), *Science and Religion: New historical perspective* (Dixon et al., 2011) 및 *A Brief History of Geology* (O'Hara, 2018) 등을 참고하였으며, *Milestones in the History of Geology: A chronologic list of important events in the development of geology* (LaRocque, 1974)의 내용은 일부 내용을 추가하여 부록으로 실었다. 그리고 *A Dictionary of Scientists* (Oxford University Press, 1999) 와 *Dictionary of Scientists* (Random House Webster, 1997) 등을 참고하였다.

이 책은 14개의 장으로 구분했으며, 각각의 장은 대체적으로 지질학이 발전해 온 과정을 시대순으로 배열하였다. 제1장은 고대와 중세의 지질학적 사고를 다루었고, 제2장은 지질학의 태동과 여명을 거쳐 18세기에 현대 지질학으로 발전한 과정을 중심으로 다루었다. 제3장은 베르너의 수성론과 허턴의 지구의 이론을 중심으로 다루었으며, 제4장은 퀴비에와 브롱니아르의 연구와 스미스의 충서학 연구를 중심으로 다루었다. 제5장은 수성론과 홍수설이 소멸되고 약화되는 과정을 설명하였고, 제6장은 라이엘과 세지윅 그리고 머치슨 등의 지질학 연구를 중심으로 다루었다. 제7장은 지질학회와 지질조사소의 발전 과정을 살펴보았으며, 제8장은 아가시의 빙하 연구와 다윈의 종의 기원이 어떤 영향을 미쳤는지에 대하여 설명하였다. 제9장은 알프스, 스코틀랜드 및 애팔래치아 산맥을 어떻게 연구하였는지 그 과정을 살펴보았고, 제10장은 19세기 후반 각각의 여러 분야에서의 지질학의 발전 과정을 설명하였다. 제11장에서는 자연사박물관에 관한 내용을 다루었고, 제12장은 20세기의 지질학으로 대륙이동설, 해저확장설 및 판구조론 등의 발전 과정을 살펴보았고, 제13장은 해방 전과 해방 후의 한국 지질학의 발전 과정을 다루었다. 마지막으로 제14장에서는 21세기의 지질학의 과제와 전망을 정리해 보았다. 부록으로 지질 연대표를 실었으며, 지질학사 연표 및 용어 해설 등을 추가하였다.

너무나 오래된 이름들이 많고 출생 연도가 불명인 경우가 적지 않으며, 때로는 연구 업적이나 인명조차도 올바른지에 대하여 확신하기 힘든 경우도 있다. 원 논문을 참고하여야 하나 그렇지 못하고 재인용한 경우가 허다하다는 점을 밝혀둔다. 끝으로 우리나라 지질학 선구자들의 업적은 지질학회지 등을 참고하였다. 본인들의 허락 없이 인적 사항 등을 옮긴 바, 우리나라 지질학의 발전을 위해 애써 노력한 선구자들의 업적을 후학들에게 교육한다는 차원에서 이해해 주실 것으로 믿는다.

지질학에 대한 과학적 개념과 이론이 형성·발전되어 온 과정을 설명한 이 책은 지질과학의 역사를 개편한 것으로 지구과학과 지질학 및 과학사에 관심과 흥미를 갖는 중·고등학생과 이들을 지도하는 교사, 지구과학 및 지질학 전공 대학생 및 일반인들을 위해 집필되었으며, 위대한 선구자들에게 진 빚에 대한 기억이 바랜 지질학자들도 관심을 갖도록 쓰였다.

피와 땀으로 이룩한 위대한 업적을 남긴 수많은 지질학의 선구자들에게 진심으로 경의를 표하며, 그들은 저자가 얼마나 초라하고 부끄러우며 보잘 것 없는지를 알게 하였다. '선구자들이 남긴 지질학의 역사'라는 제목의 저서를 국내에서 최초로 출판한다는 부담감에서 더욱 신중해지고 두려움이 앞선다. 저자의 비재와 천학으로 표현이 서툴고 오류가 많을 것으로 생각된다. 지질학의 길을 동행하는 선배 동료들의 격려와 지도 편달로 미처 발견하지 못한 이러한 오류들이 수정되어 바르게 고쳐지기를 기대한다. 자료 처리를 도와준 한국교원대학교 지구과학교육과 김재연 군과 서명준 군의 도움이 컸으며 이에 감사의 뜻을 전한다. 또한 이 책이 마무리되기까지 모든 과정을 조용히 지켜주며 어려움을 참고 견디어 낼 수 있게 도움을 준 아내와 두 딸 은주와 은경에게 고마움을 전한다. 이들의 사랑과 도움이 없었다면 아마 이 책을 만들지 못하였을 것이다. 그리고 출판에 기꺼이 응해주신 도서출판 (주)시그마프레스 사장님께 감사드린다.

2021년 청원군 강내면 다락리에서
김정률

차례

제1장

고대와 중세의
지질학적 사고

지금부터 약 700만 년 전에 지구상에 태어난 인류의 조상은 지각의 구성 물질인 암석을 다듬어 석기를 제작하여 생활에 이용하였으며, 불의 발견과 함께 두뇌를 이용하여 문화를 발전시켰다. 기원전 약 3,000년경에는 나일강 유역에서 이집트 문명이, 인더스강 유역에서 인더스 문명이, 티그리스강과 유프라테스강 유역에서 메소포타미아 문명이, 그리고 황하강 유역에서 황하 문명이 발전하였다.

　기원전 약 5세기에 이르러 동서양에서는 사고의 혁명이 일어나 종교가 탄생하였고, 철학이 등장하였으며, 수학, 천문학, 철학 등의 고전 과학이 싹트기 시작하였다. 최근 인도와 중국에서의 고대 문헌에 대한 연구가 수행됨에 따라서 과학 발전의 기록이 점차 밝혀지고 있으나, 아직까지 지구과학적인 관점에서 볼 때 그리스의 과학에 대한 기록에는 미치지 못한 실정이다.

　기원전 약 5세기부터 서기 약 5세기까지의 그리스·로마 시대를 고대라고 하며, 서기 약 5세기부터 약 15세기까지를 중세라고 한다. 그리스·로마 시대의 지질학적 사고에 큰 영향을 미친 학자로는 지구의 기원과 변화를 관찰한 아리스토텔레스, 광물과 암석에 관한 테오프라스토스, 여러 광물에 대한 특성과 호박의 기원을 연구한 플리니, 그리고 화산과 지진, 화석 및 광상 등에 대한 기록을 남긴 스트라본 등을 들 수 있다.

중세에는 알 비루니의 측지학, 광물과 지진에 관한 아비센나, 그리고 기후 변화, 화석, 지형 변화 등에 관한 중국 송나라의 심괄을 손꼽을 수 있다.

1. 그리스 · 로마 시대의 지질학적 사고

현대적인 지질학의 발전이 싹트기 약 2,000여 년 전에, 철학자들은 이미 보석의 기원, 지진 및 화산 분화와 관련된 극적이고 무서운 현상, 그리고 암석 속에 포함된 패류의 신비로운 산출 등에 대해서 깊은 사색을 하기 시작하였다.

이 초기 사색가 중에서 가장 뛰어난 사람은 고대 철학과 수학에서 탁월함을 보인 그리스인이었다. 철학자 탈레스의 제자였던 아낙시만드로스(B.C. 610~546)는 기원전 570년경에 화석을 포함하는 지층의 가장 아래에서 물고기의 화석을 발견하고, 이로부터 물고기는 오늘날 생존하는 생물의 가장 오랜 조상일 것이라는 해석을 하였다고 한다.

또한 최초로 지질학적 현상을 관찰한 인물로 알려진 기원전 540년경에 활약하였던 크세노파네스(B.C. 570~478)라는 시인은 바다에서 멀리 떨어진 암석 속의 조개 파편과 물고기 잔해의 존재를 기록하였다. 더욱이 그는 이 발견들을 '자연의 장난(sports of nature)'이 아닌 거의 2,000년 후에 와서야 일반적인 설명이 된 것처럼 한때 생존했던 해양 생물의 유해로 해석한 것으로 추정된다.

기원전 480년경에 활약하였던 크산투스는 뒤에 화석 조개에 대해 유사한 결론을 내렸지만, 크세노파네스처럼 훈련된 눈을 가진 그리스인은 거의 없었다. 크산투스와 같은 시대에 살았으며 역사학의 아버지라고 불려지는 헤로도토스(B.C. 484~425)는 나일 삼각주가 나일강에 의해 떠내려 온 실트(silt)에 의해 형성되고 있는 것이라고 추론하였다.

그러나 고대 이집트인이 거대한 기자 피라미드를 건설할 때 사용되었던 풍화된 석회암괴에서 나온 화폐석(Nummulites)은 헤로도토스를 어리둥절하게 만들었다. 그는 화폐석을 그곳에서 노역한 노예들이 남겨 놓은 음식이 암석화된 것이라고 잘못 생각하였다.

그는 또한 이집트의 주피터 암몬 오아시스 근처의 언덕에서 바다에 사는 조개 화석을 관찰한 후, 이곳은 예전에 한번 바다로 덮여졌던 것으로 결론지었다.

거의 동시대에 살았던 또 다른 인물인 엠페도클레스(B.C. 494~434)는 시칠리아의 화산 활동을 연구하였을 뿐만 아니라, 그곳에서 포유류의 골격을 발견하고 이것을 이전에 그 섬에 살았던 거인이라고 결론을 내린 바 있다.

그는 '자연에 대하여(*Concerning Nature*)'라는 글에서 지구가 초기 혼돈의 상태에서 출발하여 지금까지의 상태로 지나온 과정을 4단계로 구분하였는데, 이는 생물의 진화 경로를 암시하는 내용을 포함하는 것으로 해석되고 있다. 또한 그는 에트나(Etna) 화산의 화구를 관찰하던 중 실족하여 화구에 빠져 죽은 것으로 알려져, 최초의 지질학적 순교자로 기록되고 있다(Arnold, 1852; LaRocque, 1974).

크세노파네스가 죽은 지 100년 후에 그 지혜를 유감없이 발휘한 플라톤의 제자인 아리스토텔레스(B.C. 384~322)(그림 1.1)는 가장 위대한 그리스의 철학자이자 과학자로 인식된다.

지질학에 대한 그의 생각에 대한 기록은 빈약하지만, 그는 그의 저서 기상학(*Meteorogica*)에서 우주의 물질은 물, 불, 공기, 흙의 4원소로 구성되었다고 주장하였으며, 바람, 물, 지진, 화산 및 암석에 대하여 언급한 바 있다. 또한 그는 '호흡(*De Respiratione*)'이라는 글에서 "수많은 물고기들이 땅속에서 움직이지 않은 상태에서 살고 있으며, 땅을 파헤치면 이들이 (화석으로) 나타난다"라고 주장한 바 있다.

이러한 지질학의 일상적인 관찰과는 반대로, 다른 과학 분야의 현대적 기초가 이들 옛 탐구자들의 손에 의해 정립되고 있었다. 아리스토텔레스는 물리학, 논리학, 철학, 정치학 등 모든 학문에서 앞서 있었다. 아리스토텔레스는 동물의 구조와 습성에 관한 엄청난 양의 정보를 남겼는데, 톰슨(1921)이 주장한 대로 이는 어떤 점에서는 전혀 간과되어서는 안 될

그림 1.1
지구 구성의 4원소설을 주장하고 바람, 지진, 화산 및 암석에 대해 설명한 그리스의 가장 위대한 철학자 아리스토텔레스, 사진은 그의 흉상

것들이다. 아리스토텔레스와 동시대의 수학자인 유클리드는 현대 기하학의 기초를 확립하였다.

아리스토텔레스의 제자인 테오프라스토스(B.C. 371~287)는 보석과 광물 및 암석에 관한 명저 암석에 관하여(*Peri Lithōn, On Stones*)를 저술하였다. 이 책에서 그는 호박(amber), 진주, 산호, 대리암, 석고, 진사(cinnabar), 금속 광물, 황철광 등의 많은 광물과 암석의 산출 장소와 특징 및 이들의 산업과 예술에의 이용에 관하여 다루었다. 이 책은 2,000여 년이 지난 1700년과 1800년 사이에 영어, 프랑스어, 독일어 등으로 번역될 만큼 권위 있는 걸작으로 알려지고 있다.

그는 또한 광상에 관하여(*On Mining*)라는 책에서 사이프러스의 유명한 구리 광산, 아테네 지방의 매우 유명한 은 광산과 금 광산 등을 소개하였다. 오늘날에도 옛날의 각종 채광 시설이 남아 있다고 한다. 또한 그는 물고기(*On Fishes*)라는 책에서 물고기 화석의 산출을 언급하며, 이들 화석은 땅속에 남겨진 물고기의 알이 자랐거나, 먹이를 찾아 땅속으로 들어간 물고기가 돌로 변한 것이라고 주장한 바 있다.

알렉산드리아 박물관에서 사서로 근무하던 에라토스테네스(B.C. 276~194)는 바다로부터 500km 이상 떨어진 암몬 오아시스 부근에서 수많은 바다 조개의 화석을 관찰한 바 있다. 그는 또한 태양의 남중 고도를 이용하여 최초로 지구 둘레의 길이를 구하였는데, 이 크기는 오늘날 측정한 지구의 크기와 놀랄 만큼 유사하다.

에라토스테네스는 해양 조사에서 지중해와 홍해의 조석을 계산하여, 대서양과 인도양이 남쪽 어디에선가 연결되어 있다고 주장하였다. 또한 그와 거의 같은 시대에, 아르키메데스(약 B.C. 287~212)는 역학에 관한 기본적인 발견을 하고, 사람들의 생활에 이용할 수 있도록 응용하였다.

아리스타르쿠스(B.C. 310~230)는 코페르니쿠스보다 1700여 년 앞서서 지구가 태양 주위를 돈다고 주장하였고(그리스인들에게는 지구 중심의 신학에 의해 이러한 논의가 금지되지는 않았음), 태양과 행성의 크기 관계를 수학적으로 추론하였다.

기원전 1세기에 살았던 그리스의 연구자 디오도로스(B.C. 90~30)는 역사가로서 **역사서**(*Bibliotheca Historica*)를 저술하였다. 이 책에서 다룬 흥미로운 지질학적 내용으로는 여러

나라의 광상 분포와 채광 및 제련 방법에 관한 것이 있다. 그는 "아라비아, 이집트, 에티오피아 및 인도에서는 뜨거운 태양열이 많은 큰 동물뿐만 아니라 수많은 보석을 발달시킨다"라고 언급한 바 있다. 이러한 보석 중에서 수정은 하늘의 불에 의하여 물이 고체로 변한 것으로, 그리고 광맥에서 나타나는 보석 아쿠아마린(aquamarine)과 녹섬석(smaragdite)은 하늘로부터, 황옥은 태양으로부터 각각 그들의 색깔을 얻게 되었다고 하였다. 그는 또한 발트해 해안에서 산출되는 호박과 바빌론과 사해에서 나타나는 아스팔트를 언급하였다.

디오도로스는 또한 플레그레안 필드, 베수비오산, 에트나 및 리파리 섬의 화산과 화산암에 대하여 설명하였다. 그는 "하밀카가 B.C. 394에 에트나에 도착하였을 때, 이미 화산이 격렬하게 폭발하였다. 산기슭의 해안이 용암으로 뒤덮여서 그의 군대는 부득이 카르타고의 함대가 지키고 있던 해안을 따라가지 않고 화산체를 돌아 크게 우회하여야만 했다"라고 기록하고 있다. 그는 또한 그리스의 여러 장소에서 일어난 지진에 대해서도 언급하고 있다.

그러나 이들 중 가장 눈에 띄는 내용으로는 특정한 광산 지역을 설명한 것이다. 그는 아라비아의 사바 지역 주민들이 금과 은을 수출하여 막대한 부를 축적하였으며, 가울 지역의 어떤 하천에는 사금이 풍부하다고 기록하고 있다. 그가 언급한 스페인의 카르타제나 부근에 있는 은 광상과 그것을 채광하는 방법은 특히 흥미롭다. 그는 로마가 이 광상을 점령하기 전에는 카르타고 사람들이 막대한 양의 값진 금속을 추출하였으나, 로마가 점령한 후에는 불행하게도 노예들의 노동력으로 광산이 운영되었다고 하였다. 이외에도 그는 벨레리온의 주석 광상, 엘바의 철 광상 등을 언급하며 이들의 제련 방법과 유통 경로를 설명하였다.

서기 1세기 중엽에 디오스코리데스(40~90)는 고대의 의약에 관한 빼어난 업적을 이루었으며, 그는 의약에서의 광물의 응용에 대하여 설명하였다. 그는 100종의 광물에 대해 언급하였는데, 이들에는 납, 아연, 구리, 철, 아르메니아와 마케도니아 및 사이프러스의 규공작석(chrysocolla), 공작석, 진사, 수은, 웅황(orpiment), 계관석(realgar) 및 황 그리고 황토, 점토, 명반(alum), 암염 및 황장석(melilite) 등이 포함되어 있다. 그는 여러 광물이 지닌 당시의 미신과 같은 마력에 대해 언급하였다. 예를 들면 달의 여신(Selene)의 이름으로 부터 나온 투명 석고(selenite)는 아라비아에서 자라고, 백색으로 투명하며 빛을 내고 물에 먼지를 일으켜 간질병을 유발시키나, 여자들은 그것을 부적으로 이용하고 그것을 나무에 묶어두면 나무가 열매를 맺게 된다고 하였다.

디오니시우스는 서기 81년부터 96년 사이에 활약했던 그리스의 시인으로 여러 나라에서의 광물의 산출을 언급하였다. 그는 우랄 산맥의 호박, 그리스의 아스테리우스(asterius, 스타 사파이어)와 린치스(lynchis, 루비), 흑해 연안의 수정과 벽옥(jasper), 페르시아의 마노(agate), 그리고 인도의 금, 아쿠아마린, 금강석, 녹색 벽옥, 투명한 청색 황옥의 산출을 기록하였다.

그리스의 지리학자이며 역사학자 스트라본(B.C. 63~A.D. 24)(그림 1.2)은 지형과 자연 지질에 관심을 갖고 있었으며, 기원전 7년에 집필한 **지리학**(*Geographica*)이라는 저서를 남겼다. 그는 이 책에서 수천 명이 희생된 많은 지진에 대해 언급하였다. 그 당시에 베수비오는 화산 활동을 하지 않았을 뿐만 아니라 이전에도 화산 활동이 있었다는 것은 알려져 있지 않았다.

그림 1.2

저서 *지리학*에서 지형과 화산 및 지진 그리고 화석과 광상, 보석에 대하여 설명한 그리스 최고의 지리학자 스트라본의 16세기에 만든 조각상

그는 베수비오의 산 정산에서의 관찰을 통해 이 산이 이전에 언젠가 활동한 화산이며, 석탄과 같은 지하 연료의 고갈로 화산 활동을 정지하게 된 것으로 생각하였다. 그는 또한 화산 활동의 원인을 이전에 사람들이 생각한 바와 같이 땅속에서 갑자기 지표로 불어 나오는 바람의 힘으로 생각하였으며, 이때 격렬한 지진을 동반한다고 주장하였다. 그는 홍수와 지진, 화산 활동 등을 지구 표면의 침강과 융기에 관련시켰으며, 크세노파네스 및 크산투스와 마찬가지로 바다에서 멀리 떨어진 곳에서 산출되는 조개 화석을 확인하였다.

그러나 그는 한발 더 나아가서 화석이 산출되는 곳의 고도가 높은 것이 지구 표면의 수직적 운동 때문이라고 주장하였다. 헤로도토스와 마찬가지로 스트라본은 유수에 의한 운반과 퇴적의 효과를 알고 있었으며, 디오도로스가 했던 것처럼 여러 나라의 광상의 존재를 기록하였다. 그는 로마와 이탈리아에서 건축물로 사용된 카라라의 대리석 광상, 엘바의 철 광상 및 인도의 암염 광상에 대해 설명하였다. 그가 언급한 보석들로는 인도의 산호와 다양한 색깔의 석류석, 홍해 연안 지역의 에메랄드 및 페르시아만의 산호 등이 있다.

알렉산드리아의 보석 세공인들은 희귀한 암석 또는 보석들의 마술적 효능과 신비로운 힘을 믿고 있었으며, 이러한 생각은 서양의 학자들에게 전파되었다. 보석 세공인들은 대부분 이름이 알려지지 않았으나, 헤르메스 트리스메기스투스와 같은 연금술사들의 저서는 주목할 만하다. 그는 227년과 400년 사이에 **시라니드**(Cyranides)라는 책을 편찬하였다. 그는 이 책에서 52종의 암석을 설명하였는데, 그중 36종은 광물 기원이고, 16종은 동물 기원이다. 그는 에메랄드, 벽옥, 얼룩 마노(onyx), 사파이어, 녹주석(beryl), 수정, 금강석, 황옥, 단백석(opal), 귀감람석(chrysolite), 산호, 마노, 적철석 등의 광물에 대하여 마술적 효능을 상세하게 언급한 바 있다.

그리스의 순수한 과학적 탐구 정신은 로마로 이어지면서 거의 퇴색되었으며, 법과 행정 및 군사력에 관심을 가진 로마의 통치하에서 응용 과학에 관심을 가진 저술가들이 활동하였다.

그중 한 사람은 율리우스 시저가 영국을 정복하려고 시도했던 기원전 55년에 죽은 루크레티우스(B.C. 99~55)이다. 그는 철학자 에피쿠로스의 가르침을 자세히 밝혔으며, 스스로 암석 표면의 풍화를 포함한 자연과학의 관찰을 수행하였다. 그는 물질의 성분이 아리스토텔레스가 생각한 바 있는 불, 공기, 흙, 물의 네 가지 요소의 원자로 구성되어 있다고 생각하였으며 그의 원자설을 설명하였다.

그리고 그는 태양의 달, 조석 현상과 계절 변화 및 바다와 육지의 관계에 대해 다루었다. 또한 그는 샘, 강, 동굴 등의 기원에 대해 언급하였으며, 지하의 격렬한 바람으로 인한 지진과 화산 분출에 대해 설명하였다. 또 다른 로마인인 오비드(B.C. 43~A.D. 17/18)는 육지의 융기와 침강, 지진과 화산을 기술하였다(Lyell, 1830~1833).

그러나 가장 왕성한 로마의 저술가는 베스파시안 황제의 친구이며 함대 함장이었던 플리니(23~79)이다. 서기 77년에 발표된 그의 저서 **자연사**(*Naturalis Historia*)는 광상 활동의 정보, 광물의 특성과 신비로운 치료약 등 당시의 지식과 신념을 망라한 것이었다.

그는 이 책에서 수정, 금, 은, 방해석, 안티모니, 진사, 남동석(azurite), 구리, 철, 주석, 녹주석, 단백석, 첨정석(spinel), 금록석(chrysoberyl), 녹옥수(chrysoprase), 에메랄드, 루비, 석류석, 홍옥, 황옥, 벽옥 등 수많은 광물들의 산출 장소와 마술적 힘, 색깔과 형태적 특징에 대해 설명하였다.

그의 조카인 플리니(61~113)는 서기 79년에 그의 삼촌이 베수비오 화산이 분화하였을 때 화산에 너무 가까이 접근하였기 때문에 질식하여 죽었다고 기록했다. 그 화산은 여러 해 전에 플리니에 의해 확인되어 왔지만, 오랫동안 휴화산의 상태가 계속되었다고 생각했던 것이다.

네로 황제의 가정교사이자 플리니와 동년배였던 세네카(B.C. 4~A.D. 65)는 많은 철학 서적과 함께 자연 과학에 관한 **자연의 의문**(*Quaestions Naturales*)을 저술하였다. 그는 이 책에서 기상학, 천문학 및 지진학 등 많은 내용을 설명하였으며, 당시의 여러 사람들과 마찬가지로 화산과 지진의 원인을 지구 내부의 바람의 작용으로 생각하였다.

루크레티우스와 마찬가지로 아리아누스와 솔리누스는 각각 2, 3세기경에 마력을 지닌 여러 종류의 광물들을 설명한 바 있다.

아리스타르쿠스의 연구로부터 약 200년 후에 플리니는 지구가 구형이라고 가르쳤으며, 그 증거로서 수평선에서 배가 사라지는 모습을 인용하였다. 알렉산드리아의 톨레미(약 100~170)는 지도 제작에서 위도와 경도의 중요성을 깨닫고 있었고, 세계 최초의 지도책을 제작하였다. 갈렌(약 129~212)은 인간 해부학의 지식에 있어서 당대 가장 걸출한 내과 의사였다.

거의 이 무렵인 서기 132년에 중국의 장형(78~139)은 세계 최초로 지진계를 제작하였다고 알려져 있다. 그가 만든 지진계(그림 1.3)는 입을 벌리고 있는 여덟 마리의 두꺼비가 구슬을 입에 물고 있는 용의 주위를 둘러싸고 있는 모양을 하고 있으며, 지진으로 인해 어느 한 방향으로 땅이 기울면 구슬이 두꺼비의 입으로 떨어져 소리를 내도록 고안되어 있다.

약 8세기에 걸친 그리스와 로마 시대에는 인류의 사고에 커다란 발달이 이루어졌으나 현대적인 지질학적 연구는 전혀 알려지지 않았다. 일부 주목할 만한 내용을 제외하면 대부분의 내용은 근거 없는 가설과 우연한 관찰로 이루어졌으며, 지질학적 탐구 방법은 발견된 바 없었다. 이러한 이유는 그들의 능력과 정신력의 부족이라기보다는 그들의 관심이 여러 다른 분야에 있었기 때문인 것으로 생각된다.

그림 1.3
서기 132년 중국 후한의 천문학자이자 수학자인 장형이 만든 세계 최초의 지진계(사진은 모형)

서로마 제국이 멸망(서기 476년)하기 약 150년 전에 콘스탄틴 황제에 의해 서로마 제국은 기독교 국가가 되었다. 종교의 진화는 지질학의 역사학자들에게는 흥미롭다. 아리스토텔레스의 영원한 세계관과는 달리 플라톤의 신은 상대적으로 창조와 파괴를 특징으로 하는 기독교인의 신에 가까웠다. 구약 성서에 나타난 바와 같이 많은 기독교인들은 믿음 속에 지구의 모습(그림 1.4)을 간직하고 있었다.

신은 더 높은 물(superior water) 위의 하늘에 자리 잡고 쉬고 계시며, 이 물 아래에는 거꾸로 뒤집힌 그릇 모양의 하늘(궁창)을 기둥이 받치고 있다. 아치형 천장에 있는 열린 곳(홍수문, floodgates)을 통해서 더 높은 물이 비와 눈의 형태로 지구 위에 떨어진다. 지구는 기둥에 받혀있는 플랫폼이고, 물, 즉 바다에 의해 둘러싸여 있다. 기둥 밑에는 더 낮은 물(inferior water)이 있다. 지구의 깊숙한 곳에는 죽은 사람들의 가정(지하 세계), 즉 지옥(sheol)이 있다. 이것은 히브리인들이 가졌던 과학이 발달하기 전의 우주관에 대한 개념을 나타낸 것이었다.

고대 기독교인들이 신앙으로 믿어 왔던 지구의 모습이 현대 지질학으로 밝혀지고 있는 판구조론과 같은 지구의 모습으로 이르기까지 2,000년 동안의 수많은 지질학의 선구자들이 남긴 발자취를 살펴보기로 하자.

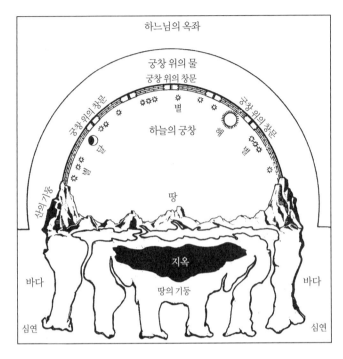

그림 1.4
히브리인의 세계관

2. 중세의 지질학적 사고

서기 약 5세기부터 약 15세기까지의 약 1,000년 동안의 기간을 중세라고 한다. 서로마 제국이 게르만족의 남침으로 서기 476년에 멸망한 후, 동로마제국(비잔틴 제국)의 콘스탄티노폴리스가 오스만 제국의 침략으로 함락된 1453년까지의 기간에 해당한다. 이 기간 동안에는 이슬람 제국이 융성하였고 몽고 제국의 세력이 크게 확장하였으며, 14세기 중반에는 흑사병이 전 유럽을 휩쓸었다.

서기 500년경에 로마 제국이 북방 이방인의 손에 의해 멸망한 정치적 사건은 과학적 발견의 진보를 얼어붙게 만들었다. 유럽은 기나긴 암흑기에 접어들게 되는데, 이 암흑기는 적어도 400년 동안이나 지속된다. 고대의 저술물들이 사람들의 기억에서 사라지거나 분실되었고, 효율적인 로마의 조직은 와해되었으며, 탐구와 사색이 사라졌다.

그러나 유럽 밖에서는 7세기 동안에 새로운 종교적 운동이 시작되었다. 모하메드와 그의 추종자들은 아라비아 부족을 공격적인 성전을 위한 군대로 재편하였는데, 이 군대는 서쪽으로는 북아프리카의 연안 사막을 지나 스페인을 휩쓸었고, 동쪽으로는 시리아를 거쳐 흑해까지 이르렀다. 서쪽 이슬람 군사력은 결국 중부 프랑스 유럽인들에 의해 저지되었으며, 피레네 산맥의 남부로 쫓겨나게 되었다. 동쪽은 콘스탄티노플에 저지선이 형성되어, 이슬람 군대가 그곳을 공격하였으나 점령은 실패로 끝나고 말았다.

이슬람 정복 이후 평화가 찾아오자, 페르시아에서 모하메드의 추종자들은 네스토리우스파의 기독교인들에게서 아리스토텔레스의 업적을 포함하여 그리스에 대해서 배우게 되었다. 그 기독교인들은 네스토리우스의 문하생들로서 콘스탄티노플의 장로들이었다. 그보다 200년 전인 서기 489년에 이 교파에 속한 사람들은 이단으로 몰려 비잔티움(콘스탄티노플의 옛 이름)에서 추방되어 동쪽으로 이동하였지만, 그들은 고대 기록들을 보존하고 있었다. 아랍의 학자들은 이 재발견된 지식에 그들 나름대로의 지식을 보태었고, 그리스와 로마의 지식은 점차 유럽으로 되돌아와 다시 서기 1100년 이후에는 중세로 스며들게 되었다.

이러한 고대 문화의 재발견은 300년 후, 즉 서기 1453년 콘스탄티노플이 오스만 제국에 의해 함락되고, 콘스탄티노플의 이슬람 학자들의 발걸음이 서방으로 옮겨갔을 때, 르네상스가 꽃피도록 영향을 준 자극이 되었던 것이다. 그러나 지질학적으로는 아리스토텔레스와 동시대 사람들이 암석의 기원을 밝히는 데 실패했듯이, 사람들의 관심이 그곳까지 미치지 못하였다. 지구에 대한 비밀은 여전히 마법과 신비에 싸인 영역으로 남아 있었다.

중세의 모든 기간을 통해서, 사람들의 마음은 왜곡되어 사려 깊은 관찰과는 동떨어진 방법으로 지구과학에 대해 사색하게 하였다. 예를 들면, 보석은 태양 광선의 열에 의해 만들어지고, 열대 지방은 더 많은 태양 광선을 받으므로 온대 지방보다 더 많은 보석을 만든다고 널리 믿고 있었다. 일반적으로 보통 암석들은 동물이나 식물과 마찬가지로 지표면에서 성장한다고 생각하였다. 암석이 하늘에서 떨어진다고 생각한 경우도 있었는데, 아마 이들은 달의 분화구에서 분출했을 것이라고 생각하였다. 석영이나 현무암의 경우는 물이 결정된 것이라고 생각하였다.

또한 동물이나 식물같이 암석이 성장하듯이, 식물은 동물의 모양을 닮는다는 믿음도 있었다. 그러므로 유럽산 가지과 식물인 맨드레이크는 뿌리 모양이 사람의 손가락을 닮았으며, 최음제로 마법 의식에서 오랫동안 사용되어 왔다. 코페르니쿠스(1473~1543) 시대에조차도 사람들은 일반적으로 지상에서 일어나는 사건을 별들이 예언한다고 생각하였다.

기나긴 암흑의 중세기 중에 주목할 만한 지질학적 내용으로는 아비센나, 알 비루니, 마르보두스, 중국의 심괄 등의 업적을 들 수 있다.

페르시아 아비센나(980~1037) 또는 이븐 시나(그림 1.5)는 철학과 신학뿐만 아니라 의학, 수학, 기상학, 지질학, 광물학, 생물학 등 거의 모든 과학 분야에 공헌을 하였으며, 1022년에 암석의 유착(*On the Conglutination of Stones*)을 발표하였다. 그는 이 논문에서 암석과 광물의 성인과 산맥의 형성 등을 언급하였다. 여기에서 그는 산맥은 지진 활동을 동반한 지표의 융기와 물과 바람에 의한 차별 침식으로 형성된다고 주장하였다. 또한 육지에서 발견되는 조개 화석은 유기물 기원이며, 이는 육지가 바다로 덮였었음을 나타낸다고 생각하였다. 그리고 그는 여러 암석을 녹기 쉬운 물질, 황, 염, 암석의 네 종류로 구분하였다.

또한 페르시아의 알 비루니(973~1048)는 수학, 물리학, 천문학, 지질학, 역사, 언어학, 철학, 사회학 등 전 분야에 박학다식한 학자였다. 금속 광물의 비중을 정밀하게 측정하였고, 현대 측지학의 아버지라고 불리기도 했던 그는 산의 높이를 관측함으로써 지구의 반지름을 측정하는 방법을 개발하였다(그림 1.6). 그는 오늘날 파키스탄에 해당하는 난다나로 관측 기구를 옮겼다. 그는 지구의 연구에 매우 깊은 관심을 가지고 있었으며 지구의 반지름을 측정하는 연구 결과는 비루니의 열정적인 연구 덕분에 이루어지게 되

그림 1.5
타지키스탄 20소모니 지폐의 아비센나 초상. 페르시아의 위대한 학자인 아비센나는 1022년 지질학에 관한 논문을 발표하였다.

었다.

중세기 초기의 보석 세공인이며 주교였던 프랑스의 마르보두스(1035~1123)는 11~12세기에 광물에 관한 논문으로 가장 잘 알려진 인물이다. 그는 암석과 광물의 성질과 기원, 특징, 색깔, 의술적 효능 및 마술적인 힘에 대해 설명하였으며, 60개의 암석을 다섯 가지로 구분하고 알파벳 순서로 정리하였다. 물론 그 당시에는 광물과 암석 및 화석의 명확한 구분 없이 이들을 모두 암석으로 취급하였다.

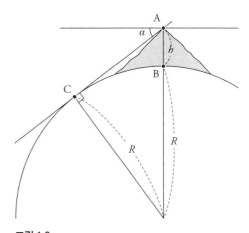

그림 1.6
알 비루니가 사용한 지구의 반지름과 둘레의 크기를 측정하는 방법을 설명한 그림. *h*는 산의 높이이고, *R*은 지구의 반지름이다.

그가 구분한 첫 번째 암석들은 미신적인 것으로 오늘날 특정한 광물 이름과 비교가 불가능하다. 두 번째 암석들은 동물의 이름에서 유래된 것으로, 예를 들면 용암 (Dragonites) 등이 포함되어 있다. 세 번째 암석들은 광물이 아니며 산호가 포함되어 있다. 네 번째 암석들은 석영의 변종들이며 마노와 벽옥 등이 포함되어 있다. 다섯 번째 암석들은 광물들로서 적철석, 석면, 황철석, 사파이어 등이 포함되어 있다.

그는 보석의 주술적 효능과 신비스러운 마력에 대해서도 언급하였다. 한 예로 "사파이어는 보석 중의 보석으로서, 막강한 힘과 의술적, 마술적 및 정신적 효능을 지니고 있다. 하늘색은 초자연적인 하늘의 힘의 부여를 나타내고, 이것을 지닌 사람은 몸과 마음이 건강해지며, 모든 실수를 막아주고, 죄수의 족쇄를 풀어주어 자유롭게 한다"라고 설명하였다.

중세기의 학자들 중에서 이와 같은 주술적 효능과 마력을 지닌 암석에 대해 언급한 예를 들면 다음과 같다.

영국 잉글랜드의 초대 왕인 리처드의 형이었던 넥캄(1157~1227)은 파리대학교의 교수가 되었으며 수십 가지의 광물과 암석을 설명하였다. 빈센트는 81종의 암석을, 메겐베르크(1309~1374)는 최초의 독일어로 쓰인 자연사에 관한 그의 저서 광물학(Mineralibus)에서

그림 1.7

중국 역사에서 가장 과학적인 사고를 가졌으며, 저서 몽계필담(1088)에 지형학, 지질학 및 기후 변화에 대한 글을 남긴 중국 송나라의 심괄의 흉상. 베이징 고대 천문대에 전시되어 있다.

70가지의 암석을 설명하였다. 알폰소(1223~1284)는 360가지의 암석을 물성, 용도 및 의술적 가치에 따라 설명하였는데, 색깔에 따른 분류 기준은 황도 12궁과 연관이 있다고 생각하였다.

심괄(1031~1095)(그림 1.7)은 중국 송나라의 학자로서, 천문학, 의학, 수학, 철학, 음악 등에 박학다식하였으며, 특히 지형학, 지질학, 광물학 및 기후 변화에 대한 글을 1088년 **몽계필담**(夢溪筆談, *Dream Pool Essays*)에 남겼다.

심괄은 바다로부터 수백 마일 떨어진 산의 지층에서 해양 조개 화석을 발견하였다. 그는 원저우 부근의 타이항산과 얀당산에서 이상한 자연 침식을 관찰한 후, 산맥의 침식과 융기 및 실트의 퇴적에 의하여 육지가 형성되고 새로운 지형이 만들어진다고 추정하였다. 그는 실트가 범람과 함께 오랜 세월이 지나 육지가 형성되었을 것이라고 생각하였다.

1074년 타이항산을 탐방하였으며, 절벽처럼 놓인 수평층에서 난형의 암석과 이매패류의 화석을 관찰하였다. 그는 이 절벽이 그 당시에 수백 마일 동쪽에 있었던 옛날의 해안선에 있었다고 설명하였다. 또한 쩌저우에 사는 어느 사람이 그의 정원에서 용 또는 뱀 같은 것을 파낸 것을 보고 죽은 동물이 암석처럼 변한 것이라고 결론지었다. 당시의 치안을 담당하던 판사가 다른 해양 화석과 비늘처럼 생긴 자국을 확인하였다. 그는 이것이 중국에서 발견된 돌게(stone crabs)라고 생각하였다.

또한 그는 암석화된 대나무가 서식하는 기후에 전혀 맞지 않는 곳에서 발견되어, 그곳의 기후가 오랜 세월 동안 지리적으로 변하였다고 기록하였다. 1080년에 그는 옌저우 부근의 큰 강둑에서 산사태가 일어나서, 한때 강둑이었던 지반이 붕괴해 수십 피트의 개활지로 나타났다고 생각하였다.

지하 공간에는 아직까지 뿌리와 줄기가 땅속에 있는 암석화된 대나무를 포함하고 있으며, 이들은 모두 암석으로 변했다고 기술하였다. 북중국에 위치한 옌저우에는 대나무가 자라지 못하기 때문에 옛날 기존의 왕조 당시에는 대나무가 살지 않았을까 생각하였다. 습한 저위도 지방이 대나무가 자라기에 적당한 조건을 갖추고 있다는 생각으로, 옌저우의 기후가 아주 오랜 옛날에는 대나무가 살기에 적합하였을 것이라고 생각한 것이다(그림 1.8). 이는 많은 독자들에게 흥미로울 것이나, 중국의 중세에 고기후학적 연구로 발전하지는 못하였다.

당시 중국 송나라의 주자(1130~1200) 또는 주희는 흥미 있는 과학 사상이 담긴 우주에 대한 깊은 철학을 연구한 대학자이다. 그는 심괄의 업적을 읽은 것으로 보인다. 1200년에 발행된 그

그림 1.8
대나무와 암석(Li Kan, 1240~1320). 심괄은 중국 북서부의 건조 기후대에서 나타난 대나무 화석을 증거로 기후가 시간이 지남에 따라서 지리적으로 변한다고 추측하였다.

의 **주자어록**에는 높은 산에서 조개 화석을 발견하고 이를 오늘날과 같이 바르게 해석한 기록이 있다. 주자는 이와 같이 화석에 대한 사상 최초의 정확한 견해를 남겼으나 이것이 전승, 발전되지는 못하였다.

중세에는 유럽의 종교적 믿음과 아랍의 신비로운 마력 속에서도 아랍의 아비센나와 알 비루니, 그리고 중국의 심괄 등 지질학에 관한 연구가 돋보였다. 중세기 지질학을 포함한 과학은 문예 부흥을 맞아 코페르니쿠스적 과학 혁명과 더불어 지질학은 서서히 학문적 발전의 여명을 맞이하게 되었다.

제2장

현대 지질학의 출현

지질학은 그리스 · 로마 시대와 중세를 거쳐 16세기부터 아그리콜라의 광물학 연구를 지질학의 태동으로 생각할 수 있다. 17세기에 스테노의 **프로드로무스**가 발표되어 층서학의 기본 원리를 알게 된 것을 계기로 지질학의 여명이 밝게 되었다. 18세기에 들어서 게타르, 데마레, 아두이노, 그리고 소쉬르 등에 의한 오베르뉴와 알프스산에 대한 본격적인 지질 탐사가 시작되어 마침내 현대 지질학이 탄생하게 되었다.

1. 16세기 현대 지질학의 태동

그리스인들에 의해 밝혀지고 아랍인들에 의해 일구어진 진귀한 탐구 정신은 르네상스 사람들에 의해 다시 일깨워지고 발달하기 시작했다.

중세기에서 문예 부흥으로 넘어가는 시기에 마르보두스의 뒤를 이은 인물은 레오나르두스였다. 비록 그는 이전의 사람들처럼 보석과 암석의 주술적 효능과 점성술적 마력을 생각하기는 하였지만, 1502년에 출판된 그의 보석에 관한 저서(*Speculum Lapidum*)에서 암석의 기원과 색깔, 아름다움 및 효능을 다루었으며, 279종의 광물을 알파벳순으로 기재하였다.

여기서 주목할 점은 이전 사람들과는 달리 그가 광물의 투명도, 경도, 비중, 공극률 등의 물리적 성질에 따라 광물을 기재하였다는 것이다. 그 후 이 책은 이탈리아어(1502, 1503), 프랑스어(1610), 독일어(1717) 및 영어(1750)로 번역되어 많은 사람들로부터 호평을 얻었다.

레오나르두스와 거의 동시대인 슈타인프라이스는 1510년에 출판된 그의 저서에서 117종의 암석을 다루었고, 스투엘러는 광물을 색깔에 따라 백색, 녹색, 적색 및 청색 또는 흑색으로 나누었으며 33종의 광물을 기재하였다.

슈타인프라이스와 스투엘러는 특히 보석들이 가지고 있는 주술적 효능과 신비한 마력을 거의 믿지 않았던 것으로 알려져 있는데, 이러한 생각은 중세에 있었던 종교적이고 점성술적인 믿음으로부터의 새로운 도약을 나타낸다.

지질학의 역사에서 가장 빼어난 업적을 이룬 인물 중 하나는 아그리콜라(1494~1555)(그림 2.1)이다. 대문호인 괴테는 그를 베이컨과 비교했으며, 위대한 광물학자인 베르너는 그를 '광물학의 아버지'라 불렀고, 포겔상은 그를 '지질학의 창시자'라고 생각하였다.

그는 1494년 신성로마제국의 작센 선거구 글라우카우에서 태어났으며, 게스너뿐만 아니라 다빈치, 코페르니쿠스, 루터, 에라스무스 등과 동년배다. 그의 본래 이름은 바우어였으나 당시의 많은 지성인들의 관습에 따라 라틴어화된 형태로 이름을 바꾸었으며 항상 라틴어로 논문을 발표하였다.

그의 유년 시절에 대해서는 거의 알려진 것이 없으나, 그는 20세에 라이프치히대학교에 입학하였으며 계속해서 볼로냐대학교와 파두아대학교에서 공부를 하였다. 그의 초기 연구는 고전이었으나 의

그림 2.1
화석의 성질을 저술한 지질학의 창시자이자 광물학의 아버지 아그리콜라

학으로 관심을 바꾸었으며 페라라대학교에서 박사 학위를 받은 후, 1527년부터 1533년까지 보헤미아의 광산 도시에서 시의사로서 활동하였다.

그 후 그의 여생을 역시 광산촌인 켐니츠에서 의사로서 보냈으며, 1545년에는 시장으로 활동하였다. 아그리콜라는 지질학에 관련된 7권의 저서를 출판하였는데, 이 중에서 1546년에 출판된 화석의 성질(*De Natura Fossilium*)은 그의 대표적인 역작으로 알려져 있으며, 이 책은 최초의 광물학 교과서로 인정받았다.

그러나 19세기 전반기까지도 '화석(fossils)'이라는 용어는 오늘날 사용하는 화석의 의미와는 다르게 땅속에서 파낸 물체로서 광물, 암석 및 화석을 포함하고 있었기 때문에, 아그리콜라의 이 책은 광물학뿐만 아니라 암석학 및 고생물학의 내용을 모두 포함하고 있다.

그는 이 책에서 아리스토텔레스, 아비센나, 마그누스(1193~1280) 등이 제안한 '화석'의 분류를 재검토하였으며, 이들과는 전혀 다르게 독창적으로 물리적 성질에 따라서 '화석'을 분류하였다. 이러한 '화석'의 물리적 성질로는 색깔, 무게, 투명도, 광택, 맛, 냄새, 모양, 조직, 경도(굳기), 매끄러운 정도, 용해도, 가용성, 깨지기 쉬운 정도, 벽개, 연소성 등이 포함되어 있었다. 또한 그는 특정 광물의 의학적 효능에 대해서도 언급하였는데, 그는 "특정 암석과 보석에 대한 페르시아와 아라비아의 마술적인 힘에 대해서는 아무 말도 하지 않겠다. 품위와 교양은 과학자들이 이들을 완전히 거부하지 않을 수 없게 한다"라고 언급하였다.

그는 화석을 크게 구성 물질의 종류에 따라서 단일체와 복합체로 나누었으며, 단일체는 다시 토양(earth), 오늘날 광액에 해당하는 석키(succi) 또는 주스, 암석, 그리고 금속으로 구분하였으며, 복합체는 불에 의하지 않고는 분리할 수 없는 미스타(mista)와 물이나 손으로 분리될 수 있는 복합체로 구분하였다. 이 중에서 석키에는 황과 역청 등이 포함되며, 암석에는 적철석, 벨렘나이트(Belemnites), 암모나이트 등의 암석과 보석 그리고 대리암, 현무암, 휘록암, 설화 석고(alabaster) 등의 대리암 및 사암과 석회암 등의 건축용 암석이 포함되어 있다. 또한 미스타에는 방연석, 능철석, 유비철석 등이 포함되고 복합체에는 석영, 자연금, 역암 등이 포함되어 있다.

이 당시는 현미경이 만들어지기 300년 전이며, 결정학과 화학 분석이 알려지기 전이고, 암석, 광물 및 화석의 의미가 명쾌하게 구분되지 않았었다는 점을 고려한다면, 오늘날의 지질학적 관점에서 볼 때 450년 전의 아그리콜라가 범한 오류를 충분히 이해할 수 있을 것이다. 덧붙여서 그가 사용한 용어 시스터스(schistus)는 결핵체 또는 단괴의 형태로 산출되는 적철석이고, 부석(pumice)은 지하의 불로 구워진 곳에 나타나는 불에 탄 암석이며, 암모나이트는 오늘날의 피솔라이트(pisolite)이고, 마그네트(magnetes)는 백운모를 의미한다. 그는 유럽을 비롯한 전 세계에서 산출되는 수많은 광물과 암석에 대해 설명하였으며, 특히 주목할 만한 것으로는 이들의 초자연적인 힘과 신비로운 효능을 과감하게 떨쳐버렸다는 것이다.

그림 2.2

1556년 발표된 아그리콜라의 역작 *금속에 관하여*의 표지

그는 사질 퇴적물이 용액의 침전을 통해 입자 사이에서 결정화된 광물에 의해 어떻게 암석으로 교결되는지를 기술하였다. 그는 온천은 지하의 빗물에서 유래한 것이고, 산들은 강의 깊은 침식에 의해 깎인다고 주장하였다. 그는 1556년에 그의 최후의 역작 *금속에 관하여*(*De re metallica*)(그림 2.2)에서 주로 탐광과 채광 및 제련 기술 등에 대해 상세히 설명하였다.

아그리콜라를 뒤이은 지질학의 선구자인 게스너(1516~1565)(그림 2.3)는 1516년 스위스 취리히에서 태어났다. 그는 집안의 경제 사정이 어려워서 일생 동안 끼니를 걱정하며 살았다고 한다.

그림 2.3

화석을 12개의 강(class)으로 분류한 스위스의 지질학자 게스너의 1564년 초상

그는 바젤대학교에서 박사 학위를 받았으며, 처음에는 신학에 흥미를 가졌으나 나중에는 의학으로 바뀌었고 최종적으로는 주로 자연과학에 헌신하였다.

라틴어, 그리스어, 히브리어, 독일어, 프랑스어, 이탈리아어, 네덜란드어 및 영어를 말할 수 있었으며, 아랍의 책을 읽을 수 있었다고 한다.

게스너는 일생 동안 72권의 저서와 18개의 논문을 출판하였으며 의학과 신학 등 다방면에 공헌을 하였고, 여기서 우리가 관심을 갖는 자연과학은 극히 일부일 뿐이다. 그는 그의 저서 **동물의 역사**(*Historiae Animalium*)에서 육상 동물, 조류, 어류와 수생 동물, 뱀(파충류 포함) 등을 다루었으며, 최후에 집필한 식물계에 대한 작품에서는 식물의 특정한 상호 유사성에 따라서 아종(subspecies), 종(species), 과(families), 목(orders)으로 나누는 분류 체계를 고안하였다. 이는 약 200년 후 린네에 의해 독자적으로 연구된 분류 체계와 동일한 것이었다.

게스너의 저서 중에서 지질학적인 주목의 대상은 그가 페스트로 죽은 해인 1565년에 저술된 화석의 본질에 관하여(*De Rerum Fossilium*)이다. 이 책은 취리히에서 1566년에 출판되었으며 동물계, 식물계에 이은 자연의 세 번째 계인 '화석'을 주 내용으로 하고 있다. 그는 '화석'을 형태에 따라서 15가지로 분류하였으며, 이 중에는 광물, 보석, 암석뿐만 아니라, 석기시대의 돌도끼, 무기, 숫돌, 항아리, 반지 등도 포함되어 있다. 각종 화석이 그림으로 그려진 이 책은 학생들을 위해 집필된 것으로서, 중세기에 유행하던 신비스러운 효능이나 초자연적인 마력에 대한 내용은 전혀 언급되어 있지 않다.

아그리콜라와 게스너에 비교하면 레오나르도 다빈치(1452~1519)는 지질학에 대해서 단편적인 공헌을 했다고 할 수 있다. 그가 만약 지질학에 더 많은 시간을 할애했다면, 그에 의한 영향은 당대의 사람들을 능가하였을 것이다. 그러나 그의 천재성은 회화, 조각과 해부학, 공학과 발명, 철학, 음악과 과학에 망라되었으며, 이들 분야에 대한 그의 공헌은 경탄할 만큼 불가사의하다. 그는 바다에서 멀리 떨어진 이탈리아의 산악 지대 암석 속에 포함된 화석 패각의 산출에 대해 언급하였다.

당시 사람들은 이러한 조개껍데기는 성경에 기술된 대홍수에 의해 운반되고 퇴적되었다고 믿고 있었지만, 레오나르도는 불가능하다고 주장하였다. 화석 중에는 파쇄되지 않고 완전한 이매패류가 포함되어 있었기 때문이다. 만약 그들이 홍수에 의해 운반된 것이라면, 2개로 된 조개껍데기는 오늘날 해변가에서 볼 수 있는 것과 같이 서로 떨어져 있어야 한다고 주장하였다. 레오나르도는 20세기 지질학자와 같은 방식으로, 이 패각들이 운반된 것이 아니라, 발견된 바로 그 장소에서 서식하다가 죽은 것이라고 추론하였던 것이다(McCurdy, 1938; Thomas, 1947).

일찍이 중국의 삼국 시대의 철학자 왕필(224~249)은 저서 주역주에서 이미 지질이라는 단어를 사용하였다고 하나, 이 개념은 철학의 범주에 속하며 현대 과학의 지질의 의미와 같지 않다고 한다. 한편 지질학이라는 단어는 던햄의 주교였던 버리(1287~1345)가 이미 1344년에 출판한 저서에서 최초로 사용되었으나, 그 의미는 전혀 다른 것이었다. 그는 영원불멸의 하늘에 있는 성스러운 것의 이해를 위한 과학인 신학(Theologia)에 대조되는 것으로서, 인간이 사는 땅에서의 상황(earthly things)을 연구하는 과학을 지올로지암(Geologiam)이라고 생각하였다.

볼로냐의 알드로반디(1522~1605)는 알드로반두스(그림 2.4)라고도 하며 생존 시대로 볼 때는 중세 이후의 16세기이고, 사고의 내용으로 볼 때는 중세의 믿음과 마력을 완전히 벗어나지 못한 16세기의 가장 빼어난 자연 과학자 중 한 사람이다. 린네와 뷔퐁은 그를 자연사 연구의 아버지라고 생각하였다.

그는 볼로냐대학교에서 자연사의 석좌교수를 지냈으며, 뱀과 용뿐만 아니라 곤충, 어류, 조류, 사족동물 등에 대한 방대한 양을 저술하였다. 그의 출판되지 않은 논문(*Geologia ovvero de Fossilibus*)은 현대적 의미로 사용된 지질학이라는 용어 '지올로지(Geologia 또는 Geology)'가 문헌에 최초로 나타난 것으로 주목할 만하다. 그러나 알드로반디는 그의 논문 원고에서 현대적 의미로서 이 단어를 사용하였으며, 적어도 이는 그가 죽은 해인 1605년 이전으로, 1603년이라고 알려져 있다.

그림 2.4
현대적 의미로서 사용한 지질학이라는 용어 '지올로지'를 문헌에서 최초로 언급한 이탈리아의 지질학자 알드로반디

노르웨이의 신학자인 에숄트(1610~1669)의 1657년 논문은 '지질학'이라는 단어가 나타난 최초의 인쇄물(*Geologia norvegica*, 1657)이다. 그는 노르웨이에서 발생한 지

진이 지구 내부로부터 공기의 탈출로 일어나며, 이는 신의 간섭의 징조라고 하였다.

그리고 지금까지 알려진 바로는 영어로 지질학과 암석학이라는 단어가 처음으로 나타난 것은 1661년에 영국에서 출판된 로벨(1630?~1690)의 저서 **광물의 우주적 역사**(*Universal History of Minerals*)이다. 로벨에 의하면 지질학(Geologia)은 점토 등을 포함하는 토양(earths), 금과 은 등을 포함하는 물질(mettals), 수은 등을 포함하는 준 물질(semi-mettals), 백철석 등을 포함하는 자연 배설 물질, 그리고 카드미아(cadmia) 등을 포함하는 인공 배설 물질을 기재한다. 또한 그에 의하면 암석학(Lithologia)은 귀한 암석(마노, 루비, 사파이어 등)과 귀하지 않은 암석(설화 석고, 혈석, 결정, 석회암 등)을 기술한다.

디드로(1713~1784)는 달랑베르(1717~1783)와 함께 1751년에 출판된 **백과사전**(*Encyclopedie*, 1751~1772)에 그 당시의 상황에서 가장 합리적인 지질학이라는 새로운 용어를 소개한 바 있다. 이 백과사전은 오늘날 창조론으로 대표되는 교조주의나 미신으로부터 자유로운 합리적 사고를 갖는 발군의 여러 과학자와 철학자가 관여하였다. 아그리콜라, 스테노, 레만 그리고 스웨덴의 광물학자인 왈레리우스(1709~1785)가 활약하던 시기는 지질학적으로 초창기였다. 프랑스의 지질학자인 데마레(1725~1815)는 프랑스 오베르뉴의 화산 지역을 답사하고 화산 활동과 지구 내부 구조의 개념을 알아냈다. 지질학은 기존의 종교적 믿음 또는 권위로부터 탈피하여 야외 관찰에 의한 지구의 역사, 그리고 지구의 조성을 합리적으로 설명하는 과학임을 많은 학교에서 교육하기 시작하였다. 1793년 프랑스 국립자연사박물관이 개관되고 지질학 교수와 광물학 교수가 임명되어 강의와 연구를 수행하게 되었다.

2. 17세기 현대 지질학의 여명

스콜라 철학자들로부터 시작된 문예 분흥은 아리스토텔레스의 자연 철학에서 화학, 생물학 등의 각 분야로 세분되게 만들었다. 현대 과학은 종교 개혁과 신대륙의 발견, 콘스탄티노플의 멸망으로 이어졌다. 과학 혁명은 1543년에 코페르니쿠스가 그의 저서 **천구의 회전에 관하여**(*De revolutionibus orbium coelestium*)에서 태양 중심설을 발표함으로써 시작되었으며, 뉴턴의 프린키피아(*Principia*)가 출판된 1687년에 절정에 도달하였다.

레오나르도, 아그리콜라 그리고 게스너 이후 100년 동안 갈릴레이(1564~1642)가 천문학·물리학의 중요한 발견을 하고, 하비(1578~1657)가 의학의 업적을 남겼지만, 지질학의 진보는 여전히 약진을 주저하고 있었다. 그러나 17세기 후반에 들어서 스텐슨 또는 스테노(1638~1686)와 후크(1635~1703) 두 사람은 지질학적 사고에 있어서 새로운 접근 방법을 제시하였다.

스테노(그림 2.5)는 1638년 1월 11일 코펜하겐에서 금 세공인의 아들로 태어났으며 코펜하겐대학교에서 의학을 공부하였다. 그 후 플로렌스로 옮겨 궁중 내과 의사로서 생활하며, 뒤에 성직자의 길로 들어서 빈곤한 삶을 살기 이전에 젊은 시절 대부분을 지질학 연구에 헌신하였다. 그는 해부학과 신학에 관련된 여러 편의 저서를 출판하였으며, 1669년에는 지질학 저서인 프로드로무스(*Prodromus*)(그림 2.6)를 발표하였다.

그는 이 책에서 오늘날 층서학의 기본 원리로 받아들여지는 지층 수평성의 법칙(Law of original horizontality)과 지층 연속성의 법칙(Law of original continuity), 절단 관계의 법칙(Law of cross-cutting relationships), 지층 누중의 법칙(Law of superposition)을 설명하였다. 이러한 그의 법

그림 2.5
지층 누중의 법칙을 포함한 지사학의 기본 법칙을 설명한 지질학의 선구자 스테노

그림 2.6
1669년에 스테노가 저술한 지질학 저서 프로드로무스의 표지

칙들은 오늘날에도 유용하게 이용되며, 그는 층
서학과 현대 지질학의 선구자로 불린다.

또한 그는 산이 평원의 침식과 화산 활동뿐만
아니라 융기에 의해서도 만들어진다는 산의 성인
에 대한 새로운 주장을 하였는데, 산이 습곡된 암
석들로 구성되어 있다는 생각과 매우 가까운 견해
를 가졌던 것으로 생각된다.

새로운 연구 방법의 또 다른 측면은 그의 상어
연구에 나타난다. 스테노는 이탈리아 해안에 나
타난 상어 한 마리를 해부하였는데, 상어의 이빨
이 지중해 특정 지역의 제3기 암석의 노두에서
발견되는 삼각형 모양의 글로소페트레(glossopetrae,
tongue stone)(그림 2.7)와 매우 유사하다는 것을 깨달았
다. 이 암석에서 나타나는 화석과 상어 이빨의 기

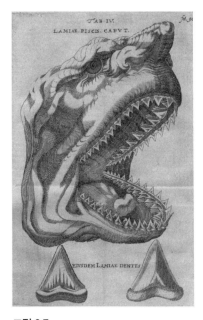

그림 2.7

달 없는 밤에 하늘에서 떨어진 것으로 생각했
던 것을 1667년 스테노가 상어 이빨 화석으
로 해석한 글로소페트레

원이 분명히 동일하다는 것을 제시하고, 결국 글로소페트레가 월식이 일어난 밤중에
하늘에서 떨어졌다는 플리니의 이론과 용과 뱀의 혀가 돌이 되었다고 생각해 온 기존
의 생각을 반박하고, 르네상스 시대의 멸종한 상어 메갈로돈(Megalodon)의 이빨이라는 것
을 밝혀내었다. **프로도무스**에서 스테노는 또한 결정학에서 중요한 면각 일정의 법칙을
발견하였다.

그러나 그의 주장의 일부에는 당시의 종교적 영향으로 노아의 홍수와 같은 생각이
담겨 있으며, 그의 이 저서는 훔볼트에 의해 재론될 때까지 150년 동안 거의 주목받지
못하였다. 스테노는 독실한 로마 가톨릭 교회 신자였으며, 사후 300년이 지나 1987년
교황 요한 바오로 2세에 의해 시복되었다.

후크(1635~1703)는 런던 왕립학회의 간사로서 전문적인 내과 의사이고 화학자였다. 그
는 1665년에 저서 **마이크로그래피아**(*Micrographia*)를 출판하였으며, 자신의 현미경적 관찰
을 통해 목재 화석을 기재하였다. 암모나이트와 마찬가지로 목재 화석이나 조개 화석

은 암석화된 물이 광물과 함께 스며들어 생긴 생물의 유해라고 생각하였다. 그는 또한 그러한 화석이 지구의 과거 생물의 역사를 밝히는 데 유용한 정보가 될 수 있다고 생각하였다. 그는 마이크로그래피아에서 생물을 기재할 때 세포(셀, cell)라는 용어를 만들어서 사용하였다.

그의 연구는 화석이 한때 생존했던 생물의 일부일 뿐만 아니라, 깊은 곳에 묻혀있는 것은 표면 가까이 묻혀있는 것보다 더 오래된 것이라는 견해를 확증하는 것이었다. 또한 후크는 1668년에 출판된 그의 저서 지진론(Discourse on Earthquakes)에서 지진이 땅의 융기와 침강에 중요한 역할을 한다고 주장하였다. 그의 말에 따르면 해저의 일부가 상승하여 섬을 만들고, 육지가 하강하여 바다로 덮이게 된다. 실제로 그는 헤로도토스의 생각을 확장하여, 어떻게 하여 육지가 강이 쇄설물을 운반하여 삼각주를 만드는 바다에 잠기게 되는지를 기술하였다.

프랑스의 변호사였던 페로(1608~1680)는 1674년 샘과 강의 연구에 대한 샘의 기원(De l'origine des Fontaines)이라는 책을 저술하여 선구자적 업적을 남겼다. 그때까지 강의 형태로 육지 표면을 흘러가는 물의 양은 일반적으로 강수에 의한 물의 양을 초과한다고 믿고 있었다.

그러므로 초과분의 물은 "지구 내부에서 상승하는 증류수로 이루어진다"라고 주장하였다. 페로는 이를 믿지 않았고 센강 유역 집수 지역의 강수량을 3년 동안 측정하였다. 센강에서 바다로 운반되는 물의 양을 비교한 결과, 센강에서 바다로 운반되는 물의 양이 강수량의 6분의 1에 불과하다는 것을 발견했고 이는 다른 모든 강에서도 적용된다고 하였다(Perrault, 1674).

자신의 의지로 1728년 케임브리지대학교에 지구과학과의 우드워드 지질학 교수직(화석을 담당하는 교수)을 처음으로 만든 우드워드(1665~1728)는 예리한 관찰자였다. 그는 암석이 층으로 만들어졌다는 특성을 깨닫고, 이러한 특성이 영국뿐만 아니라 세계의 다른 곳에서도 발견될 수 있다고 주장하였다. 지층 속에 포함된 패류 화석은, 현재의 천해에서 발견되지 않는 경우도 있지만, 대부분의 경우 현재의 해안의 조개들과 대비될 수 있었다.

이러한 이상을 설명하기 위해 우드워드가 제시했던 설명은 그의 예리한 관찰력의 재능을 보여주는 것이다. 그는 지구 전체가 홍수에 의해 뒤덮였다는 성서 이야기에 나오는 일반적인 믿음에 동의하면서, 이 대양이 지구를 거세게 뒤엎어서 깊은 바다에 서식하는 생소한 생물을 휘저었다고 주장하였다. 즉, 이 생물들의 패각이 얕은 바다에 사는 생물과 함께 육지에 세게 내던져진 것이다. 따라서 사람들에게 얕은 바다에 사는 생물들은 친근하지만, 깊은 바다에 사는 생물이 생존한 상태로 본 사람은 아무도 없는 것이다.

그러나 대홍수에 의해 육지의 모든 것이 파괴되고 물속에서 용해되어, 천해와 심해에 살던 패각의 잔해가 '중력의 법칙에 의해' 가장 무거운 것이 가장 아래층에 가라앉고 매장되어 오늘날 볼 수 있는 지층을 형성한 것이라고 하였다(Woodward, 1695; Adams, 1938; Eyles, 1971).

우드워드 업적 중에서 가장 중요한 것은 그가 오랫동안 수집한 '영국 화석의 목록(Catalogue of English Fossils)'으로, 이는 현재 케임브리지대학교의 세지윅 박물관의 흥미로운 표본이다.

옥스포드셔의 자연사(1677)로서 기억되는 플로트(1640~1696)는 우드워드와 동시대의 인물이지만, 화석에 대한 견해는 우드워드 쪽이 더 앞서 있었다. 플로트는 화석을 전적으로 우연히 살아 있는 생물과 비슷하게 '만들어진 돌(formed stones)'이라고 생각한 듯하다.

17세기의 신학자와 자연철학자들은 지구가 약 6,000년 전에 창조되었다고 생각하였다. 그러나 14세기부터 17세기 중엽까지는 지구의 나이가 매우 오래되었다고 생각하였다. 왜 이렇게 생각이 변했는지에 대해서는 흑사병이 유럽을 강타하고, 서양 교회의 대분열로 교권이 약화되었으며, 100년 전쟁과 십자군 전쟁, 종교 개혁 등에 따른 신의 분노와 종말론에 대한 두려움과 공포 등 '최후의 심판'의 확산과 관련해 생각해 볼 수 있을 것이다(Gohau, 1990).

아일랜드의 대주교이며 트리니티대학교의 부총장인 어셔(1581~1656)(그림 2.8)는 1650년에 출판된 그의 저서에서 창조는 기원전 4004년 10월 22일 밤에 이루어졌다고 주장하였다. 히브리 성경과 그리스 성경에 따라서, 그리고 해석 방법의 차이에 따라서 창조의 시기는 약 200여 가지의 다양한 추정치가 알려져 있다. 그러나 이들이 주장은 과학

그림 2.8
1650년에 세상이 기원전 4004년 10월 22일 밤에 창조되었다고 주장한 아일랜드의 대주교 어셔

적 방법이 아닌, 다양한 종교적 전통의 신화를 통해 지구의 나이를 추정하려는 시도에서 얻어진 것일 뿐이다.

버넷(1635~1715)은 케임브리지대학교를 나온 신학자로, 그의 가장 잘 알려진 **지구의 신성한 이론**(*Telluris Theoria Sacra* 또는 *Sacred Theory of the Earth*)(1681)으로 창조와 노아의 홍수에 대한 신학적 주장을 하였다. 그 후, 영국의 신학자 휘스턴(1667~1752)은 1702년 그의 멘토인 뉴턴에 이어 케임브리지대학교의 수학 교수가 되었으나, 종교적 갈등으로 1710년 학교로부터 추방당하였다. 특히 삼위일체(Trinity)를 부정하고, 그의 저서 **지구의 새로운 이론**(*A New Theory of the Earth*)(1696)에서 창조론과 노아의 홍수에 관한 주장을 했기 때문이다.

이는 노아의 홍수로부터 빠져나오기가 얼마나 힘든 것인지를 보여준다. 그 후로도 다음과 같은 예를 들 수 있다. 1726년에 슈처(1672~1733)는 그의 저서(*Lithographia Helvetica*)에서 마이오세의 화석을 호모 딜루비 테스티스(*Homo diluvii testis*), 즉 성경의 노아의 홍수에서 익사한 사람의 유해의 증거로 생각하였다. 이 화석은 길이 약 1m 정도로 꼬리와 뒷다리가 없었으며, 일견 어린 아이처럼 보이는 화석이다. 이 화석은 1809년 퀴비에에 의해 도롱뇽 화석으로 밝혀지고, 1837년 사람의 모습을 닮은 도롱뇽(*Andrias Scheuchzeri*)로 다시 명명되었다.

3. 18세기의 지질학

16세기에 천문학과 물리학 분야에서의 새로운 발견은 과학자와 신학자 사이에 충돌을 야기하게 된다. 태양 중심설을 주장한 코페르니쿠스의 저서와 갈릴레오의 저서가 기독교 교회의 금서 목록으로 지정되고, 브루노(1548~1600)가 태양 중심설을 지지하였다는 이유로 화형을 당하였다는 것을 예로 들 수 있다. 그러나 그 후 200년 동안 지질학의 출현으로 확립된 사실은 영원히 존재하는 언덕, 창조의 시간, 그리고 대홍수의 보편성에 대한 신학적 이론들을 충분히 밝히지 못하였다.

그러나 18세기 중반에 법학을 공부하였으며 지구의 과정에 흥미를 가진 자연주의자인 뷔퐁(1707~1788)(그림 2.9)은 스트라본, 아그리콜라 등에 의해 발견된 강이 산을 가로지르고 침식한다는 사실이 의미하는 바를 생략하지 않고 전부 서술하였다.

뷔퐁이 주장한 바와 같이 영원한 언덕은 존재하지 않으며, 시간이 흐르면 단순히 그루터기 정도로 침식되고, 다음 융기에 의해 또 다른 언덕이 만들어지는 것은 명백하다. 이 논의는 1751년에 발표되었을 때 성경학자에 의해 극도의 반박에 직면하게 되었고, 뷔퐁은

그림 2.9
저서 *자연의 시대에 대한 자연사*에서 지구의 기원과 지구의 역사를 설명한 프랑스의 물리학자 뷔퐁

그의 주장을 거두어들이고 지구 창조에 대한 기존의 정적인 세계를 믿도록 강요받았다. 한편, 지구는 한때 백열 상태였고 서서히 식고 있다는 데카르트(1596~1650)와 라이프니츠(1646~1716)의 견해로 그의 생각이 발전하여, 그 사건이 창세기를 주장하는 사람들과 화해된 이후 뷔퐁은 안전한 쪽으로 편향되었다.

더욱이 그는 대홍수에 대해서 의문을 제기하지 않았다. 당시 그는 수면이 현재 수준에서 3,500m 높이까지 상승하였다고 믿었는데, 그 높이는 패각 화석이 발견된 최대의 높이였다. 대홍수의 수심이 낮아진 메커니즘은 당시까지 풀리지 않는 미스터리였다. 그에 대해서 뷔퐁은 지각 아래에 있는 구멍을 통해 물이 빠져나간 것이라고 생각하였다. 그는 또한 노르웨이, 스코틀랜드, 그린란드, 그리고 캐나다에서 동일한 동물 종이 산출되기 때문에, 이들이 이전에 서로 접촉했었다는 전혀 새롭고 더욱 그럴듯한 개념을 개발하였다.

뷔퐁은 진실을 위한 연구를 수행했으나 기존 주장과 상반되는 경우 마음의 갈등을 느꼈다. 그는 이러한 갈등을 특히 18세기 프랑스의 많은 학자들과 나누었는데, 그중에는 특히 볼테르(1694~1778)가 있다.

볼테르는 뛰어난 도덕적 용기와 기지 및 사고의 명확성을 가진 인물로, 동시대 사람

들에게 기존의 관습과 사고에 의문을 가지도록 하였다. 그는 높은 지위에 앉은 사람들을 풍자하고, 교회와 국가의 활동을 조롱하였다. 그는 노령에도 불구하고 바스티유 감옥에 두 번이나 투옥되었고 계속해서 프랑스에서 추방되었지만, 결국 존경을 받는 위대한 인물로 인식되었다. 그는 84세로 죽기 전 불과 2주 동안 파리를 마지막으로 방문하였는데, 사람들은 열광적으로 그를 맞이하였다. 볼테르의 영향으로 뷔퐁은 권력자들의 심각한 반대 없이 지구의 나이에 대하여, 최소한 부분적으로는, 창조론의 해석에 반하는 그의 견해를 저술할 수 있었다.

뷔퐁은 1778년에 출판된 자연의 시대에 대한 자연사(*Histoire naturelle des époques de la nature*)는 지구의 기원과 나이를 설명하였으며, 지구가 지나온 역사를 6단계로 시대(Epoch)를 구분하였다. 그는 천체와의 충돌에 의해 태양으로부터 지구와 행성들이 불덩어리 상태로 떨어져 나온 것으로 생각하였으며, 각 행성들이 완전히 고화되는 데 필요한 시간 간격을 제시하였다.

이에 따르면 그는 지구는 고화가 완성되는 데 2,936년이 걸렸다고 생각하였다. 그다음의 지구 역사는 7만 5,000년으로 생각하고, 그중 냉각이 시작되어 대기 중 수증기가 응결하여 대양을 형성하는 데 5만 년이 걸렸다고 짐작하였다. 또한 지구에 물이 생겨나기 이전에 모든 광맥이 형성되고, 그때 결정질 암석이 산과 계곡을 형성한 것으로 생각하였다.

뷔퐁은 대양이 형성되고 난 이후 1만 년에서 1만 5,000년 동안에는 여전히 지구가 뜨거워서 오늘날 알려진 생물종이 생존하기에 용이하지 않았다고 생각하였다. 9만 3,000년 이후 현재 온도가 25분의 1이 될 때 지구의 생명체가 절멸할 것으로 생각하였다.

그럼에도 불구하고 대양에서는 그러한 조건에 적응할 수 있도록 각(껍데기)을 가진 생물이 출현하게 되었다. 대양이 냉각되자 그러한 형태의 동물들은 멸종되고, 대양은 육지의 강에 의해 침식되어 쏟아져 나온 퇴적물의 그릇이 되고 말았다. 따라서 점토와 모래로 이루어진 첫 번째 층이 형성되고, 그 속에 초기 각을 가진 생물의 유해가 매장된 것이다. 지구 진화의 다음 단계는 해수면이 지하의 동굴 수준으로 낮아지고, 화산이 성장하며 육지의 생물이 발달하는 시기이다.

뷔퐁의 36권으로 된 저서 **자연사**(*Historie Naturelle*)는 1749년부터 1788년까지 30년 동안 출판되었으며 주로 동물과 광물의 세계를 다루었는데, 그중에서 제1권은 **지구의 이론**(*Théorie de la Terre*)을 다루고 있다. "화산은 커다란 대포와 같으며, 그 화구는 1.5마일을 넘는 것이 많다"라는 기술적인 설명은 그의 독자들의 상상력을 사로잡았음에 틀림없다. 이 책은 당시 루소, 볼테르 등의 책과 함께 가장 널리 읽히고 있었다. 마이어는 뷔퐁이 18세기 후반 자연사의 아버지라고 한 바 있다.

러시아에서 로모노소프(1711~1765)는 지구 환경은 시간이 지나도 변하지 않고 반복된다는 개념에 대해 의문을 품고 있었는데, 이는 그가 허턴의 생각과 유사하게 퇴적암과 화성암 형성에 대한 결론에 도달한 것으로 생각된다.

로모노소프는 현재 과정으로써 암석 형성의 패턴을 설명하였고, 구조적 사건의 눈에 보이지 않는 운동의 중요성을 강조하였으며, 광물은 자연적 조합으로 나눌 수 있다는 것을 발견하였다. 실제로 그의 생각들은, 훗날의 생각들과 같은 계통이라는 것이 밝혀지지만, 당시에는 너무 새로운 것이어서 지지를 받지 못했다(Vernadsky, 1900). 로모노소프는 지질학과 광물학뿐만 아니라 시, 문학, 역사를 포함한 넓은 영역에 흥미를 가진 탐구자였다.

1707년 에게해의 산토리니섬의 화산 활동에 대한 연구에서 모로(1687~1740)는 모든 산들이 지구 내부의 불에 의한 격렬한 활동에 의해 형성된다는 결론에 도달하였다. 나폴리 근처의 인구가 밀접된 농경 지역인 플레그레안 필드의 한복판에서 1538년에 분화한 누오보 산의 역사는 이 견해를 확신하게 해주었다.

그러나 그 스스로의 관찰로부터 층을 가진 암석에 의해 형성된 산들이 있다는 것을 깨닫게 되었으며, 그리하여 그는 1차적 산(Primary Mountain)과 2차적 산(Secondary Mountain)이라는 개념을 처음으로 도입하였다. 그는 1차적 산이 화산에 의해 형성된 것이고, 2차적 산은 오늘날 화산 쇄설물로 분류되는 퇴적암으로 이루어진 것으로 믿었다.

그는 2차적 산은 폭발력에 의해 분출되어 1차적 산을 덮은 것으로 생각한 것이다. 이 견해는 베수비오 산이 분화하는 동안에 석회암 덩어리가 화구 위로 들어 올려진다는 사실에 의해 지지되었다. 모로와 같은 탐구자의 생각은 다른 사람들을 자극하였다.

모로는 이탈리아의 지질학자로서 일부 사람들은 그를 암석 성인의 초화성론자(Ultra-Plutonist)라고 불렀다.

아두이노(1714~1795)와 특히 레만(1719~1767)은 이와 유사한 생각을 갖고 있었다. 레만은 베를린에서 광물학과 광상학의 선생이었으며, 러시아 제국의 황제인 예카테리나 2세에 의해 상트페테르부르크에 있는 왕궁 박물관의 관장과 화학 교수로 임명되었다. 그는 독일을 포함한 유럽의 지층을 연구하였으며, 1756년에는 '퇴적암의 역사에 관한 연구(Versuch einer Geschichte von Flötzgebürgen)'라는 논문을 발표하였다.

이 논문에서 레만은 세 가지 종류의 암석군이 확인될 수 있다고 생각하였는데, 그들은 (1) 원시적 산(Primitive Mountains)으로서, 지구가 만들어졌을 때 형성되었고, 층을 확인할 수 없는 암석으로 구성되며, (2) 원시적 산에 인접하고 있는 층으로 나타나는 2차적 암석(Secondary Rocks), 그리고 (3) 화산 활동과 홍수의 산물이다. 그러한 관찰은 현대 층서학 발달의 기초를 이루게 하였으며 훗날 베르너에 의해 발전되었다.

이탈리아 베로나에서 태어난 아두이노는 베니스에서 광물학과 야금학의 교수가 되었으며, 이탈리아 북부의 지질학적 연구를 근거로 처음으로 지질 시대를 분류한 인물로서 훗날 '이탈리아 지질학의 아버지'로 알려져 있다(그림 2.10).

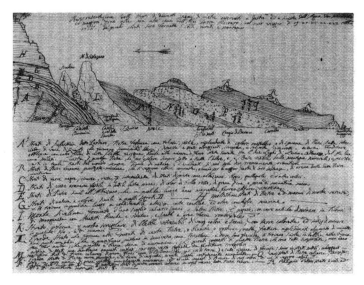

그림 2.10
아두이노의 빈센자 지역의 층서 단면도(1758)

그는 1760년에 쓴 편지(*Nuova Raccolta d' Opuscoli Scientifici e Filologici*)에서 다음과 같이 지각을 구성하는 암석을 4개의 시기로 구분하였다.

1. 제1기(Primary 또는 Primitive period) : 흔히 금속 광석을 포함하는 편암으로 구성되어 있음.

2. 제2기(Secondary period) : 금속 광석이 거의 산출되지 않으며 주로 대리암과 층상 석회암으로 이루어지고, 바다의 유기 물질인 화석이 흔히 나타남.

3. 제3기(Tertiary period) : 자갈, 모래, 점토 및 이회로 구성된 낮은 산과 언덕으로, 거의 대부분 해양 쇄설물이 매우 풍부하고 화산암이 포함되어 있음.

4. 화산암 또는 제4기(Volcanic 또는 Quaternary period) 충적층 : 하천에 의해 산으로부터 깎여 내려온 충적 물질로 구성되어 있음.

상트페테르부르크의 과학 아카데미 교수를 역임한 프러시아 과학자인 팔라스 (1741~1811)는 레만의 생각을 지지하고 발전시켰다. 예카테리나 2세의 후원을 받은 자연주의자와 천문학자의 탐험대를 이끌었으며, 러시아 왕국을 두루 여행한 팔라스는 모로의 화성핵(igneous core) 개념을 지지하는 증거들을 접하게 되었다. 특히 그가 조사한 거대한 산맥들은 화강암으로 이루어져 있으며, 매우 경사진 지층과 인접하고 있었고 그중에는 광맥이 포함되는 경우가 있었다.

레만의 생각과 같이 1777년에 발표된 논문에서 팔라스는 1차적 화강암 산(Primitive Granite Mountains)이 지구 탄생 당시에 만들어졌으며, 그 반면에 그들의 부분적인 분해에 의해 심하게 경사진(지금은 편암으로 기재되는) 암석이 퇴적되었다고 믿게 되었다. 2차적 산 (Secondary Mountains)은 그 이후에 바다로부터 퇴적된 석회질 암석으로 구성되고, 3차적 산 (Tertiary Mountains)은 그다음에 형성된 점토와 이회로 이루어졌다.

그러나 팔라스는 해수면이 상승하여 가장 높은 산을 제외한 모든 산들을 덮었다는 뷔퐁의 견해를 받아들일 수 없었다. 왜냐하면 해양의 해수면을 하강할 수 있게 할 만큼 많은 물을 통과시킬 수 있는 동굴이 지구 내부에 있을 수 없다고 추론했기 때문이다. 반면에 그는 해수면이 현재의 해수면보다 300m 이상 상승하지 않았으며, 그 이상의 높이에서 발견되는 해양 생물 화석이 포함된 지층은 지구 운동에 의한 융기에 기인한다고 생각하였다. 이것이야말로 지구 역사에 대한 사고의 비약을 의미하는 것이다.

1772년 팔라스는 몽고에서 북서쪽으로 약 1,000km 떨어진 러시아의 크라스노야르스크 부근에서 발견된 680kg이나 되는 철 덩어리를 보고, 그것을 상트페테르부르크로 운반하도록 하였다. 그것에 대한 분석 결과 그것은 석철질 운석의 새로운 유형에 해당하는 것을 알았다. 그 운석은 그의 이름을 붙여서 소위 팔라사이트(Pallasite)라고 명명되었다.

4. 최초의 지질 탐사

뷔퐁, 모로, 아두이노, 그리고 팔라스 같은 이들은 야외의 관찰 사실을 설명하기 위해 지구를 둘러싼 메커니즘을 만들었으나, 그들은 앞선 사람들과 마찬가지로 여전히 사회의 압력에 의해 방해를 받고 있었다. 그들의 아이디어는 창조론과 대홍수를 설명하는 전통적인 해석에 따르도록 강요받았던 것이다.

그러나 그중에는 그러한 압력에도 자유롭게 연구하는 사람들이 있었는데, 이들의 관심이 이론적인 사색보다 야외에 나타나는 증거의 관찰과 기록에 있었기 때문이다. 그들 중에는 투링기아 루돌슈타트의 왕궁 내과 의사였던 휘크젤(1722~1773)이 있었는데, 그는 논문(*Historia terrae et maris ex historia Thuringiae per montium descriptionen erecta*)(1762)에서 독일 하르츠와 투링기아 지역의 지층을 상세하게 분류하였다. 베체(de la Beche)에 의하면, 휘크젤의 후반 연구는 후크에 의해 이미 모호하게나마 파악된 바와 같이 암석은 그 속의 화석에 의해 인식될 수 있다는 스미스의 신념을 예고하는 것이었다.

그림 2.11
화석과 암석에 관한 논문을 발표하고 지질학적 개념을 발전시킨 위대한 선구자인 게타르

이러한 새로운 유형의 야외 학자 중에서 가장 유명한 사람 중의 하나는 게타르(1715~1786)이며(그림 2.11), 그의 공헌은 그의 사후 반세기가 지나서야 겨우 인정을

받았다(D'Achiac, 1847~1860). 파리 근교에서 태어난 그는 식물, 화석, 광물, 암석에 관한 약 200편의 논문을 발표하였으며, 당시에 프랑스 아카데미의 가장 저명한 인사 중의 하나이고, 고생물학과 현대 지질학의 위대한 선구자 중의 한 사람으로 알려지고 있다. 또한 게타르는 프랑스 내과 의사이며 자연주의자로서, 리스터(1684)의 논문에서 기초적인 아이디어가 제시된 바 있었던, 지질도를 최초로 작성한 사람이다.

게타르의 지질도는 경사 기호나 단층이 없으며 지층의 순서를 보여주는 데 실패하였지만, 그럼에도 불구하고 유사한 형태의 암석이 규칙적으로 나타나는 것을 게타르가 알고 있었다는 것을 나타내고 있다. 그는 파리 부근의 '광물학적 지도(*Mineralogical Map*)'라는 것도 만들었는데, 그 작업은 프랑스의 화학자이자 후에 프랑스 혁명에 의해 희생된 라부아지에(1743~1794)의 도움을 받았다.

게타르의 관심은 넓은 분야에 걸친 것이다. 그는 도버 해협의 프랑스 쪽에 있는 암석은 바다 건너 영국 쪽에도 연결되어 있으며(Guettard, 1746), 화석을 확인할 수 있는 스케치를 하였다. 그는 판화 이외에 스스로 활화산을 본 적이 없지만, 오베르뉴 열도의 화산재의 애쉬콘(ash cone)을 화산으로 동정하였다. 그는 마음속으로 그러한 화산들이 분화할 것으로 생각하였고(주지하는 바와 같이 이 화산들은 지난 1만 년 동안 활동을 하지 않고 있음), 클레르몽 페랑 도시 부근에 사는 사람들의 생활을 걱정하였다(Geikie, 1905).

지질학적 개념을 발달시키는 데 공헌하였고, 특히 그때까지 생각했던 것보다 화산 활동이 광범위하다는 것을 발견하였다는 사실에도 불구하고, 게타르는 주상의 현무암(그는 이 암석을 용암과는 전혀 관계없다고 생각함)이 대양에서 침전에 의해 생성되었다는 당시의 생각을 지지하였다. 이 설명에 대해 게이키(1905)가 언급한 것과 같이, 게타르는 화성론자(화성암을 용융 기원으로 생각함)와 수성론자(모든 암석이 침전에 의해 생성되었다고 생각함)라는 2개의 다른 학파의 선구자로 간주될 수 있다. 이들 두 학파의 활동적인 대치는 1770년대부터 거의 50년에 걸쳐 지질학의 세계를 지배하게 되었다.

게타르와 같이 데마레(1725~1815) 역시 정확한 관찰의 추구에 주된 관심이 있었던 탐구자였다. 그는 내과 의사이자 프랑스 공무원으로서 제조업 분야의 감사원장과 집정관 지위에 올랐으며, 프랑스 혁명 동안에는 투옥되었으나 기적적으로 살아남았다. 그의 생존 기간에 파리 분지의 암석에 대한 연구(Desmarest, 1771)를 포함하여 지질학 분야에 영원히 남을 많은 공헌을 하였다. 그가 작성했던 오베르뉴의 상세한 지도는 그의 사후에 가서야 출판되었다.

데마레는 1763년에 처음 오베르뉴를 방문하였을 때 상상력을 발휘하여 게타르의 발자취를 더듬어 그 지역의 화산에 대한 면밀한 연구를 수행하였다. 데마레는 관찰을 통해 게타르의 연구를 개선하였다고 할 수 있는데, 그는 화산 지역 주변에 있는 육각기둥 모양의 현무암층을 관찰, 추적하여 화산의 화구를 확인할 수 있었으며, 이 사실은 게타르가 발견하지 못한 것이었다(Desmarest, 1771). 그는 더 나아가서 오베르뉴의 현무암이 북부 아일랜드의 자이언트 코즈웨이의 현무암과 유사하며, 후자도 역시 화산 기원임에 틀림없다는 것을 주장하였다.

그는 오베르뉴에서 지층 사이에 협재된 현무암의 노두를 관찰하여, 지질학적 사건의 순서를 설명하였다. 첫째, 현무암질 용암이 분출하여 연속적인 판상으로 확장되었으며, 그 후 화산재 애쉬콘의 침식에 의해 용암류 상부에 퇴적되었다고 주장하였다. 마지막으로, 계속되는 용암류는 강의 하부 침식 활동에 의해 독립된 판상 암층으로 남게 된 것으로 생각하였다.

데마레는 그 당시에 일반적으로 수용되었던 아그리콜라의 생각에 대해 반증할 만한 증거를 발견하였다. 아그리콜라는 화산 활동이 지하에 퇴적된 탄화 물질의 연소에 의해 초래된다고 하였지만, 데마레는 오베르뉴 용암 아래에 석탄을 포함한 암석은 없으며, 용암 바로 아래에는 화강암이 있다는 것을 제시하였다. 그는 한번 용융된 화강암에 의해 발생한 열이 인접한 암석을 액화하고, 화산을 만든다고 믿었다.

데마레는 현무암의 기원에 대해서 그의 견해를 명확하고 설득력 있게 기록하였지만, 그러한 생각은 수십 년 동안 계속된 당시의 의견에 반하는 것으로서, 그의 저술은 크게 주목받지 못하였다. 그러나 결국에 가서 그가 수행한 화산에 대한 연구는 무엇보다 우선하는 중요한 것이라는 것을 인정받게 되었던 것이다.

또한 그는 영국과 프랑스 사이에 바다와 접하는 양쪽 해안 절벽의 구성 물질이 같은 것으로 보아서, 두 나라는 한때 붙어있었으나 북해의 강한 해류로 침식되어 지협이 형

그림 2.12
최초로 돌로마이트를 기재한 이탈리아 알프스의 돌로마이트 산맥. 돌로미외의 이름을 따라서 명명되었다.

성되었다고 주장하였다. 그리고 그는 하천의 침식으로 계곡이 형성된다고 설명하였다.

역시 많은 시간을 화산 연구에 바쳤던 돌로미외(1750~1801)는 화산 분화가 탄화 물질의 연소와 어떤 연관이 있다는 것을 입증할 증거가 없다는 데마레의 주장에 동의하였다.

1791년 그는 현재의 이탈리아 북동부 티롤 알프스의 여행 중에 묽은 염산에 반응하지 않는 석회질 암석을 발견하고 처음으로 기재하였다. 그 후 이 암석은 그의 이름을 따서 돌로마이트(백운암, Dolomites)라고 명명되었다(그림 2.12).

소쉬르(1740~1799)(그림 2.13)는 알프스 정경에 애착을 가진 스위스의 과학자로서, 알프스를 구성하고 있는 암석에 대한 조사를 수행하였다. 그러나 그 당시로서는 과학자들에게 습곡, 스러스트(thrust), 냅(nappe) 등의 복잡한 형태의 존재에 대한 개념이 없었기 때문에 이러한 연구는 엄청난 것이었다.

그는 알프스 산맥 전체를 14번이나 횡단하였으며, 이외에도 16번이나 주변에서 알프스 정상까지 답사하였다. 물론 이 당시 알프스에는 길도 거의 없었으며, 산맥을 횡단하는 것은

그림 2.13
알프스의 지질 구조를 밝힌 스위스의 저명한 지질학자 소쉬르

위험하기도 하고 힘든 일이었음을 생각하면 정열적인 야외 지질학자로서의 그의 피나는 노력은 본받을 만하다. 이러한 그의 노력의 결과는 1779년부터 1796년 사이에 알프스의 여행기(Voyages dans les Alpes)라는 제목의 네 권의 책으로 출판되었으며, 이는 지질학 분야에서 선구자적인 고전으로 널리 인정되고 있다.

스위스 제네바 근처에서 태어난 그는 18세 때 이미 제네바 부근의 모든 산을 답사하며 스위스를 정복하기 위한 꿈을 키웠다. 20세부터 그는 유럽의 모든 산맥을 답사하며 야외 조사를 수행하였으며 수많은 암석 표본을 수집하였다.

그는 22세 때 이미 대학 교수가 되었으며, 야외 지질학자로서 평생을 바친 최초의 인물로 알려지게 되었다(Geikie, 1905). 비록 그는 레만, 아두이노 및 모로 등과 같은 층서학적인 개념을 갖고 있지는 않았지만 알프스의 연구에서 그는 특히 초기에 형성된 것으로 알려진 화강암으로 구성된 원시산(Primitive Mountains)의 비밀에 관심이 있었다. 그는 베르너와 거의 동시대의 인물로서 이러한 화강암이 원시 해양(Primitive Ocean)의 물로부터 결정되어 침전된 것이라는 베르너의 주장과 같은 생각(즉, 수성론)을 갖고 있었다.

소쉬르는 지구의 역사는 평지가 아니라 암석이 노출된 절벽을 갖는 산이 그 비밀을 밝혀낼 수 있다고 결론을 내렸다. 1차와 2차적 산을 분류했던 모로의 생각이 일반적으로 수용되고 있었지만, 소쉬르는 나름대로의 새로운 개념을 여기에 첨가하였다.

그는 알프스에서의 관찰에 의해 화강암을 수반하는 원시암은 층리의 증거를 보이며, 심지어 일부 지역에서는 화강암 자체도 동일한 구조를 갖는다고 하였다. 또한 어떤 곳에서는 2차적 산(Secondary Mountains)에 속하는 암석이 원시산을 이루는 암석을 덮고 있으며, 1차와 2차 중간에 걸치는 증거도 관찰하였다. 이 중 후자의 경우는 이 당시까지 알려지지 않았던 변성 작용의 결과로 생각된다. 원시산과 2차적 산을 구성하는 지층은 여러 곳에서도 수평을 이루나 많은 다른 곳에서는 심하게 경사지고 심지어는 수직을 이루기도 하였다. 또한 어떤 곳에서는 휘어져서 'S'자의 형태를 보이거나 불규칙하고 복잡하게 구부러져 있었다.

그는 이러한 원인을 원시 해양에서 급경사를 이루는 해저에 퇴적되었거나 또는 수평으로 쌓인 후 어떤 힘에 의해 들어 올려진 것으로 생각하였다. 그러나 지층의 두께가 일정한 것으로 보아 구부러진 지층은 급경사면에 쌓인 것이 아니라 원래 수평으로 쌓인 다음 습곡된 것으로 판단하였다(Saussure, 1796). 그러나 그는 그러한 힘의 근원을 설명하려고 하지는 않았다.

그는 알프스를 조사하는 동안에 다른 지질학 영역에 관한 많은 생각을 하였다. 그는 하상의 자갈과 계곡 위의 산사면에 노출되어 있는 암석 속의 자갈의 조성을 비교하였으며, 그들의 유사함에서부터 자갈이 강물에 의해 낮은 곳으로 옮겨진 것으로 추론하였다. 또한 자갈의 원마도는 운반하는 동안의 침식 작용에 의한다고 결론을 내렸다.

그는 빙하에 대해 연구하고, 어떻게 하여 암석들이 산사면에서 파쇄되고 얼음과 혼합되었다가 결국에 그 지방 사람들이 '모레인(moraine)'이라고 부르는 커다란 산이 되는지를 관찰하였다. 그는 특정 석회암을 형성하는 어란석(oolith)이 동심원상 구조를 가지는 것을 알고, 그들의 무기적 기원을 생각하였다.

또한 소쉬르는 화산에 의해 화강암이 용해되어 오베르뉴의 현무암이 형성되었다는 데마레의 생각에 의문을 갖게 되었다. 그는 스위스 알프스와 오베르뉴에서 구한 여러 종류의 화강암을 용융시키는 실험을 했으나, 전혀 현무암을 만들지 못하였다. 그는 다시 전기석이 포함된 화강암으로 고온에서 실험을 하여 용해되지 않은 백색의 석영 입자가 산재된 기공을 갖는 흑색의 유리를 얻었다. 또한 여러 종류의 반암에 대한 실험 결과 치밀한 흑색 에나멜을 얻기는 하였으나, 조금도 현무암을 닮은 암석을 얻을 수가 없었다. 따라서 그는 이러한 암석에 대한 자연적 용융으로는 현무암이 만들어질 수 없다는 결론을 내리게 되었다. 이러한 그의 실험은 실험 지질학의 시작을 의미하는 것이다.

또한 그는 휘크젤과 같은 방법으로 암석 속의 화석을 이용하면 암석의 연령에 대한 힌트를 얻을 수 있다는 것에 착안하였다. 수많은 알프스 여행을 통해서 소쉬르는 산의 구조에 대한 현대적 연구 기반을 마련하였을 뿐만 아니라, 등산에 대해서도 흥미를 자극하였다. 소쉬라이트(Saussurite)는 광물학자인 소쉬르의 이름을 따라 붙여진 광물명이다.

거대한 알프스 산맥에 대한 소쉬르의 연구는 야외 지질학자들에게 주의 깊은 관찰의 모델로 여겨지게 되었으며, 그의 연구 자료는 지질학의 원리를 연구하는 사람들에게 귀중한 모범이 되었다(그림 2.14). 예를 들어 현대 지질학의 위대한 창시자로 여겨지는 허

그림 2.14
알프스의 최고봉인 몽블랑(4,808m)에서 하산하는 소쉬르의 모습을 그린 동판화. 1788년 메헬의 작품으로 네덜란드의 테일 러스 박물관에 소장되어 있다.

턴은 위대한 야외 지질학자가 알프스에서 관찰한 산과 계곡의 끊임없는 침식과 지형의 놀라운 변화 등이 그의 지구의 이론(*Theory of the Earth*)의 핵심적 요소가 되었음을 언급하고 있다.

소쉬르가 알프스에 대한 연구를 수행하는 동안에, 영국에서는 철학자이며 수학자이고, 지질학자이며, 천문학자인 미첼(1724~1793)이 케임브리지대학교의 우드워드 석좌 교수에 취임하였다. 그런데 1750년과 1760년 사이에 서유럽에서는 강력한 지진들이 여러 차례 발생하였으며, 1755년 포르투갈의 리스본에서 발생한 지진으로 7만여 명이 사망하였다(그림 2.15). 그는 리스본의 지진을 연구하여, 1760년에는 이에 대한 논문 '지진 현상의 원인과 관찰에 대한 추론(*Conjectures concerning the cause and observations upon the phaenomena of earthquakes*)'을 발표하였다.

그는 이 논문에서 지진의 발생 원인과 지진파의 특징에 대해 설명하였으며, 지진의 기원은 화산 활동과 연관되어 있을 것으로 결론을 내렸다. 또한 그는 지진과 암석의 단층의 생성에 있어 높은 압력하의 수증기의 중요성을 강조하였다(Michell, 1760).

미첼은 지진을 충격파로 해석한 최초의 연구자이며, 지진파의 속도를 최초로 측정하였고, 지진 발생 장소를 알아내는 방법을 제안하였다. 그의 탁월한 상상력을 보고 데이비드슨(1927)은 미첼을 현대 지진학의 창시자의 하나로 기술하였고, 게이키(1905)는 그를

그림 2.15
1755년 11월 1일 포르투갈 리스본에서 발생한 지진으로 화염과 쓰나미가 항구에 정박한 배를 덮치는 모습을 그린 동판화. 리스본 지진은 사망자 수가 7만 명으로 추정되어, 역사상 가장 많은 사망자를 기록한 지진 중 하나로 기록되고 있다.

지진학 발전에 가장 위대한 공로자로서 묘사하였다.

미첼은 야외 관찰을 통해 층을 이룬 암석은 순서대로 놓여 있다는 결론을 도출하게 되었다. 그는 매우 다른 분야에서 물리학의 캐번디시와 천문학의 프리스틀리와 공동 연구를 하였으며, 지구의 밀도를 결정하는 방법을 도출하여 지구의 밀도가 $5.48\text{g}/\text{cm}^3$ 임을 계산하였다(Cavendish, 1798). 그는 또한 최초로 은하의 모형을 제시한 바 있는 허셜이 사용한 10피트 반사망원경을 제작한 인물이기도 하다. 2010년에 윌킨스는 그를 200년 동안 블랙홀을 발견한 잊혀진 천재라고 미첼을 추앙하였다.

1775년에 이미 마스켈라인(1732~1811)은 스코틀랜드에 있는 시할리언 산의 질량이 추의 연직선의 편향을 야기한다는 것을 나타내었고, 따라서 물체 사이뿐만 아니라, 태양계 천체 사이에도 중력이 존재한다는 사실을 성공적으로 나타내었다. 그의 실험적 자료에 의해 지구의 밀도가 $4.559\text{g}/\text{cm}^3$와 $4.867/\text{cm}^3$ 사이에 해당한다는 결과를 얻을 수 있었다.

지질학적 야외 관찰의 또 다른 초기 선구자는 해밀턴(1730~1803)으로서, 그는 1764년과 1800년 사이에 주 나폴리 영국 대사였던 넬슨과 관계했던 두 번째 부인인 엠마 해밀턴의 불행했던 남편으로 더 잘 알려진 인물이다. 그때 그는 이탈리아의 화산 분출, 특히 베수비오의 분화에 대해서 상세하게 기술하였고, 이는 중요한 고전적 기록이 되었다.

제3장

광물학, 수성론 및 화성론

1750년에서 1775년 사이 지질학의 세계는 과학적 도약을 목전에 둔 듯하였다. 화석의 기원에 대한 오래된 신화는 사라졌고, 이미 휘크젤은 지층과 거기에 포함된 화석 사이에는 순서가 있다는 것을 제시하였다.

모로는 지각의 암석은 명쾌하게 구분할 수 있다는 사실을 인정하였으며, 미첼과 팔라스 등은 지구 표면의 일부가 지진 활동으로 상승했다는 것을 발견하였다. 게타르는 최초의 지질도를 작성하였고, 게타르의 발자취를 따라 여행한 데마레는 과거 지질 시대에 화산이 활동하였으며, 현무암이 그 산물이라는 것을 깨달았다. 페로와 그 외 사람들은 지형을 만들어내는 데 삭박 작용의 중요성을 확립하였다.

소쉬르는 알프스의 암석들은 압축력을 받았다는 힌트를 얻었다. 아마 가장 중요한 것은, 시간이라고 하는 새로운 차원이 지질학적 과정을 설명하는 데 필수적으로 고려되어야 한다는 뷔퐁의 직관적 추론일 것이다. 거의 모든 중요한 발견은 사람들이 여가를 선용하다가 이루어졌으며, 그들은 이러한 그들의 발견을 언제나 출판하려고 하지는 않았다. 그들은 넓은 범위의 문화를 가진 사람들이었으며, 지질학 외에도 많은 관심을 가진 사람들이었고, 당시만 해도 지구의 자원을 개발하기 위해 기업적으로 함께 일해야 한다고 생각하지도 않았다.

그러나 그러한 시대가 곧 다가오게 된 것이다. 이 시기에 지질학에 요구되는 것은 지금까지 축적된 지식을 종합할 수 있으며, 새로운 발견을 위한 방법을 제시할 수 있는 탐구자였다.

1. 베르너의 수성론

1775년 이래로 그러한 많은 사람들이 나타났지만 그들은 독일 작센 출신의 베르너 (1749~1817)가 배출한 사람들이다. 베르너(그림 3.1)는 그가 태어나고 자란 광산 지역으로부터 멀리 떠나 여행하는 일은 거의 없었다.

그는 그의 아버지를 따라 광산촌에 들어가게 되었고, 1764년에 용광로를 다루는 작업에서 처음으로 직위를 받았을 때에는 이미 광산 활동에 매료되어 있었다. 그는 그의 주위를 둘러싼 것들에 대해 호기심이 가득 찬 마음을 넓혀준 라이프치히대학교에서 공부를 마친 후, 광산학과 야금학 강의를 맡은 강사로서 프라이베르크 광산 아카데미에 들어가게 되었다. 그는 40년에 걸친 그곳의 재직 기간에 다른 어느 연구소가 향유하지 못했던 명성을 아카데미에 부여했던 것이다.

이 명성은 베르너 자신의 인간성과 주제에 대한 풍부한 상상력이 관련된 접근 방법에서 유래한 것이다. 그 거장과 보조를 맞추는 것이 모든 광산 기술자의 목표가 되었으며 이렇게 하는 것은 열성 있는 지질학자의 가장 가치 있는 경험이며, 교양을 가진 사람에게 있어 가장 훌륭한 성취였던 것이다.

당시의 설명에 의하면, 베르너는 자신보다 앞선 모든 것을 강의에서 다루었으며, 그의 제자들을 앞으로

그림 3.1
수성론의 창시자로서 최초의, 그리고 최고의 광물학자이며, 지질학의 위대한 현인으로 알려진 베르너

나가 여러 대륙의 지구 표면을 탐구하도록 열성을 가지고 '지오그노시(geognosy, 이 용어는 휘크첼에게서 빌려온 것으로 광물과 암석의 산출, 성분, 기원 등을 다루는 고체 지구의 과학을 뜻함)'를 탐구하였던 것이다. 그의 열정은 대문호였던 괴테(1749~1832)조차도 베르너의 생각을 확신하게 하였다.

베르너의 주된 관심은 광물과 광맥이었으며, 그는 광물의 종합적인 분류를 도입하였다. 그는 그 주제에 대해서 자신의 해박한 지식을 근거로 하여 교육했으며, 그 때까지 아무도 이루지 못한 방법을 제시하였고, 세계의 보편적 광물에 이름을 붙이고 동정하였다. 그는 노트 없이 일관되게 강의했다고 전해지며, 그의 전 생애를 통해서 그의 교수의 질에서 기대되는 것보다 훨씬 적은 20편의 단편적 저술을 남겼다는 것은 그의 웅변적 강의 방법을 입증하는 증거가 되는 것이다.

베르너는 1774년에 화석의 외부 특징에 대하여(Von den äusserlichen Kennzeichen der Fossilien)를 발표하여 최초로 광물의 종합적인 분류를 지질학 세계에 남겨주었고, 그는 암석의 순서적인 계열의 중요성을 강조하였다. 1817년에 출판된 그의 마지막 논문 '아브라함 고틀로프 베르너의 마지막 광물 시스템(Abraham Gottlob Werner's Letzts Mineral System)'은 317종의 광물을 금속 광물, 연소 광물, 염 광물 및 토질(earthy) 광물의 네 종류로 구분한 바 있다.

1787년에 출판된 그의 암석의 간단한 분류와 기재(Kurz Klassification und Beschreibung der verschiedenen Gebirgsarten)는 지질 계통을 다루었으며, 그는 레만에 의한 암석의 분류를 확장하였다. 헤드버그(Hedberg, 1969)에 의하면, 그가 수정한 암석의 분류는 스웨덴의 과학자 버그만(1735~1784)이 분류한 것에서 유도되었다는 것이 거의 확실하다. 그는 다음과 같이 다섯 가지의 암석으로 층서를 구분하였다.

첫째, 여기서는 화강암, 편마암, 편암 그리고 점판암을 포함한 화학적 침전물이 제일 먼저 제시되었다. 이들은 전지구적인 지층으로서 대양이 지구 전체를 뒤덮었을 때 형성된 '원시암(Primitive rocks, Urgebirge)'을 포함하고 있다.

둘째, 다음으로 편암, 그레이와케(greywacke), 그리고 때때로 화석을 포함한 석회암으로 구성된 '전이암(Transitional rocks, Übergangsgebrige)'이다. 이들 역시 전 지구적 지층으로 분류되는데, 이들은 전 지구적인 대양이 해퇴하면서 나타나기 시작하기 때문이다.

셋째, 다음의 그룹은 '이차적 암석' 또는 '성층암(Secondary 또는 Stratified rocks, Flötz Gebirge)'으로 사암, 증발암, 석회암과 현무암, 그리고 전 지구적이 아닌 국지적인 지층을 포함한다. 이들은 해양의 해수면이 낮아지면서 육지의 넓은 영역에 나타난다.

넷째, 이들 퇴적물 위에는 고화되지 않은 자갈과 모래 및 점토가 충적층으로 놓이며, 이들은 '원시암'의 분해에 의한 산물(Alluvial Deposit, Aufgeschwemmte Gebirge)이다.

다섯째, 마지막으로 화산암(Volcanic rocks, Vulkanische Gebirge)이 있다.

이러한 암석의 분류는 '전 지구적 대양(universal ocean)'이라는 잘못된 개념에 근거하고 있다. 많은 '원시암'이 심하게 경사진 것은 그들이 전 지구적 대양으로부터 지구 핵의 불규칙적인 대양저 위에 퇴적되었기 때문이라고 생각하였다. 베르너는 천체가 가까이 지나갈 때 물이 부분적으로 빠져나가 전 지구적 대양이 후퇴하게 된다는 견해에 기울어져 있었다.

더구나 베르너는 성층암의 지층 사이에서 발견된 현무암은 침전암이라고 확신하였는데, 그 이유는 현무암 암상은 베르너 자신이 잘 알고 있는 언덕인 에르츠 산맥의 슈톨펜을 덮고 있는 침전물로 가장 잘 설명되는 야외 관계를 갖고 있었기 때문이다(Werner, 1791). 또한 그는 지구 역사에서 가장 최근의 현상인 화산은, 데마레의 증거와는 상관없이 석탄층의 연소 결과라고 생각하였다(Werner, 1789).

실제로 베르너는 보헤미아에서 석탄층에 의해 불이 붙어 만들어진 현무암을 닮은 용재(slag)의 암석에 의해 주변 퇴적물이 구워지는 효과를 잘못 보고 있었다. 결국 베르너에 의하면, 지구의 깊이 패인 계곡, 가장 최근의 지질학적 사건의 산물 등은 대홍수 기간 중 지구 표면을 폭풍과 같이 흘러내려간 물에 의해 형성된 것이다.

그러므로 베르너가 교사로서 그의 청취자들의 상상력을 붙잡아 둔 동안에 지질학은 그를 강하게 지지한 많은 천재들의 힘에 의해 과학적 발전이 늦어졌으며, 심지어 그 발전이 얼어붙기까지 했다. 설득력이 없고 힘이 없는 사람은 오베르뉴에서 데마레 같은 사람에 의해 축적된 증거에 오랫동안 대항할 수 없었다.

100년 후에 게이키는 베르너가 이룩한 업적에 대해 "증명되어야 할 관점을 당연하게 생각하고 심사숙고하지 않음을 자랑삼아 이야기하는 지질학자들은 실제로 지구의 이론을 해결하려고 노력하는 모든 세대에 있어 가장 희망이 없고 위험한 것이다"라고 언급하였다.

실제로 몇몇 베르너의 제자들은 오직 눈에 보이는 야외의 증거에 직면할 때에만 그의 스승의 오류를 인정하게 되었다. 그러나 다른 책임 있는 지위에 있었던 사람들은 베르너가 죽고 10여 년이 지나서도 여전히 현무암 기원의 이론에 대한 베르너의 이론에 완강하게 연연하고 있었다. 그럼에도 불구하고, 공정하게 그를 기억한다면 광산 지질의 분야에서 베르너의 공헌은 확고하고 영원하다는 것을 인정하지 않을 수 없다.

그의 광물과 광맥에 대한 지식은 대적할 사람이 없었으며, 이 지식을 산업에 적용했던 점을 생각한다면, 그는 세계 최초의 응용 지질학자라고 생각할 수 있을 것이다. 그는 최초의 그리고 최고의 광물학자로 알려져 있으며, 흔히 독일 지질학의 아버지로 불리고 있다. 퀴비에는 그를 지질학의 위대한 현인으로 표현한 바 있으며, 피턴은 그를 지질학을 진정한 과학으로 최초로 끌어올린 선구자로 기술한 바 있다.

2. 광물학의 발전

베르너의 시대까지는 광물은 동물과 식물과 같이 외부의 모양과 형태에 따라 분류해 왔다. 그러나 18세기 말엽부터 화학의 발전, 특히 클라프로스(1743~1817)에 의한 정량적 화학 분석의 확립에 의해 광물의 화학 조성을 결정할 수 있게 되었으며, 베르너 자신도 화학적 지식이 많아지면 그 발전은 광물학에 적용할 수 있게 된다는 의견을 가졌다.

그러나 한동안 모스(1773~1839)를 포함해서 프라이베르크에서 베르너를 이은 많은 광물학자들은 단순한 물리적 성질에 의한 광물의 동정을 계속해서 강조하였다. 모스는 뒤에 '경도계'를 도입함으로써 가장 잘 알려진 인물이 되었다.

광물학의 위대한 발전은 아위(1743~1822)의 연구에 의해 이루어졌으며, 그는 최초로 결정학의 분야를 개척하였다. 그는 어느 날 친구가 갖고 있던 방해석 결정을 실수로 떨

그림 3.2
광물학과 결정학의 선구자인 현대 결정학의 아버지 아위

어뜨려 깨뜨렸는데, 놀랍게도 작게 깨진 방해석들이 매끄럽고 빛나는 면으로 둘러싸여 있고, 그 형태도 방해석의 결정 모양과 일치한다는 사실을 알게 되었다. 많은 실험을 통해 아위는 광물의 벽개가 광물의 내부 구조와 관련이 있고, 결정이 벽개면을 따라 쪼개질 때 각 파편은 일정한 면각을 나타낸다는 것을 알게 되었는데, 이는 이미 스테노가 주장했던 면각 일정의 법칙이다.

그는 이 발견에 의해 결정을 7개의 결정계로 분류하였다. 결과적으로 아위는 그의 연구에 의해 광물학자와 화학자가 함께 연구하는 중요성을 강조하였다(Haüy, 1801). 아위는 프랑스 국립자연사 박물관의 지질학 교수를 역임하였으며, 1801년에 **광물학 원론**(*Traité de minéralogie*)과 1822년에 **결정학 원론**(*Traité de Cristallographie*)을 발표하였다. 흔히 아위는 '현대 결정학의 아버지'라고 불린다(그림 3.2).

1809년 올라스톤(1766~1828)은 반사 측각기를 발명하였고, 이는 결정면의 각 관계를 결정하는 수단을 마련해 주었다. 올라스톤은 '런던 지질학회'를 창립한 사람으로서, 그는 죽을 때까지 이 학회에서 활동적으로 연구하였다.

스웨덴 화학자인 베르셀리우스(1779~1848)는 개선된 분석 기법을 통해서 화학적 근거에 의한 광물 분류를 확립한 최초의 연구자이다. 다른 화학 분야의 공헌 중에서 베르셀리우스는 커다란 규산염 광물 그룹을 확인하였고, 동질 이상(polymorphism)과 유질 동상(isomorphism)의 현상을 발견하였다. 다른 연구자인 코디에(1777~1861)는 프랑스의 지질학자이자 광물학자로 1830년 프랑스 지질학회의 창립자였다. 그는 박편이 발명되기 훨씬 이전에 현미경 기법에 의해 화산암의 결정질 성분을 밝힌 바 있다(Cordier, 1816).

그러므로 결정학과 정량적 화학 분석의 과학 분야는 19세기 초기 30년 동안에 광물을 동정하는 데 많은 도움을 주게 되었다. 그러나 그러한 도움이 박편 제작 기법의 발달을 통해 광물학과 암석과 광물의 화학으로 확장된 것은 19세기 후반이었다. 그러나 아위와 베르셀리우스와 같은 사람에 의해 이룩된 발전은 베르너에 의해 세워진 광물학에 의거했다는 것을 인정하지 않을 수 없다.

3. 허턴의 지구의 이론

그림 3.3
*지구의 이론*을 저술한 현대 지질학의 아버지 허턴

지질학의 세계가 베르너의 발 앞에 놓여 있는 동안에, 지각의 암석에 나타나는 문제를 매우 다른 관점으로 곰곰이 생각하는 사람이 있었다. 에든버러 출신의 스코틀랜드 사람인 허턴(1726~1797)(그림 3.3)은 법률을 공부했지만, 곧 자신은 화학에 더 알맞다는 것을 깨닫고 결국 의학 응용 분야에 종사하기로 결정하였다. 따라서 허턴은 에든버러대학교에서 그러한 주제에 대해서 독서를 하였다.

그러나 그 당시의 관습에 따라 대륙에 가서 수년간 공부를 한 뒤에 1749년에 레이든에서 의학 박사 학위를 취득하였다. 그러나 그는 결코 병원을 개업하지 않았으며, 버윅셔의 슬라이하우스에 있는 아버지의 농장을 유산으로 받은 뒤 농업에 대한 훈련을 받았다.

그리고 거의 15년 동안 그의 땅에서 농사를 지었던 것이다(Playfair, 1805). 당시에 그는 농업에만 전념하지는 않았다. 그는 에든버러의 친구와 함께 염화암모늄 제조를 위한 과정을 고안하여 상업적으로 성공하였으며, 이는 그에게 또 다른 수입을 가져다주었다. 더구나 그는 토양 아래 놓여진 암석에 대해, 특히 자신의 땅의 암석에 대해 점차 흥미를 갖게 되었다.

그러나 1768년 그는 40대 초반임에도 불구하고, 그의 농장을 소작인들에게 넘겨주기로 결정하고, 버윅셔를 떠나 그의 나머지 생애를 보내게 된 에든버러로 떠나게 된다. 그 곳에서 그는 철학자와 과학자들의 모임에 가입하게 되는데, 그들의 토론은 당시 그 도시의 지적인 생활을 자극하는 것이었다.

그 그룹을 구성하고 있는 사람 중에는 화학자 블랙(1728~1799), 철학자이며 역사학자인 퍼거슨(1723~1816), 발명가 와트(J1736~1819), 기술자인 코크란(1748~1831), 그리고 포르파셔의 목사직을 은퇴하고 에든버러대학교의 수학과 자연철학 교수인 플레이페어(1748~1819)가 있었다. 이들은 자신의 분야에서 뛰어난 사람들이며, 허턴이 버워셔의 관찰에서 일깨워진 지구에 관한 그의 생각을 발전시키는 데 있어서, 그의 친구들과의 토론을 주도한 폭넓은 탐구 정신에 많은 도움을 받은 것은 의심의 여지가 없다.

에든버러에서 지질학 연구의 촉진제가 되었던 것은 플레이페어가 에든버러대학교에서 자연철학 석좌교수로 임명될 무렵에, 프라이베르크에서 베르너로부터 지질학을 공부한 제임슨이 에든버러대학교의 자연사 교수로 임명된 분위기와 관련이 있었다. 제임슨이 베르너의 생각을 확장하기 위해 1808년에 베르너 자연사 학회를 설립하게 됨으로써, 에든버러는 허턴 학파와 베르너 학파가 공존하며 활발한 논란이 있게 되었다.

에든버러에서 생활하는 동안 허턴은 기상학과 농업, 물리학과 철학에 대해 폭넓은 저술을 하였으나, 1783년 공동으로 창립한 에든버러 왕립학회에서 1788년에 발표한 논문 '지구의 이론(The Theory of the Earth)'은 그가 지질학에 공헌한 몇몇 논문 중의 하나이다. 이는 지구에 관한 새로운 이론을 요약한 것이지만 그다지 주목을 받지는 못하였다.

그러나 아일랜드의 왕립학회 회장직과 동시에 화학자이자, 광물학자이며, 베르너의 수제자이기도 한 커완(1733~1812)은 아일랜드 아카데미에서 발표한 논문(Kirwan, 1974)에서 그 주제에 대해 신랄하게 공격하였다.

이 사실은 이제는 나이가 들어버린 허턴으로 하여금 응답하도록 자극하였다. 그는 불과 일부분에 해당하는 에든버러의 논문을 수정하였고, 오래 전부터 그의 친구들이 전체 내용을 저술할 것에 자극을 주어, 그는 그가 죽기 2년 전인 1795년에 지난 25년 동안의 연구 성과를 결집한 명저인 증거와 도해를 곁들인 지구의 이론(Theory of the Earth with Proofs & Illustrations)(그림 3.4)을 저술하였던 것이다. 이 책의 1, 2권은 1795년에 출판되었으나, 3권은 100년 후인 1895년에 런던 지질학회 도서관에서 발견되었으며, 게이키가 편집하여 1898년에 출판되었다.

허턴은 폭넓은 독서를 통해 아마 지질학 분야에 있어 거의 대부분의 선구자적 연구 결과를 이해했던 것으로 생각된다. 그는 알프스에 대한 소쉬르의 설명과 오베르뉴의 화산 지역의 용암류에 대한 데마레(Demarest)의 기재를 공부하였다. 그는 베르너가 제창했던 견해를 잘 알고 있었다. 또한 허턴 역시 야외에서 날카로운 관찰자였으며, 그러한 그의 관찰이 상상력이 풍부하고 철학적인 마음에 충동을 주어 지구의 이론이 만들어지고 발전된 것이다.

그의 기본적인 개념인 동일과정설(Uniformitarianism), 즉 "현재는 과거의 열쇠이다"라는 표현은 지구 표면의 변화는 극도로 서서히 일어난다는 전제와 연관이 있다. 즉, 그 스스로의 표현을 빌린다면, "지구의 자연적인 작용은 그 크기와 형태가 변화하며 너무 천천히 일어나기 때문에 사람들이 지각할 수 없다"라

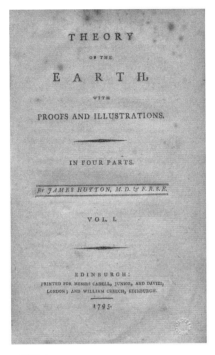

그림 3.4
현대 지질학의 초석이 된 허턴의 저서 *증거와 도해를 곁들인 지구의 이론*(1795)의 표지

고 하였다. 그의 의학적 훈련을 통해서 언급한 "지구는 동물의 몸과 같이 치료되면서 동시에 소모되고 있다"라는 비유는 분명한 것처럼 생각된다.

허턴은 강, 얼음, 그리고 바다에 의한 풍화와 삭박 작용의 메커니즘을 육지에서 쇄설물이 운반되어 해양에서 새로운 퇴적층으로 퇴적되는 침식과 퇴적의 연속적인 과정으로 생각하였다. 그는 이를 영원히 계속해서 반복하는 과정으로 보았으며, 거기에는 "시작의 흔적도 없으며, 끝날 전망도 없다"라고 보았다. 그는 어떻게 하여 퇴적물이 고화되고, 습곡되며, 지구 운동에 의해 융기되는가를 기술하였으며, 다음으로 그것이 침식되고, 침강하며, 새로운 층에 의해 부정합으로 덮이게 되는지를 기술하였다.

부정합의 증거로서 그는 시카 포인트(그림 3.5)를 인용할 수 있었는데, 이는 버윅셔 연안에 나타나는 것으로, 그곳에는 데본기의 올드 레드 샌드스톤이 경사진 실루리아기 그레이와케를 절단하여 퇴적되어 있었다. 이곳은 허턴이 플레이페어, 홀과 함께 최초

그림 3.5

스코틀랜드 버윅셔의 시카 포인트. 오른쪽의 거의 수직을 이루는 지층은 4억 5,000만 년 전 실루리아기의 그레이와케이며, 이를 부정합으로 덮고 있는 왼쪽의 경사진 지층은 3억 4,500만 년 전 데본기의 올드 레드 샌드스톤이다. 허턴은 1788년에 이곳에서 부정합의 중요성을 최초로 인식하였다.

로 노를 젓고 접근했던 유명한 지역이다.

그는 또한 예드버그의 제드 워터의 둑과 애런 섬의 최북단인 코크 어브 애런에서 유사한 지층의 관계를 발견하였다. 이곳에서 허턴은 오래된 지층과 새로운 지층이 분리되는 평면에 '부정합'이라는 명칭을 최초로 붙였다.

그는 그곳에서 나타나는 오랜 시간의 간격을 특히 강조하였다. 세계에서 시카 포인트의 노두만큼 명확한 예를 나타내는 곳은 아무 곳에도 없었다. 허턴은 지구상에서 일어나는 과정은 세 가지 주된 에너지원인 지구 내부의 열과 태양의 열, 그리고 중력에 의해 활성화된다고 생각하였다.

경사 부정합은 이미 스테노와 제네바의 지질학자인 소쉬르에 의해서 그 존재가 알려졌으나, 그들은 수성론의 입장에서 일차적으로 형성되었다고 해석한 바 있다.

그는 태양과 중력은 삭박과 운반 및 퇴적 작용을 일으키는 순환의 일부와 관계가 있으며, 지구 내부의 힘은 육지의 융기를 초래한다고 주장하였다. 그는 완전한 순환을 알아낸 최초의 인물이며, 이는 최근에 톰케이프(1948)에 의해 '지오스트로픽 사이클(geostropic cycle)'로 기술된 바 있다.

허턴은 화성론의 창시자는 아니지만, 화성 활동에 의한 부분을 특별히 강조하였다. 그가 베르너의 추종자들인 수성론자들에 반대하여 이들 화성론자들과 연합하는 것은 자연스러운 것이었다. 더구나 그는 스스로의 관찰에 의해 용암류와 오늘날 '미세 관입체'라고 기재하고 있는 것 사이의 차이를 잘 알고 있었다. 1785년 그는 스코틀랜드의 글렌 틸트에서 현무암과 화강암의 화성적 기원을 제시하였고, 화강암 암맥이 심성암으로부터 주위 암석으로 갈라져서 들어간 것으로 기술하였다. 또한 그는 화강암이 더 오래된 암석을 관입한 것으로 보아 당시까지 주장되어 온 생각과는 달리 화강암이 편암보다는 젊다고 설명하였다.

그러나 허턴은 그의 믿음과는 거리가 먼 생각을 가지고 있었으며, 모든 암맥이 침전 과정에 의해 유래되었다고 주장했던 베르너와 똑같은 오류를 범하였다. 이외에 허턴은 퇴적암의 고화가 내부 열에 의한다는 그의 주장이었다. 그러나 여기에서조차도 그는 훗날 도브레(1814~1896)가 지적한 바와 같이, 당시에는 알려지지 않았던 변성 과정의 설명에 매우 근사하게 접근했던 것이다. 후세의 지질학자들 중에서 허턴을 현대 지질학의 초석을 마련한 위대한 선구자로 인정하는 데 주저하는 사람은 거의 없다.

허턴의 **지구의 이론**(*Theory of the Earth*)은 지질학적 사고에 결정적이고 잴 수 없을 만큼의 충격을 주었다. 이는 베르너에 의해 만들어지고 오랫동안 받아들여졌던 이론을 뿌리째 뒤흔드는 것이었고, 반대로 지질학의 연구가 발전시켜 온 기본적인 원리를 확립하는 것이었다.

그러나 당시에는 이 연구가 무시되거나, 이 혁명적인 개념이 거부되었던 것이다. 이에 대한 부분적 원인으로는 허턴의 산문적인 저술이 간혹 이해하기 어렵고 모호했다는 것이다. 그러나 에든버러 왕립학회의 공동 창립자인 플레이페어가 허턴의 생각을 더 명확한 영어로 나타낸 **허턴의 이론에 대한 해설**(*Illustrations on the Huttonian Theory*)(1802)이 출판된 뒤에도 다른 사람들로부터 열광적인 지지를 거의 받지 못하였으며, 베르너의 수성론자들로부터 계속적인 조소를 받게 되었다.

이 해설이 출판된 같은 해에 플레이페어의 고향 친구인 에든버러의 머레이(1786~1851)는 자신의 공정한 평가로서 "허턴의 주장이 아무리 천재적이고 새로운 것이라고 하더라도, 이는 망상적이고 지질학의 현상과 일치하지 않은 것 같다"라고 말한 바 있다. 그는 짐짓 선심을 쓰는 듯한 결론으로 "허턴의 생각은 결코 지구의 역사를 설명하지 못하며 프라이베르크의 수성론자들이 예언한 내용에 대해 심각하게 고려되고 있지 않는 것처럼 보인다"라고 말하였다(Murray, 1802).

허턴의 가장 새로운 생각들은 선행 연구자들이 걷던 길로부터 벗어나지 않았던 베르너의 생각에 비해 그들이 받아들이기 어려웠을지도 모른다. 그러나 거기에는 또한 정치적인 이유가 있었으며, 당시에는 혁명의 기운이 아직 남아있었던 것이다. 프랑스에서는 볼테르 같은 자유로운 사상을 가진 사람들이 교회의 권위를 무시하고, 혁명의 길을 걸었던 것이다.

이와 같은 일이 특히 영국에서 다시 일어나는 것은 허용될 수 없었다. 그리고 결국 플레이페어의 노력에도 불구하고, 또 다른 천재인 라이엘이 허턴을 구출할 때까지 30년 동안이나 허턴의 이론은 사실상 무시된 채 남겨졌던 것이다.

4. 제임스 홀의 실험

허턴에 의해 남겨진 지질학의 활동적인 학파는 없었지만, 젊은 세대의 열성적인 그의 친구로서 제임스 홀(1761~1832) 경이 있었다. 홀은 에든버러 왕립학회의 회장이며 스코틀랜드의 준 남작으로, 시카 포인트의 전형적인 노두에서 그리 멀지 않은 버윅셔에 그의 소유지를 갖고 있었다.

허턴이 생존한 동안 허턴의 영향으로 홀은 지구에 대한 새로운 이론을 받아들이게 되었다. 허턴은 자연 암석이 형성될 수 있는 열과 압력 조건을 실험실에서는 재생할 수 없다고 믿었기 때문에, 홀은 그 친구의 생각을 실험적으로 검증하려는 시도를 하지 않았다.

그러나 허턴이 죽은 이후에, 홀은 바로 이 과업을 수행하여, 상당한 성공을 거두게 되었다. 그는 허턴의 이론에 의해 제시된 문제를 현무암뿐만 아니라, 반암과 화강암이 용융된 상태의 기원을 갖는다는 것을 실험해 보였다. 홀을 의아하게 만든 것은 현무암이 최소한 일정 비율의 유리(glass)를 갖는 데 비하여, 화강암은 언제나 결정질 조직을 갖는다는 것이었다.

그는 자신이 인정한 바와 같이 이 설명을 우연히 발견하게 되었는데, 그는 레이스 주

물점에서 유리 제조에 사용하는 물질을 부주의에 의해 천천히 냉각하는 것을 보게 되었는데, 그때 유리가 결여되고 전적으로 결정질 조직을 갖는다는 것을 발견하였다. 홀은 즉시 에든버러의 캐슬 락, 샐리즈버리 크랙스 및 아서스 시트와 스태퍼, 아이슬란드와 베수비오에서 표본을 선택하였다. 그는 이들 여러 가지 암석 표본에 열을 가하여 다른 비율로 냉각을 시켰는데, 이 결과에서 천천히 냉각하면 결정화 작용을 증진한다는 기본적인 지질학 원리를 얻게 되었다(Hall, 1805).

그럼에도 불구하고 아일랜드의 커원은 홀의 실험이 허턴의 이론을 지지한다는 사실을 '결정질'이라는 용어 사용을 비판하면서 받아들이지 못한다고 하였다. 사실상 그는 당시의 많은 광물학자들의 견해를 대변한 것이다. 이는 그 용어가 현무암의 물질을 기술하는 데 합법적으로 사용될 수 없다는 것인데, 완전한 외부 형태를 가진 참된 결정과는 달리, 현무암은 '내부적으로 불완전한 결정질'로 생각되었기 때문이다.

홀은 또한 높은 압력에서 백악(chalk)이나 석회암을 가열하면 소성(calcination)은 일어나지 않으나, 동일 물질이 화학적으로 변화되지 않은 채 대리암의 형태로 유지된다는 것을 제시하였다(1812). 이것은 바로 허턴이 추론한 것으로, 열과 위에 놓인 지층의 압력으로 인한 열에 의해 석회암이 변화하는 효과이다.

홀의 가장 천재적이고도 잘못된 실험은, 석회암이 지구 내부의 열에 의해 고화된다는 허턴의 견해의 진실을 증명하기 위한 성공적인 노력이라고 화성론자들이 생각했던 실험이다.

그는 도가니에 소금층 위에 모래층을 놓고 밑에서부터 열을 가했다. 적당한 시간이 흐르면, 소금은 그을리고 모래를 통과하면서 냉각되어 입자 사이에서 결정되어 견고하게 교결된 사암이 형성되었다(Hall, 1826). 허턴과 홀이 250년 전에 아그리콜라가 지적했던 쇄설성 암석의 입자 사이에 교결 물질을 침전시키는 데 대기수 용액의 중요성을 고려하지 않았다는 것은 이상하게 생각된다.

홀의 가장 유명한 실험은 지층의 습곡에 대한 것이다. 에든버러 왕립 학회에서 발표한 논문(Hall, 1815)에서 그는 특별히 만든 상자를 이용하여, 점토층의 수직과 수평 압력을 조절할 수 있었으며, 스코틀랜드의 서던 업랜드와 버윅셔 연안의 습곡 구조를 재생하였다. 실제로 홀은 실험 지질학의 위대한 선구자 중 한 사람으로 생각되며, 그 뒤에 소쉬르의 더 적절한 노력으로 이어졌다.

위대한 야외 관찰자 허턴의 지도는 혜택이었다고 생각되지만, 홀은 그 스스로 훌륭한 야외 지질학자였다. 그의 가장 중요한 공헌 중의 하나는 '수직적 용암' 또는 암맥(dyke)의 인식이었다. 그는 최초로 베수비오의 소마산 절벽에서 이들을 보았으며, 식은 주변부를 관찰하여 기존의 생각과는 달리 이들이 아래쪽에서 위쪽으로 관입했다는 것을 깨달았다(1815). 그러한 관찰에 의해 화성암 관입의 메커니즘이 더욱 강조되었다.

5. 수성론의 최종 옹호자 제임슨

플레이페어의 해설서가 출판된 지 2년 후, 1804년에 제임슨(1774~1854)(그림 3.6)이 에든버러대학교의 자연사 칙임 석좌 교수에 취임한 것은 아이러니라고 아니할 수 없다. 제임슨은 프라이베르크에서 베르너 아래에서 공부하였으며, 확신적인 수성론자가 되었다. 젊은 다윈이 에든버러의 의학부 학생이었을 때, 제임슨의 강의를 듣고 "믿을 수 없을 정도로 재미없었다(Darwin, 1887)"라고 한 바 있다. 그럼에도 불구하고 제임슨은 그의 주변에 열성적인 수성론자들을 모았으며, 에든버러 화성암의 양호한 노두를 사용하여 수

그림 3.6
에든버러대학교의 자연사 교수이며, 1808년부터 베르너 자연사 학회를 창설하고 수성론을 옹호한 제임슨

성론의 '진실'을 설명하였다. 1808년에 출판된 지오그노시에 관한 논문(*Treatise on Geognosy*)에서 그는 베르너의 지오그노시(geognosy)를 설명한 바 있다.

그는 샐리즈버리 크랙스의 암상(sill) 속에 포획된 사암 덩어리가 보여주는 관입의 증거는 무시하였다. 아서스 시트의 화산 기원은 단호하고 경멸적으로 거부하였다. 화성론자와 함께 에든버러의 노두에 올라갔을 때, 화성론자들이 수성론자들의 마음속에 은밀한 의문을 심어주었지만, 아일랜드에서 새로운 증거가 보고되었을 때 침전에 의한 현무암의 기원을 확실한

것으로 여겨야만 했다.

포트러쉬 부근에서 커윈 학파의 일원이 제3기 현무암의 가장 하부로부터 암모나이트를 발견했다고 주장하였다. 사실은 훗날 이 화석은 현무암 속에서 발견된 것이 아니고, 열을 받아 그 위에 놓인 현무암과 모습이 유사하게 변질된 점토에서 발견되었다는 것이 밝혀졌다. 이 변질된 물질은 결국 코니비어와 버클랜드에 의해 야외에서 퇴적암으로 확인되었고(Geikie, 1908), 플레이페어와 다른 사람들이 에든버러에서 확인한 것이다(Bailey, 1967).

따라서 잘못된 가르침은 계속되었고, 제임슨은 19세기 중엽까지 생존하였지만 그의 베르너에 대한 자신의 견해를 결코 포기하지 않는 것처럼 보였다. 그러나 결국은 그 잘못을 고백하였다고 한다(Adams, 1935). 제임슨은 1808년에 베르너 자연사 학회를 창설하여 1850년경에 그가 쇠약해질 때까지 베르너를 계승하려고 하였다. 그러나 1811년에서 1839년까지 학회지에 논문을 투고한 학자들이 그들 스스로의 야외 조사를 통해서 올바른 결론을 내리면서 베르너의 생각은 점차로 침식되어 간 것을 보여준다.

그는 또한 50년 동안 대학 교수직을 수행하며 광물학에 관한 그의 저서 **광물학의 체계**(*System of Mineralogy*)(1808)와 **광물학의 편람**(*Manual of Mineralogy*)을 남겼으며, 1852년 7만 4,000점 이상의 광물 표본을 에든버러대학교 박물관에 남겨놓았다.

수성론자와 화성론자의 논쟁은 지질학 분야에서 가장 격렬한 것으로 알려져 있다. 이 두 학설은 흔히 우주의 체계에 대한 톨레미의 지구 중심설과 코페르니쿠스의 태양 중심설과 비유되기도 한다(Adams, 1938). 지구 중심설은 이해하기 쉽고 간단하며 작은 우주 체계로서 유한한 세계를 포함하고 있어 교회의 지지를 받았지만, 태양 중심설은 무한하고 광대하며 복잡한 우주 체계로서 성경의 내용과 대치되는 내용을 포함하고 있었다.

수성론의 대표인 베르너는 흑사병에 시달려서 특히 작센에 한정된 야외 지질 조사를 수행하였으나, 화성론의 상징인 허턴은 전 유럽과 다른 대륙까지 폭넓은 여행을 하며 관찰을 수행하였다. 시작도 없고 끝도 없다는 허턴의 자연관은 성경의 내용과는 배치되는 것이다.

베르너와 같은 독일인인 대문호 괴테는 자연과학에도 조예가 깊었으며, 지질학에도 관심이 많았다. 그는 또한 열렬한 수성론자로서 격렬하고 산발적인 화산과 지진이 아름답고 고요한 자연을 파괴하는 데 대해 심미적 직관으로 자신의 과학적 의견을 나타내었다. 그는 그의 작품 파우스트 제2막에서 자이모스를 화성론의 힘을 갖는 지진과 화산으로, 그리고 스핑크스를 온화하고 안정된 수성론자로 표현하였으며, 제4막에서는 파우스트를 수성론자로, 그리고 메피스토펠레스를 화성론자의 편으로 표현하였다고 한다.

제4장

층서학의 탄생

19세기 초 거의 30여 년 동안 화성론자와 수성론자 사이의 심한 논쟁이 계속되었고, 이론적인 지질학과 암석학의 중요한 분야에서 발달이 억제되었음에도 불구하고, 이 시기 야외지질학의 분야에서는 커다란 발전을 이루었다. 지질학의 황금 시기로도 불리는 19세기 초기에는 지사학이 탄생하였고, 세계 모든 대륙에서 층서 연구가 수행되었다. 여러 나라에 지질조사소가 설립되었고, 전 세계 산맥의 구조와 기원에 대한 연구가 활발하게 수행되었다.

델루크(1727~1817)는 스위스의 지질학자이며 기상학자로 특히 화석에 깊은 관심을 가졌었다. 델루크는 1809년 지층 누중의 법칙에 따라서 각 지층의 상대적인 나이를 결정할 수 있다고 생각하였다. 비바라이스의 석회암에서 각각의 지층은 특정한 화석 군집에 의해 특징되어진다는 사실(1780~1784)을 밝힌 바 있는 지로(1752~1813)이다. 지로는 자연주의자이고 외교관이며 역사학자였으나, 지질학에 대한 그의 가장 중요한 공로는 고층서학(Paleostratigraphy)이라는 학문 설립의 첫 번째 기틀을 마련하였다는 데 있다. 다음으로는 최초의 비교해부학자로 알려진 불루멘바크(1752~1840)가 있으며 그는 역시 화석의 내용을 통해 암석의 연대를 측정하는 가능성에 대해 연구하였다.

그러나 층서학적 대비의 결정적인 열쇠를 제공한 주요 개척적인 일은 다음의 세 사람에 의해 실행되었다. 프랑스 사람인 퀴비에(1769~1832)와 브롱니아르(1770~1847) 그리고 이들보다 독립적이고, 8월 생인 퀴비에보다 5개월 먼저 태어난 영국 사람인 스미스(1769~1839)이다. 이들은 유럽과 북아메리카의 큰 정치적인 대변혁과 문화적 발달의 시기에 살았다. 브롱니아르가 베토벤과 같은 해에 태어나는 동안, 퀴비에와 스미스는 나폴레옹 및 웰링턴과 같은 해에 태어났다. 이들은 미국 독립 전쟁(1775~1781) 기간과 프랑스 혁명(1781)이 발생한 때에는 아직 젊은이였고, 퀴비에는 괴테와 같은 해에 죽었으며, 이 시기는 영국에서 1차 선거법 개정안이 통과되고, 웰링턴의 정치적 명성이 쇠퇴하는 시기였다.

1. 퀴비에와 브롱니아르

퀴비에(1769~1832)(그림 4.1)의 가문은 본래 스위스의 혈통을 가지고 있었다. 그러나 그의 선조들은 16세기에 종교 박해에 직면하였을 때 프랑스와 스위스 국경 지역인 쥐라(Jura)에서 벗어나서 몽벨리아르(당시에는 독일의 뷔르템베르크 공국에 속했던 곳으로 후에 프랑스에 속하게 되었음)에 정착하였다. 퀴비에가 이곳에서 태어났기 때문에 독일과 프랑스 사람들은 서로 퀴비에가 자기네 나라 사람이라고 주장한다.

그림 4.1

저명한 비교해부학자이며 격변설을 주장한 척추고생물학의 아버지로 알려져 있는 퀴비에

퀴비에는 뷔퐁의 글에 의해서 과학적인 관심을 갖게 되었으며 노르망디 연안을 따라 해양 생물에 대한 초기의 연구 후에, 그는 슈투트가르트의 캐롤라인 아카데미에서 수학하였으며, 곤충학, 비교해부학, 척추고생물학에 대한 연구를 수행하였다. 그는 30세인 1799년에 프랑스대학교 교수가 되었고, 1802년 33

세에는 비교해부학 교수가 되었으며, 1818년에는 프랑스 아카데미의 회원이 되었다. 또한 1809년부터 1840년 사이에 네 번에 걸쳐서 프랑스 국립자연사박물관의 관장직을 수행하였다. 흔히 퀴비에는 고생물학의 아버지로, 그리고 특히 척추고생물학의 창시자로 불리기도 한다.

퀴비에의 과학적인 연구는 세 가지 주요 연구를 포함하는데, 이들의 첫째는 연체동물이고, 둘째는 어류의 비교해부학이며, 셋째는 파리 분지(Paris basin)의 포유동물과 파충류의 화석이다. 그는 또한 나폴레옹과 루이 18세에 의해 국가 고문이라는 높은 공적 지위를 누렸고, 그가 죽기 1년 전에는 루이 필리프에 의해 프랑스의 귀족이 되었다. 그의 과학적인 성취와 공직자로서의 업적 모두는 상당한 것이었고, 특히 그는 나폴레옹의 사후에는 과학 세계와 프랑스에 위대한 영향을 남긴 사람이 되었다.

퀴비에는 원래 동물학자였다. 그러나 그는 비교해부학의 연구를 통해 지질학에 관심을 갖기 시작했다. 그의 해부학적 기술은 유럽의 많은 곳의 암석에서 척추동물의 화석을 감정해낼 수 있었다. 그는 1809년 처음으로 익룡 화석을 프테로-댁틸(Ptero-Dactyle)이라고 명명하고 기재하였다.

예를 들어서, 퀴비에는 약 100년 전 취리히의 슈처(1672~1733)가 '노아의 홍수에서 익사한 가난한 죄 많은 사람(a poor sinner drowned in the Deluge)'이라고 기재한 바 있는 골격 화석은 바덴의 마이오세의 큰 도롱뇽이라고 했다. 1820년 파리에서 라이엘이 퀴비에를 만났을 때 라이엘이 인식한 바와 같이 그는 막대한 양의 연구를 이루었다.

퀴비에는 그의 해부학적인 연구에서는 진보적으로 잘 묘사되어지나, 지질학적인 사건에 대한 해석에서는 보수적이었고, 수성론자의 편에 기울어져 있었다. 그가 홍수에 대한 생각에 찬성하지 않았음에도 불구하고, 생물들이 파괴되고 파괴될 때마다 다시 새로운 창조물이 뒤따라 생기는 거대하고 갑작스러운 수많은 홍수가 있었다고 생각하는 격변론자(catastrophist)들의 견해를 지지하면서 타협하여 처리하였다.

1812년에 쓰인 그의 지질학적 역작 **사족동물 화석에 관한 연구**(*Recherches sur les ossemens fossiles de quadrupèdes*)는 12권으로 이루어져 있으며, 여러 나라의 말로 번역된 바 있다. 그는 이 저서에서 홍수와 같은 갑작스럽고 광범위한 격변으로 생물이 멸종하고, 다시 새로운 생물로 바뀌게 되며, 지질 시대는 이러한 여러 번의 격변으로 구분된다고 하였다.

이러한 관점에서 그는 지구상의 모든 종들은 최초에 만들어진 것들이 오늘날 남아 있는 것이라고 믿은 스웨덴의 자연주의자 린네(1707~1778)의 진보적인 생각을 갖고 있었다. 그러나 심지어 동물학자로서 그는 정자가 분리된 종에 속하고, 수정 작용에서 중요한 역할을 거의 하지 못한다는 생각을 갖고 있었다는 점에서 볼 때 그는 덜 진보적인 위치에 있었던 것으로 생각된다.

그는 척추동물 고생물학의 창시자로 알려져 있다. 퀴비에는 진화론적인 생각들을 적극적으로 반대하였으며(Flourens, 1858), 따라서 그는 라마르크(1744~1829)에 의해 반대를 당하였다. 라마르크의 상세한 연구는 퀴비에의 척추동물 화석에 대한 연구처럼 무척추 고생물학에 대한 확고한 기초를 다졌다. 최초로 라마르크는 1802년에 출판된 저서 수문지질학(*Hydrogéologie*)에서 종래의 땅속에서 파낸 물체를 뜻하는 '화석(fossils)'을 '인지할 수 있는 유기물의 잔해'로 분명하게 국한시킨 바 있다.

1802~1806년에 쓰인 '파리 분지의 환경과 화석에 대한 논문(*Memoire sur les Fossiles des Environs de Paris*)'은 생물의 진화를 설명한 라마르크의 **동물 철학**(*Philosophie Zoologique*)의 저술을 자극하는 기초가 되었다. 라마르크는 환경적 조건에 따른 동물들 스스로의 적응을 믿고 있었다. 이러한 신념에서 그는 퀴비에와 날카롭게 반대되었으며, 또한 다윈에 앞서 진화론에 가장 중요한 공헌을 한 사람의 하나로 여겨지는 생틸레르(1772~1844)와 긴밀한 관계를 유지하였다. 라마르크가 주장해 온 획득된 형질의 유전에 대한 신념은 시간이 감에 따라 점점 신용을 잃어갔다.

퀴비에의 가장 두드러지는 지질학적 공헌은 브롱니아르(그림 4.2)와의 공동 연구 결과로 나온 것이다. 퀴비에보다 한 살 어린 브롱니아르는 광산 기술자, 교사, 동물학자, 광물학 교수 등의 다양한 경력을 갖고 있었다. 그는 아마도 파리 분지에 분포한 암석의 층서학적 구분을 확인하는 연구자들보다 좀 더 활동

그림 4.2
퀴비에와 함께 프랑스의 신생대 화석을 연구한 고생물학의 선구자 브롱니아르

적이었던 것 같고, 그들의 공동 연구의 결과는 파리에서 1811년에 출판되었다.

이 논문(*Essai sur la geographie mineralogique des Environs de Paris, avecune Carte geognostique et des Coupes de terrain*)은 제3기층의 세분에 대한 최초의 설명이었고, 이것은 약 2세기가 지난 지금까지도 북부 프랑스의 제3기의 지층을 이해하는 데 기본적인 정보를 제공한다.

이들은 파충류의 화석이 산출되는 백악에서 에오세(Eocene)의 가소성 점토로 갑자기 바뀌는 것에 주목하였다. 그들은 점토에는 화석이 없으나 백악 조각에는 화석이 존재한다는 사실을 기록하였다. 그러므로 그들은 상당한 시간 차이를 지시해주는 위에 놓인 점토가 쌓이기 전에 백악은 이미 경화되어 있었다고 추론하였다.

그들은 점토를 덮고 있는 조립질 석회암이 협재된 점토층과 함께 100km 이상의 거리에 걸쳐 연속적으로 발달하는 것을 기록하였다. 더욱이 그들은 각각의 석회암층에서 뚜렷하고 특징적인 패류 화석을 동정할 수 있었다. 그들은 석회질 지층에 이어지는 석고질 지층에서, 이회암(marls)으로부터 담수 연체동물 화석 플라노비스(*Planorbis*)와 함께 조류와 네발 달린 동물(사족동물)의 화석을 동정하였다.

마지막으로, 이 지층의 가장 젊은 암석인 충적층에서 그들은 코끼리 뼈와 식물의 화석을 발견하였다. 이 두 위대한 지질학의 선구자들의 연구 업적 중 가장 중요한 것은 1808년에 그들이 상세한 야외 관찰에 의해 지층에 포함된 화석의 내용에 따라 지층을 인지하고, 화석을 이용해 지질 시대를 결정하는 생물층서학의 기본 원리를 확립하였다는 것이다.

퀴비에와 브롱니아르의 연구는 달로이(1783~1875)에 의해 파리 분지의 범위를 벗어나 쥐라기(Jurassic)와 백악기(Cretaceous) 쪽으로 확장되었다(d'Halloy, 1828). 이들 시대의 지층에 대한 세분이 이루어졌으며, 달로이는 프랑스의 이 부분을 가로지르는 수평 단면과 함께 최초의 지질도를 만들었다.

2. 층서학의 아버지 스미스

그림 4.3
영국 지질학과 층서학의 아버지 스미스

18세기 말과 19세기 초 동안에 번영했던 지질학의 많은 선구자들은 그들이 기재했던 암석의 기원에 대한 심오한 이론에 마음이 끌려 있었다. 그러나 윌리엄 스미스(1769~1839)(그림 4.3)의 경우는 그렇지 않았다.

스미스는 의심할 것도 없이 현대적인 감각을 가진 세계 최초의 야외 지질학자이다. 그리고 그는 그 스스로의 예를 들어서 층서학적으로 연속된 지층은 포함하고 있는 화석과 함께 학습되고, 기억되며, 마음 속에 그림으로 그려져야 한다는 지질학자들의 임무에 관한 기본적인 사항과 지층 내에 모든 언덕이나 계곡, 암석의 모든 습곡은 밑에 놓인 암석의 특징을 반영한다는 사실을 모든 후배 지질학자들에게 가르쳤다.

그는 처칠의 옥스포드셔 마을에서 태어났다. 그의 부친의 이른 죽음으로 그는 농부인 삼촌에 의해 양육되었으며 토양과 배수 조직에 대해 배웠음에도 불구하고, 그는 단지 기본적인 정규 교육만 받았다. 그러나 그는 자신의 지식을 향상시키려는 의지가 있었고, 기하학과 측량에 대한 기초를 독학한 후 18세 때 측량사의 조수가 되었다.

스미스는 6년을 독학으로 공부하고 웹(1779~1839)과 함께 옥스포드셔, 글로스터셔와 우스터셔에서 연구하였으며, 그로부터 토지의 측량 방법을 배웠다. 스미스는 야외에서 토양의 다양성과 토양이 기원한 모암의 특성을 관찰하여 측량에 대한 지식을 스스로 쌓아나갔다.

웹과 함께 일했던 다음 그는 운하와 지하 갱도를 측량하기 위해, 영국의 서남부 서머싯에 있는 회사로 옮겨 갔다. 그는 새로운 지역을 조사하는 동안 그가 전에 조사했던 지역과 같은 암석이 발달하는 것을 알게 되었다.

그의 노트에 의하면, 사실상 그는 1793년 중반에 이러한 암석의 순서적인 발달에 대한 원리를 알고 있었음이 분명하다. 그는 동부 잉글랜드를 가로질러서 남동쪽으로 경사진 연속된 지층의 단면과 함께 그가 조사했던 지역의 3차원적인 모델을 위한 자신의 계획을 기술하였다.

더욱이 1798년에 스미스는 암석 내에 중요한 유기적 잔류물인 화석이 있다는 것을 알았다. 그는 각각의 지층은 그들 자체의 독특한 유기적 화석을 포함하고 있다고 기록하였고, 1797년 허튼이 죽은 해에 그는 잉글랜드 전체를 포함하는 연구를 계획하였다. 그의 전문적인 경력은 계속적인 발전을 이루었고, 그에게는 서머싯셔의 석탄 운하 건설을 위한 토지를 측량하는 일이 주어졌다. 그것의 건설에 앞서서, 그는 두 선배 동료와 함께 완성된 다른 운하 계획의 검사를 위한 여행을 하였다. 이것은 그를 잉글랜드와 웨일즈 및 스코틀랜드까지 멀리 이끌었고, 그는 새로운 지역에서 지질학을 연구할 좋은 기회를 갖게 되었다.

1년에 1만 마일에 걸친 여행으로 얻은 자료들은 그 후 20여 년 동안 계속 축적되어 훗날 최초의 영국 지질도를 완성하게 되었다. 지반 지형에 대한 그의 익숙한 안목을 가지고, 예를 들면, 요크 대성당의 탑으로부터 동쪽을 바라봄으로써 월즈가 명백한 석고(chalk) 지방이라는 것을 기술하였다.

그는 역시 테드캐스터 부근의 마그네시안 석회암(magnesian limestone)의 발달 방향과 채츠워스에서의 밀스톤 그릿의 두드러진 노두를 설명하였다(Phillips, 1844). 1799년에 그는 그의 고용인들과 큰 불화를 겪게 되었으며 따라서 그는 그들의 일을 그만두고, 종속되지 않은 상태에서의 상담을 맡은 기술자가 되었다.

이제 그의 연구는 전 영국에 걸쳐서 수행되었고, 그는 다른 많은 문제들과 씨름하면서 그의 지질학적 지식을 적용할 수 있었다. 그는 언덕 부분과 저습지의 배수에 대해, 담수의 공급을 얻는 것에 대해, 노퍽의 해변을 따라 바다 침식을 방지하는 것에 대해, 운하의 길을 선택하는 것에 대해, 그리고 탄광의 수직 갱도의 위치 결정 등에 대한 성공적인 조언을 하였다. 그는 지역 문제에도 관심을 가졌으며 배스에 있는 줄어가는 온천수의 흐름을 회복하였다. 그는 또한 새로운 국회의사당의 건설에 쓰일 암석의 형태에 대해 정부에 조언을 하는 위원회의 회원이었다.

18세기의 시작 무렵에 스미스는 교역자인 리차드슨과 타운센드(1739~1816)를 만났으며 두 사람은 모두 자연주의자였으나, 연속적으로 발달하는 암석의 원칙에 대해 전혀 알지 못하였다. 그들은 스미스가 그의 화석을 사용하는 것을 보고 놀랐고, 그들은 이들 화석을 확인하고 동정하고 분류하였으며, 석탄층으로부터 백악층까지 배스 지역 일대에 분포하는 지층을 표로 나타내었다. 이것은 1801년에 출판되었고, 널리 배포되었다.

스미스는 그 당시 그의 친구들로부터 영국의 지질에 대한 그의 발견들을 출판하자는 권유를 받았으나 후에 그의 고백에 따르면, 그는 그의 부족한 문장 실력과 비용 때문에 자제했다고 한다. 그럼에도 불구하고, 10여 년 후에 그는 잉글랜드와 웨일즈의 지질도를 만들려는 야심찬 뜻을 가졌다. 그의 후원자인 베드포드 공작은 그의 연구에 대해 깊은 관심을 보였지만, 지질도가 완성되기 전에 죽었다. 출판업자인 디브렛(그의 건물은 런던의 벌링턴 하우스 반대편에 위치하였음)은 그 일을 담당하려는 계획을 가지고 있었지만, 파산하게 되었다.

그러는 동안 1805년에 그는 영국을 조사하는 기사단(Corps of Engineers)에 근무하게 되는 제안을 받게 되었다. 만약 이 제안이 실현된다면, 그는 상담해주는 일로부터 벗어날 수 있을 것이며, 지질도 제작을 위한 조직적인 체계를 만들 수 있는 기회를 갖게 되었을 것이다. 그러나 이런 조직은 30년 후에야 영국 지질조사소로서 나타났다.

계속적인 상담으로 여념이 없는 스미스는 자연히 그의 지질도를 제작할 시간이 거의 없었다. 그러나 1812년에 캐리라는 이름을 가진 출판업자가 도움을 제안하였고, 아주 짧은 시간 내에 캐리 스스로가 제공한 기본 지도를 가지고 출판에 대한 합의가 이루어졌다. 그리하여 지층에 대한 지도 제작은 거의 동시에 시작되었고, 완성된 지질도(그림 4.4)는 왕립 학회의 의장이었던 뱅크스에게 헌납되었으며, 1815년에 출판되었다. 참고로 애팔래치아 산맥을 중심으로 나타낸 미국의 지질도는 매클루어(1763~1840)에 의해 6년 전인 1809년에 작성되었다.

이 지질도는 1인치가 5마일 정도에 해당되는 축척을 갖고 있으며, 15개의 도폭으로 구성되어 있었고, 이들을 하나로 합하면 그 크기는 길이가 8피트 9인치이며 폭은 6피트 2인치였다.

이 지질도는 20가지의 색으로 나타냈으며, 잉글랜드와 웨일즈 그리고 스코틀랜드 일부의 지층 분포를 나타낸 지질도의 제목(*A Map of the Strata of England and Wales with a part of Scotland, exhibiting the Collieries, Mines and Canals, the Marshes and fen lands originally overflowed by the sea and the varieties of soil according to the variations in the substrata. by W. Smith, Aug. 1, 1815*)이 새겨졌고 400부가 인쇄되었다. 이 지질도는 현재 런던 지질학회의 건물에 걸려 있다.

이때는 컬러 기술이 지질도의 제작에 사용되기 시작한 시기였다. 스위스의 제네바에서 온 소쉬르는 암석층에 따라 색칠된 스코틀랜드의 지질도를 제작하였고, 이는 1808년에 런던 지질학회에 제출되었다. 이 지도의 복사본은 1985년 4월 유럽

그림 4.4
1815년에 스미스가 최초로 제작한 영국 지질도

지질학회의 모임에 참가한 지질학자들에게 제공되었다.

준 남작인 잉글필드(1752~1822)에 의해 지질 조사가 수행된 바 있는 와이트 섬에 대한 컬러 지질도를 포함한 지질학적 연구를 마친 웹스터(1772~1844)는 그리노프와 함께 1819년에 잉글랜드와 웨일즈의 컬러 지도를 출판하였다(Butcher, 1983).

스미스는 20여 년 동안에 축적된 자료를 근거로 1816년에 '화석에 의한 지층의 동정 (*Strata identified by Organized Fossils containing Prints on Coloured Paper of the most Characteristic Specimens in each Stratum*)'이라는 제목의 논문을 출판하였다. 250부가 제작된 이 논문은 영국에서 산출되는 화석을 포함하는 37개의 컬러로 된 도판을 싣고 있다. 그는 이 논문에서 지층에서 발견되는 화석에 의하여 여러 지층을 구분하고 각 지층을 동정할 수 있다는 동물군 천이의 법칙을 주장하였다. 또한 이러한 생각은 8년 전인 1808년에 프랑스의 파리 분지에서 퀴비에와

브롱니아르에 의해 발표되었다.

이와 관련된 연구로서 1년 뒤인 1817년에 그는 '화석의 층서적 계통(*Stratigraphical System of Organized Fossils with reference to the specimens of the Original Collection in the British Museum explaining their State of Preservation and Their used in identifying the British Strata*)'이라는 제목의 논문을 발표하였다.

스미스는 이 논문에서 대영박물관에 기증한 잉글랜드와 웨일즈에서 산출된 약 700개의 화석 표품을 기재하였으며, 지층을 동정하는 데 있어서의 화석의 이용을 나타내었다. 또한 논문에는 '영국에서 산출되는 화석의 지질표(*Geological Table of British Organized Fossils which identify the courses and continuity of the Strata in their order of superposition as originally discovered by W. Smith, Civil Engineer, with reference to his Geological Map of England and Wales*)'가 포함되어 있으며, 지사학의 기본 법칙으로 생각되는 지층 누중의 법칙과 동물군 천이의 법칙이 언급되어 있다.

스미스의 잉글랜드와 웨일즈 지질도를 지원하는 일반적인 기부가 있었음에도 불구하고, 그가 소유한 개인 자금은 모두 소비되었다. 더욱이 그는 배스 근처의 땅에 있는 돌 채석장에 투자를 하였다. 그러나 상담자로의 직업으로 성공한 사람으로서 그의 관점에서 볼 때 이해가 되지 않는 이 사업은 광석의 질이나 양에 대한 잘못된 판단으로 실패하게 되었다. 이것은 그를 완전히 파산하게 만들었으며 그의 배스에 있는 재산은 팔렸고, 결국에는 그가 수집한 모든 화석의 표품과 함께 런던의 그의 집을 포기해야만 했다.

에일스(1969)에 따르면 스미스는 10주 동안이나 채무자의 감옥에서 괴로워하며 살았다고 한다. 그 후에 그에게는 무거운 양의 빚이 남게 되었고, 이는 그로 하여금 그 후 10여 년 동안 상담자의 직업에 충실하도록 만들었다. 이러한 어려움에도 불구하고, 스미스는 1819년과 1824년 사이에 석탄 광산, 자갈 채석장이나 건물을 짓기 위한 채석장의 위치와 같은 중요한 세부 정보가 포함된 지방 지도의 시리즈를 만들었다.

스미스는 선구자적인 지질학자들 중에서 일생을 통해서 그의 생계를 위해 일해야만 했던 소수 집단의 한 사람이었다. 그는 역시 수년에 걸쳐 수집한 많은 화석을 기재하고 그림으로 나타냈으며(그림 4.5), 또한 가장 중요한 것으로서 화석과 화석이 발견된 지층과의 관계를 기술한 여러 권의 논문을 출판하였다(Smith, 1815).

1828년 요크셔에 있는 하크니스의 대주주는 그의 땅에 대한 대리인이 되어달라고

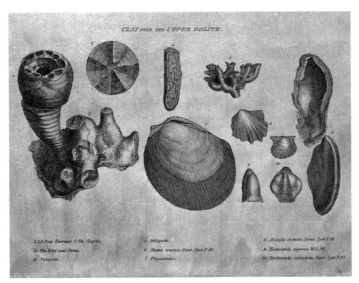

그림 4.5

화석에 의한 지층의 동정에 관한 스미스(1815)의 논문에 나타난 화석 사진

그를 초대했으며, 이는 그로 하여금 그의 막대하게 축적된 논문을 정리할 충분한 시간을 주었다. 그는 6년 동안 하크니스에서 머물렀으나, 그의 지질학적 공헌은 단지 토지에 대한 정확한 지질도뿐이었다. 그는 결국에 그의 여생을 보냈던 스카보로로 되돌아갔다.

그의 전문적인 직업이 그를 매일 암석과 접촉하게 한 것은 그에게나 지질학에는 다행인 일이었다. 철도의 시대 이전에 수송에 대한 산업적인 요구는 운하의 건설을 서두르게 했고, 퇴적암층에 대한 스미스의 관심을 일으켰던 것은 연속적인 지층의 놀랄 만한 인위적인 절개지가 생겼기 때문이다. 그가 얻었던 지식은 즉각적인 배당금을 가져다주었으며, 암석의 순서에 대한 지식으로 그는 건설 기술자가 접하게 될 문제들을 예언할 수 있었다.

그는 베르너와 함께 산업 발달에 있어서 지질학적 지식의 중요성을 최초로 세계에 알린 명성을 나누어 갖게 되었다. 예를 들어, 그는 던햄의 광산주들이 믿고 있었던 신념과는 반대로 마그네시안 석회암 아래에서 석탄을 발견할 수 있다는 신념을 갖게 한 바 있다. 스미스의 조언은 히턴 탄광의 성장을 이루게 했다(Phillips, 1844).

1947년에 산업이 국영화된 후에서야 겨우, 특히 탄전에 관련된 문제 해결에 공헌한 숙련된 지질학자의 조직이 확립된 것을 깊이 생각해보는 것은 흥미로운 일이다. 스미스는 위대한 개인주의자였으며 그는 모든 야외 지질학자들의 터전인 야외에서 자신의 생각을 가지고 혼자 모든 발견을 하였다. 그는 그 당시의 위대한 대륙의 지질학자들을 전혀 만나지 않았다. 그에게 소식이 좀 더 빨리 도착했다면 그는 러시아로부터 일에 대한 긴급한 요구를 받아들였을지도 모른다. 그러나 그는 전혀 해외로 여행한 적이 없었으며, 불운하게도 이때 그는 페나인에 있는 외딴 커크비 론즈데일에 있어서 연락이 닿지 못하였다.

18세기 후반까지도 그는 그의 지도를 위한 대부분의 자료를 모았으며, 그의 사랑하는 조카이며 런던 킹스 칼리지의 최초 지질학 교수였고 옥스퍼드대학교에서 버클랜드의 뒤를 이어받은 바 있는 필립스(1844)가 인정하는 바와 같이 그에게는 천성적으로 꾸물대는 요소가 있었다.

스미스의 이름은 그가 야외 지질학의 분야에서 다른 사람들보다 앞서 나가고 있었음에도 불구하고, 명예 회원의 목록에 없었다. 다른 두 지질학자인 파레이(1766~1826)와 베이크웰(1768~1843)도 역시 초기 회원의 목록에서 빠져 있었다. 스미스는 1816년에 "지질학적 이론은 강의실에서의 한 상류 계급 사람들의 소유이고, 그 실재는 다른 사람들의 것이다"라고 불평을 토로하였다(Phillips, 1844).

런던 지질학회는 결국 1831년 최초의 올라스톤 훈장을 스미스에게 수여하고, 일생 동안 그에게 연금을 수여하도록 정부를 설득하였다. 당시의 학회 회장인 세지윅이 그를 '영국 지질학의 아버지'로 인정함으로써 학회의 실수를 벌충하였다. 그렇게 하였음에도 불구하고 지질학회가 그를 기념하기 위해 매년 윌리엄 스미스 강좌를 성립한 것은 그의 죽음 후 100여 년이 지난 후였다.

그럼에도 불구하고, 그의 일생의 마지막 해 기간 중에 스미스는 그가 참가했던 모든 지질학 회의에서 명예를 수상하게 되었다. 지질학의 선구자로서, 지질학 발전에 가장 위대한 공헌을 한 인물로서, 점차 알려지게 되는 것을 알게 된 것은 그의 커다란 기쁨이었다. 스미스는 흔히 '지층 스미스(Strata Smith)'로서 불렸으며, 예일대학교의 슈처트(1915)는 그를 '영국 지질학과 층서학의 아버지'라고 언급한 바 있다(그림 4.6). 그리고

그림 4.6
영국 웨일즈 배스 부근 미드폴드에
있는 스미스의 기념비

1835년에 더블린의 트리니티대학교는 독학의 노력으로 위대한 공헌을 이룬 지질학의
선구자인 66세의 노인에게 법학 박사 학위를 수여하였다.

제5장

수성론과 홍수설의 쇠퇴

열렬한 베르너의 수성론 지지자들이 유럽 각국에서 활동하고 있었다. 당시 유명한 수성론을 지지하는 학자로는 괴테, 제임슨, 훔볼트, 그리노프 등이 있었다. 그러나 수성론자의 무덤이라고 알려진 오베르뉴에서 결정적으로 수성론자들의 주장이 사실과 다르다는 것이 알려지게 되었다. 노아의 홍수가 과학적 사실이라는 생각을 하였던 옥스퍼드대학교 지질학 교수였던 버클랜드는 1840년 아가시의 빙하에 의해 형성된 암석임이 밝혀져 열렬한 빙하론자로 바뀌게 되었다.

1. 수성론의 소멸

베르너의 비평 가운데 1827년에 런던 지질학회의 회장이었던 피턴(1780~1861)은 일찍이 1811년에 에든버러 리뷰에서 "진리와 사실이 증명하는 것과 다른 이론을 끌어냄으로써 베르너 학파는 발견의 진행을 방해하였다"라고 언급한 바 있었다. 그로부터 16년 후에 그는 런던 지질학회의 회장 연설에서 "베르너 학파의 견해는 이제 잊혀지게 되었다"라고 선포할 수 있었다.

1834년까지도 런던 지질학회 초대, 5대, 그리고 13대 회장직을 수행한 그리노프는 화강암이 관입한다는 개념에 반대하고 있었다. 이 당시의 그러한 태도는 심지어 19세기 초에도 예외적인 것이었다. 수성론자들이 야외에서 관찰한 내용과 그들의 스승이 가르쳤던 생각을 일치시키려고 노력했던 것처럼 베르너의 가장 헌신적인 일부 추종자들은 많은 양심적 자기반성을 하였다. 이들은 베르너가 모든 관점에서 옳다는 확신에 찬 열정을 가지고 프라이베르크에서 교육을 받았던 사람들이었다.

게이키(1905)가 말한 바와 같이, 그들은 그러한 확신을 갖고 있었기 때문에 의문을 제시하는 사람들에 대한 그들의 대답은 '질문자가 실망해서 물러갈 정도로' 충분했다고 한다. 스승의 가르침을 포기하고, 지질학의 세계에 위대한 명성을 이끌어 낸 베르너의 두 제자는 훔볼트(1769~1859)와 부흐(1774~1853)였다. 유럽과 아메리카의 화산에 대한 훔볼트(그림 5.1)의 관찰은 온건적인 수성론자였던 그를 수중에서 침전에 의한 현무암의 기원에 대한 이론을 거부하게 만들었다. 그렇지만 그는 베르너를 그에게 열정적으로 지질학의 흥미를 일깨워주었던 스승으로서 일생 동안 존경하였다.

사실상 훔볼트는 지질학자라기보다 그 이상의 인물이었으며, 그는 독창적인 관찰로써 지리학, 기후학, 식물학, 동물학 및 인류학에도 공헌하였다. 그는 모든 과학의 통합이 필요하다고 믿었으며, 후기에 그는 자연 철학에 대한 그의 생각이 내재된 **코스모스**(*Kosmos*)라는 책을 썼다(Humboldt, 1849).

부흐는 동료인 훔볼트가 태어난 베를린으로부터 멀지 않은 브란덴부르크의 마을에서 부유한 귀족 가문의 열세 자녀 중 여섯째 아들로 태어났다. 어려서부터 자연과학에 관심을 가졌던 그는 훔볼트보다 다섯 살 아래였으나 그보다 1년 먼저인 1790년 16세의 나이에 프라이베르크 광산 아카데미에 입학하였다.

그림 5.1
쥐라기를 명명하고 코스모스를 저술한 수성론자 훔볼트

프라이베르크에서 공부하는 3년 동안 대부분의 시간을 그의 스승인 베르너의 집에서 기거하며 수성론의 정수를 이어 받았다. 그 후 그는 할레대학교와 괴팅겐대학교에서 수학하였으며, 1797년에는 실레지아의 광산에 근무하며 실레지아의 지질을 정교하게 설명한 논문(*Versuch einer mineralogischen Beschreibung von Landeck*)을 발표하였다. 이 논문은 스승인 베르너의 이론과 심하게 대립되는 부분을 찾아볼 수 없다.

그러나 그 이후 이루어진 로마 화산 연구와 베수비오와 플리그레안 필드의 연구는 그로 하여금 화산의 폭발에 수반된 막대한 힘을 알게 하였다. 그는 폭발을 일으킨 힘의 원인이 베르너가 주장했던 것처럼 단지 지하의 석탄층의 연소에 의한 것뿐인가에 대한 의문을 가졌다. 더욱이 의심할 것도 없는 화산 활동에 의해 생긴 물질 가운데 장석 반암과 현무암 같은 암석의 존재는 수성론에 대한 그의 최초의 보류를 이끌어냈다.

그는 1802~1809년에 발표된 알프스와 이탈리아에서의 이러한 연구 내용을 담은 논문(*Geognostische Beobachtungen auf Reisen durch Deutschland und Italien*)을 그의 스승인 베르너에게 바쳤다. 이러한 의심들은 오베르뉴에 있는 분화구가 없는 화산체(chain of puys)를 방문했을 때 복잡해졌다.

40년 전 데마레가 한 것처럼 부흐가 현무암이 화산 기원임을 밝히는 증거를 찾은 것은 사실상 오베르뉴에서였다(1802). 그러나 그때까지 베르너의 영향이 컸기 때문에 그가 마침내 공식적으로 취소하기 전까지 한동안 오베르뉴에 있는 상황은 예외적임에 틀림없으며, 작센의 현무암은 세계 다른 지역의 현무암처럼 수성 기원이라는 신념 속에서 그는 피난처를 찾았었다.

그는 1802~1803년에 발표된 '오베르뉴에서의 화산 관찰(*Observations sur les Volcans d'Auvergne*)'에서 이러한 내용을 주장하였다. 부에(1794~1881)는 이 논문으로서 부흐가 수성론자에서 화성론자로 바뀌게 되었다고 언급하였다(그림 5.2). 부흐는 오베르뉴에서의 지질학에 시간적 요소를 상당히 첨가하였으며, 분화

그림 5.2
정통 수성론자에서 열렬한 화성론자로 바뀐 지질학자의 선구자 부흐

구가 없는 화산 퓌(puys)와 콘(cone) 및 화구(crater) 형태의 화산을 구별하였다.

그는 후자의 것들 중에서 베수비오 자체보다 파리우(Pariou)가 좀 더 구조적인 세부 사항을 나타낸다고 생각하였다. 퓌드 돔(Puy de Dome)의 규산(silica)이 풍부한 암석에 대한 그의 연구 결과, 밑에 놓인 화강암이 올라오는 수증기에 의해 부드러워지게 되고 위쪽 방향으로 힘이 주어진다고 믿게 되었다. 이것으로부터 그는 지구 내부의 힘이 어느 지역은 산으로 솟아오르게 한다고 주장한 '고지의 분화구(crators of elevation)'라는 그의 이론을 개발하였다. 그는 테너리프, 에트나, 베수비오와 스트롬볼리 화산이 이런 방식에 의해 만들어졌다고 생각하였다(Buch, 1825).

그는 여생 동안 그의 이론에 끈질기게 집착하였으며, 알프스에 대한 연구를 하는 동안 이 신념은 강해졌다. 그는 여기서 고지의 분화구와 같이 이 거대한 산맥의 상승은 막대한 내부의 힘에 기인한다는 결론을 내렸으나, 이 경우에 있어서는 내부의 힘이 녹아있는 암체를 표면에까지 밀어내기에 충분하지 않았던 것으로 생각하였다.

그 후 부흐는 수성론자들의 무덤이라고 일컬어지는 오베르뉴와 베수비오를 지나서 노르웨이, 남아프리카, 스코틀랜드, 아일랜드 등지에서 광범위한 여행을 하며 지질학적 견문을 확대하였다.

부흐는 노르웨이에서 접촉부에 따라 변성을 받은 화석이 풍부한 석회암에 의해 덮여 있는 화강암을 관찰하였으며, 25년 전에 글렌 틸트에서 허턴이 발견한 바와 같은 위에 놓인 암석을 뚫고 들어간 화강암의 암맥을 발견하였다. 이것은 물론 그의 수성론의 기반을 더욱 깎아내는 것이었다. 그는 아울러 그의 여행 동안 화산은 단지 국지적인 지질학적으로 최근의 현상이 아니라 지질 시대를 통해서 흔하고 광범위하다는 것을 알게 되었다.

부흐의 대륙적인 지질학에 대한 그의 공헌은 막대하다. 그는 1832년에 42매로 구성된 완전한 독일의 지질도를 출판했으며, 카나리아 제도에서의 화산 연구에 대한 개척자였다. 그는 세계의 많은 다른 화산 지역을 조사하였고, 많은 화산들이 선상의 균열대를 따라 확장 분포한다는 사실을 발견하였다.

후에 그는 화석이 함유된 암석을 공부하는 데 전념하였으며, 고생물학의 연구로 확장하였다. 그는 유럽 지질학계의 원로가 되어 가장 존경을 받게 되었다. 1847년 알프스에서 지질 조사를 하고 있던 일흔이 넘은 부흐를 만난 머치슨은 필드 노트에 그를 명철한 사고와 예리한 관찰력을 갖추고 지칠 줄 모르는 정력을 지닌 매우 위대한 지질학자로서 기재한 바 있다.

부흐의 사고가 화성론자들의 방식으로 전환된 것은 드 보아장(1769~1841)을 포함하여 다른 일부 베르너 학파 수성론자들의 시각의 변화를 유도했다. 드 보아장은 프랑스 남부 출신으로 1797~1802년에 프라이베르크 광산 아카데미에서 베르너의 제자로 수학한 후 열렬한 수성론자가 되었다. 그러나 동문수학한 부흐와 함께 오베르뉴를 조사한 결과를 정리한 논문 '지오그노시의 논문(Traité de Géognosie)(1819)'에서 현무암의 화산 기원을 발표하였고, 작센의 경우도 동일하다고 주장하여 완전한 화성론자로 변모하게 되었다.

오베르뉴에서 잘 알려진 행로를 걸었던 독일의 광물학자 바이스(1780~1856)와 화학자 라이히(1799~1882)는 그들 전에 몽로시에(1755~1838)와 데마레와 같이 그들이 지표에서 본 것에 대한 확신을 갖기 시작했다. 부에(1794~1881)의 경우도 유사하다. 함부르크에서 태어난 부에는 제임슨 밑에서 에든버러에서 지질학을 공부했고, 그 후에 열정적인 수성론자가 되었다. 그러나 유럽과 소아시아에 대한 지질학적 연구 기간에 그는 프라이베르크의 학설을 포기하였다.

부에가 스코틀랜드에 머무는 동안 그의 마음속에 의문이 생겼으며, 여기서 그는 그 지방의 암석에 익숙해지기 시작했고, 1820년에는 그곳에 대한 최초의 지질학적 논문(Essai Geologique sur l'Ecosse)을 발표하였다. 부에는 제임슨에게 바쳐졌던 그의 연구에서 웨스턴 섬의 현무암 암상에 대해 언급하였으며, 앵거스에 있는 몽로즈의 남쪽 해변의 안산암질 용암과 같이 화성 기원을 받아들였다. 지질학의 여러 공헌 중에서 부에는 변성암의 정확한 기원을 최초로 인식한 인물 중의 한 사람이었다.

화산에 대한 연구의 진전은 결혼 후에 부인의 이름인 스크로프로 이름을 바꾼 톰슨(1797~1876)에 의해서 이루어졌다. 스크로프는 심지어 초기 훈련 시절에도 현무암에 대한 베르너 이론의 진실성에 대한 의심에 사로잡혔다.

이러한 의심은 그가 이탈리아와 오베르뉴를 방문함으로써 더욱 굳어지게 되었다. 연구하는 동안 그는 화산은 오랜 기간에 걸쳐 활동하고 그 활동은 아마도 수세기 동안의 휴지기로 구분된다는 사실에 감동을 받았으며, 틀림없이 거대한 압력을 가진 내부 저수지가 있을 것이라고 주장하였다.

스크로프는 또한 몽 도르에서 북아일랜드와 아이슬란드의 광활한 대지 같은 현무암의 흐름과 오베르뉴 계곡의 길고 좁은 용암의 흐름을 관찰하여, 점성이 화학적 조성과 관련되어 있음을 알게 되었다. 그리고 그는 사르쿠이와 끌리에르수의 이웃하는 퓌와 퓌드 돔 조면암의 언덕을 이루는(hummocky) 성질에 대해 주목하였다(1858).

스크로프의 많은 관찰들은 1822년에 베수비오 화산의 폭발을 포함하여 화산학에서 새로운 것이었고, 과학이 한때 수성론자들의 방해가 약해졌던 합리적인 야외 연구에 바탕을 두는 쪽으로 변하는 방법을 제시하였다. 영국 의회의 의원이 됨으로써 비록 그가 아직까지 이 분야에서 진보적인 사람들과 접촉을 유지하고 있었음에도 불구하고, 스크로프의 지질학적 연구는 쇠퇴하게 되었다. 스크로프는 반죽을 뜻하는 그리스어인 '마그마(magma)'라는 용어를 1825년에 최초로 사용한 인물로 알려져 있기도 하다.

2. 홍수설의 약화

그림 5.3
홍수의 유물이라는 저서를 발표하고 런던 지질학회 회장과 최초의 옥스퍼드대학교 지질학 교수 및 웨스트민스터 사원의 원장을 지낸 버클랜드

수성론자로부터 터전이 다시 복귀되었음에도 불구하고, 심지어는 지질학의 다른 분야에서 귀중한 기여를 했던 학자들 중에서도 낡은 생각의 일부를 포기하기가 어렵다는 것을 발견한 연구자들이 있었다. 이것은 버클랜드(1784~1846)(그림 5.3)와 같은 경우이다.

버클랜드는 런던 지질학회의 초기 회원이었고, 1825년과 1840년에는 회장을 지냈으며, 1813년에 옥스퍼드대학교의 광물학 강사가 되었고, 1819년에는 최초의 지질학 교수가 되었다. 그는 잉글랜드 교회의 목사였으며, 후에 웨스트민스터 사원의 원장으로 임명되었다.

그의 주된 관심은 고생물학이었으며 그의 친구이며 후에 웨스트민스터 사원의 원장으로 임명된 코니비어(1787~1857)와 함께 고생물학 발전에 많은 공헌을 했다.

1812년에는 동물의 뼈를 포함한 동굴이 요크셔의 커비 무어사이드에 가까운 커크데일에서 발견되었으며 버클랜드는 그곳을 조사하도록 초대되었다. 거기서 그는 하이에나, 호랑이, 곰, 사슴, 토끼와 종달새를 포함하는 23종의 동물들의 뼈를 보고하였다. 올라스톤의 충고에 의하여 그는 뼈 물질의 소화 생산물인 동물의 하얀 배설물, 즉 '앨범 그레컴(album graecum)'을 많이 찾아내어 연구하였다. 뼈들은 심하게 쪼개져 있었고, 하이에나의 이빨 자국이 나 있었다.

버클랜드는 커크데일의 동굴이 하이에나의 서식지였고, 동굴 속으로 하이에나 먹이가 된 동물을 끌고 들어와서 잡아먹은 것이라 주장하였다. 그의 생각을 증명하기 위해 그는 옥스퍼드에 이동하는 서커스에 있는 하이에나에게 동물들의 뼈를 먹이기 위한 힘든 고생을 하였으며, 이 물질들을 부수는 하이에나의 턱 힘을 보고 무척 놀랐다. 그 부서진 잔류물들은 동굴에 남아있던 것과 닮았으며, 완전한 측정을 위해 다음날 서커스 관리인은 버클랜드에게 앨범 그레컴이 쌓인 것을 친절히 제공하였다.

이 모든 것은 사실의 주의 깊은 기록을 새롭게 강조한 존경할 만한 예이다. 그러나 버클랜드는 지질학이 성서적인 내용과 일치해야 한다는 신념을 가지고 있었고(1837), 이러한 점에서 그는 1820년대까지 지질학자들이 이런 종류의 생각에 대해 반대하기 시작했음에도 불구하고, 코니비어와 세지윅 같은 교역자들과 동조를 하였다.

현세의 퇴적물에 관한 것을 다루어 볼 때, 버클랜드는 충적층(alluvium)이 국지적 급류의 산물이라는 생각을 갖고 있었으나, 전 세계적으로 자갈과 토양이 쌓인 홍적층(diluvium)은 대홍수(flood)의 작용으로 퇴적되었다고 생각하였다. 밑에 놓인 모든 고화된 지층들은 선홍적층으로 분류된다. 버클랜드의 의견에서 보면, 커크데일에서 뼈들이 발견된 점토와 토양층은 홍적층의 퇴적물이며, 이는 노아의 홍수 시대의 생명의 파괴에 대한 성서 내용의 증거가 된다. 그는 그의 발견을 **홍수의 유물**(*Reliquiæ Diluvianæ*)(1823)이라는 제목으로 출판하였다(그림 5.4).

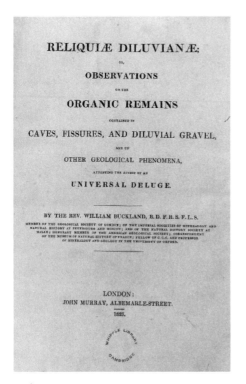

그림 5.4

버클랜드의 홍수의 유물(1823)의 표지

버넷과 휘스턴의 창조론과 노아의 홍수설의 영향을 받은 것으로 생각되는 버클랜드의 홍수의 유물이라는 책이 나올 무렵에 일부 학자들은 그의 생각을 비판하기 시작하였다. 애버딘대학교의 자연사 교수인 플레밍(1785~1857)은 홍수의 증거를 찾을 수가 없다고 하였다. 라이엘(1797~1875)과 머치슨(1792~1871)은 오베르뉴 지역을 답사한 결과 "버클랜드의 홍수는 더 이상 필요하지 않다"라고 하였다.

버클랜드는 1836년에 그의 브리지워터 트리티스에서 노아의 홍수는 지질학적 증거로 확증할 수 없다고 하였다. 1838년 스위스에서 빙하학의 대가인 아가시를 만나 영국의 여러 곳에서 종래의 홍수의 흔적으로 생각했던 것들이 빙하의 결과로 확신하게 되었다. 1840년에 아가시가 글래스고 회의에 참석하였고, 스코틀랜드를 함께 여행하면서 종래에 믿어왔던 홍수의 유물을 빙하의 증거로 확인하였다. 재선된 지질학회 회장으로서 홍수설에서 빙하설로 그의 생각을 완전히 바꾸게 되었다. 그는 또한 최초로 명명한 공룡 메갈로사우루스(*Megalosaurus*)를 기재하였다.

피턴은 홍수의 유물이 출판된 해인 1823년에 '에든버러 리뷰'라는 잡지에 당시 널리 유행하던 지질학자들의 자유분방한 태도를 잘 정리한 바 있다. 18세기 말에 피턴은 사람들이 합리적인 논쟁 없이 어떻게 신성한 글의 방어벽을 뛰어 넘었는지를 상기한 바 있다. 예를 들면, 커완은 전혀 증거가 없이 홍수의 물은 남쪽으로부터의 해류에 의해 촉진되었고, 영국이 유럽 대륙으로부터 분리되었을 때 스코틀랜드의 서쪽 현무암체가 기둥으로 갈라졌다고 언급하였다. 피턴의 말에 의하면 이와 대조적으로, 버클랜드의 글은 폭넓게 입증되지 않은 그러한 진술과는 명쾌하게 다른 것이었다. 그럼에도 불구하고, 피턴은 홍수가 범세계적으로 동시에 일어났다는 저자와 동의할 수 없었는데 이것은 증거 없이 성서의 문자적 해석에 너무 집착했던 것으로 생각된다.

커크데일은 동굴이 홍수에 잠긴 후에 적어도 네 가지 동물 종이 사라졌다는 것을 나타낸다고 하였으나, 창세기는 모든 종이 방주 안에 보존되었다고 기록하고 있다. 그러므로 성서는 다른 예에서 글자대로 해석할 때 옳지 않을지도 모른다. 피턴은 더 많은 자료가 모일 때까지, 잠시 동안 토론을 그만두자는 간청과 함께 그의 비평을 끝냈다. 그가 이렇게 하는 것이 좋았을 것으로 생각되는데, 적어도 영국의 지질학자들 마음속에 홍적층이 빙하 기원이라는 어떠한 암시도 없었기 때문이다.

제6장

지질학적 지식의 강화

1830년대까지 주로 구대륙의 지질학자들에 의해 축적된 야외 증거의 양은 새로운 과학인 지질학의 지식의 종합을 위한 요구를 강조하기에 충분했다. 더욱이 사고의 분위기는 허턴이 1795년 지구의 이론을 소개하던 30년 전과는 매우 달라졌다. 그리고 프랑스의 혼란에 잇따라 혁명적인 사상에 대한 불신이 있었다. 이제 그런 생각들은 환영을 받았다.

1825년 비엔나에서는 메테르니히의 독재주의에 대한 묵시적 저항이 있었으며, 베토벤은 그의 반항적이고 도전적인 9번 교향곡을 완성시켰다. 반면에 바이머로부터 괴테의 문학 작품은 당시의 사고에 낙천적인 새로운 정신을 주입시켰다. 영국에서는 1825년 스톡턴과 달링턴 철도의 개통으로부터 수송에 대한 기술적인 혁명이 시작되었다. 그러나 가장 중요한 것은 웰링턴 정부의 붕괴이며, 1832년의 선거법 개혁안의 아버지인 호윅의 진보적인 초기 그레이당의 정부로 바뀌었을 때이다.

그리스도의 교도를 통하여, 좀 더 자유로운 태도가 창조와 홍수에 대한 성서적 이야기의 해석 차원을 넘어서 발달했으나, 인류의 기원에 관련된 커다란 논쟁은 30여 년 이

후에야 시작되었다. 줄여서 말하면, 인류는 이제 새로운 생각들을 받아들이려 하고, 지질학에 있어서는 허턴과 19세기 초기 야외 지질학자들에 의해 세워진 기초를 높이고 확장시켰던 상상력이 풍부한 지질학자들을 위한 무대가 열리게 되었다. 지성과 열정, 상상력 모두를 선천적으로 가진 사람 중의 한 사람은 바로 불멸의 명저인 **지질학의 원리**(*Principles of Geology*)(1830~1871)를 저술한 라이엘(1797~1875)(그림 6.1)이었다.

1. 라이엘의 지질학의 원리

허턴이 죽은 해에 태어난 라이엘은 스코틀랜드 지주의 아들이었다. 라이엘의 형은 그 시대의 개척자에 해당되는 식물학자이자 곤충학자였다. 그의 토지는 하이랜드 경계 단층(Highland Boundary Fault)에 인접한 앵거스에 있는 커리무어의 마을 근처 킨노디라는 곳에 있었다. 그가 1815년부터 옥스퍼드대학교에서 고전 공부를 하는 동안 라이엘은 베이크웰(1767~1843)의 지질학 교재인 **지질학 입문**(*Introduction to Geology*)(1813)을 우연히 접하게 되었다. 이 교재는 그로 하여금 버클랜드의 인기 있는 강의에 참가하게 할 정도로 충분히 지질학에 대한 호기심을 갖게 만들었다.

1817년 여름에, 라이엘은 영국의 여러 지질학적 장소를 방문하였고, 1818년에는 스위스와 프랑스로 여행을 하였으며, 여기서 그는 얻으려는 만큼의 충분한 지질학적 정보를 조직적으로 수집하였다. 1819년에 그는 런던 지질학회의 회원이 되었고, 4년 후에는 이 학회의 간사로 당선되었다. 의심할 것도 없이 집안의 가풍과 교육에서 나온 그의 자연스럽고 포용력 있는 태도는 국내나 국외에서의 지질학 회의뿐만 아니라 사회적 모임에 접근하게 하였다. 1825년에는 라이엘은 변호사 자격을 얻었으며(그러나 그는 법조인으로서의 직업에 대한 모든 생각을 1827년에 포기하였음), 그해 안에

그림 6.1
1830년에 불굴의 명저인 *지질학의 원리*를 저술한 라이엘과 그의 친필 서명

그는 지질학회 논문집에 논문을 발표하였다.

1830년에는 지질학의 원리의 제1권(그림 6.2)을 출판하였고, 1834년에는 4권의 새로운 판의 책이 나왔다. 제5권에 뒤이어 나온 판에서 제4권은 삭제되었으며, 이는 지질학의 기초(*Elements of Geology*)라는 제목하에 큰 책으로 분리되어 1838년 초판이 나왔다. 1851년에 이 책은 기초 지질학 편람(*Manual of Elementary Geology*)으로 변경되었다.

라이엘은 그의 지질학의 원리에서 지질학 발전의 역사적인 개요를 설명하였으며, 지질학의 발전을 수세기 동안 지연시킨 편견에 대하여 서술하였다. 그는 현재 지구의 표면에서 볼 수 있는 모든 변화의 과정을 기술하였고, 마지막으로 동물과 식물의 분포와 화석에 의해 밝혀

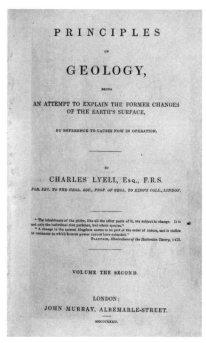

그림 6.2
라이엘의 명저 *지질학의 원리*(1830)의 표지

진 생명체의 기나긴 변화 과정에 대하여 언급하였다. 1807년 세계 최초로 런던 지질학회가 창립된 후, 1830년 라이엘은 지질학이 어떤 학문인지에 대하여 지질학의 원리에서 맨 처음에 다음과 같이 기술하고 있다. 지질학(Geology)은 자연의 유기물과 비유기물계(kingdoms)에서 일어난 연속적인 변화를 탐구하는 과학이며, 이러한 원인을 조사하고 우리 행성의 표면과 외적인 구조를 변화시켜 온 영향을 조사하는 과학이다(Lyell, 1830).

라이엘은 지질학의 원리에서 특히 지구는 과거 오랜 시간 동안 작용했으며, 오늘날에도 작용하는, 천천히 움직이는 힘에 의해 모양이 변한다는 허튼의 동일과정설(uniformitarianism)에 바탕을 두고 있다. 그는 다윈의 자연 선택에 의한 진화설을 1830년 초판이 나온 지 36년이 지난 1866~1868년에서야 받아들였다고 한다. 라이엘은 그의 지질학 기초에서 암석을 퇴적암, 화성암, 변성암의 세 가지 큰 그룹으로 분류하여 설명하였고, 퇴적암에 포함된 화석을 가지고 퇴적암의 발달 순서를 나타내었다.

또한 그는 화성암과 수반되어 나타나는 지층을 참고한 화성암의 연대 결정과 변성암

그림 6.3
라이엘이 지각 변동의 증거로 선택한, 보링 화석
이 나타난 세라피스 사원의 기둥

의 화석이 풍부하게 나타나는 퇴적암으로 바뀌는 지역에서 알 수 있는 변성암의 다양한 연대를 기술하였다. 그러나 어떤 지질학자들은 아직도 모든 변성암이 가장 오래된 지층에서만 나타난다고 생각하고 있다. 그의 글에는 격변설의 부정과 함께, 현재는 매우 느리게 일어나는 과거 지질학적 과정의 열쇠임을 강조한 허턴의 강한 영향이 있었다.

지질학적 증거로 라이엘이 선택한 전형적인 판단은 나폴리의 포추올리에 있는 세라피스 사원의 기둥(그림 6.3)에 관련 지어 바다의 수면 변화를 설명한 것이다. 바베이지(1790~1871)는 이 기념물을 연구해 왔으며, 현재의 해수면보다 훨씬 높은 위치에 있는 해양성 동물의 보링의 흔적을 주목하였다. 그는 사원이 지어졌던 땅이 가라앉아서 기둥이 대략 6m의 깊이로 물 속에 잠기게 되었고, 그 후에 기둥이 솟아 올라왔기 때문에 오직 기둥의 끝부분만이 해수면에 있다고 결론지었다(Babbage, 1847).

라이엘은 이 증거들을 확신하였고 이 부분의 이탈리아 해안선 주위에 융기된 해빈의 예가 있으나, 다른 지역에는 그러한 증거가 없다는 것을 지적하였다. 그러므로 이것은 포추올리에서 국지적으로 나타난 현상이었고, 명백히 해수면의 상승과 하강이라기보다 지면의 침강이나 상승에 기인한 것이었다.

1835년에 다윈도 남아메리카의 해안선에서 비슷한 결론을 내렸다. 라이엘은 세라피스 사원의 상승이 1583년에 누오보 화산의 폭발을 일으키게 한 지각 변동과 관련되어 있을지 모른다고 제안하였다.

19세기 중반 동안 진행되었던 야외 연구로서, 지각의 수직 운동은 정단층을 통해 흔히 일어나는 특성이고, 이러한 운동의 규모는 열곡의 탐구를 통해 분명해진다. 이러한 점에서 그레고리(1864~1932)는 주목할 만한 공헌을 하였다.

라이엘이 캄브리아기(Cambrian)까지 거슬러 올라가는 암석의 나이를 5억 년이라고 추정한 것과는 대조적으로, 1862년에 톰슨(Lord Kelvin, 1824~1907)은 지구의 나이는 2,000만~4억 년이라고 추정한 바 있다(Burchfield, 1975).

게이키는 라이엘의 추정은 '전적으로 무모한 것'이라 하였고, 후에 런던 지질학회 회장은 "만약 과학에 직관 같은 것이 있다면, 라이엘은 그러한 과학적인 직관적 통찰력을 가졌을 것"이라고 논평하였다(Hawkes, 1957). 라이엘은 1833년에 출판된 지질학의 원리에서 지층에 포함된 화석과 현생 생물과의 유사 정도에 따라 3기층을 에오세(Eocene), 마이오세(Miocene), 플라이오세(Pliocene) 및 현세(Recent)로 구분한 바 있다. 1839년에는 플라이오세보다 더 새로운 화석이 나타난 플라이스토세(Pleistocene)를 제안하였다.

사실상 퇴적암의 믿을만한 연대 추정 방법에 도달하기 위해 18세기 후반 동안 수많은 시도들이 있었다. 주목해야 할 인물로서 기어(1858~1943)는 1890년대에 스칸디나비아 빙상 앞에 놓인 호상 점토의 나이를 측정하고 이들을 대비하는 방법을 제안하였다. 이들 퇴적물의 최초 나이에 대한 믿을 만한 수치가 세워졌으나, 그 방법은 플라이스토세 이전의 지층에 대해서는 매우 제한적으로 적용되었다(Geer, 1940).

지질 연대 측정에 관련된 매우 중요한 학술적 업적들로서는 첫째로 1896년에 베크렐(1852~1908)에 의해 최초로 우라늄염에서 방사성이 발견된 것이고, 둘째로는 퀴리(1867~1934)와 피에르(1859~1906)에 의한 다른 방사성 원소들의 발견이며, 셋째로는 러더퍼드(1871~1937)에 의해 20세기 초에 방사성 원소 붕괴의 법칙이 발표된 것이었다. 협재된 용암류 속에 방사성 광물의 붕괴율과 관계된 이 법칙의 적용은 지각의 암석의 연대를 측정하는 기술에 커다란 진보를 가져왔고, 라이엘의 '직관적인' 추정이 실제로 옳다는 것을 판명해주었다.

라이엘에 대한 지지와 켈빈에 대한 비평은 베크렐의 영웅적인 발견 직후에 1899년 미국의 체임벌린(1843~1928)의 글에서 나왔다. 그는 원자의 내부 구조에 대한 것은 아직까지 풀지 못한 문제이나, 막대한 에너지의 근원일지도 모른다고 충고한 바 있다. 체임벌린은 지질학에 폭넓은 흥미를 가지고 있었으며, 빙하에 대한 많은 연구를 수행하였을 뿐 아니라(1888), 마틴과 함께 지구의 기원에 대해 미행성설을 제시하였다.

라이엘은 의문을 갖는 과학자에게 가장 가치 있는 사고의 융통성을 놀랄만한 정도로 소유하고 있었다. 그는 새로운 증거에 비추어 그의 생각을 수정할 수 있었고, 그의 지질학의 원리는 지질학의 발달에 대한 지속적이고 자극적인 논평을 담고 있으며, 지질학도들의 기본 필독서로 알려지고 있다.

1814년에 미국 보스턴에서의 그의 강의는 매우 인기가 있었으며, 12개 코스는 평균 3,000명의 청중들을 배출하였다. 지질학의 뒤이은 발달은 그의 명성을 감소시키는 데 아무런 영향을 주지 못했다.

1875년 그가 죽은 후에 그는 웨스트민스터 수도원에 묻혔으며 그의 비문에는 "길고 노력하는 삶을 통하여, 그는 지질 시대의 쇄설성 퇴적암을 해석하는 방법을 통찰하였으며, 자연의 현재 질서에 대한 끈질긴 연구로 지식의 경계선을 확장시키고, 과학적인 사고에 있어서 영원한 영향을 남기다"라고 새겨져 있다.

2. 세지윅과 머치슨

1820년대 초에, 베르너의 애매하고 불명확한 '전이암(transition rocks)'이라고 분류한 암석 대신에 지질학의 분야에 도입된 순서와 의미를 소개할 예정이었던 두 사람이 있었다. 당연하게 예견되는 진행 순서로서 그들은 스미스가 중생대 지층의 층서를 확립하고 퀴비에와 브롱니아르가 제3기 층의 층서를 설명하였던 것과 같은 방법으로, 고생대의 지층의 층서를 확립하였다. 이들 두 사람 중 한 사람은 요크셔 출신이었고, 다른 사람은 스코틀랜드 출신이었는데, 그들은 가문의 배경이나 학문의 배경, 인간성 및 체격 등 거의 모든 면에 있어서 뚜렷하게 대조되었다. 그럼에도 그들은 오랫동안 협력하며 같이 일해 왔으며, 새롭게 발전하는 지질학에 공동의 공헌을 하였다.

세지윅(1785~1873)(그림 6.4)은 두 사람 중 연장자였고, 요크셔의 산골 마을인 덴트의 교구 목사의 아들이었다. 그는 케임브리지에서 목사 직분을 얻게 되었으며, 1818년에 지질학의 우드워드 석좌 교수로 임명되었다. 그때에는 그가 지질학에 대해 아주 조금 알고 있었고, 기본적 지식 이외의 다른 것이 필요한 직책은 아니었으나, 그는 전임자들보다 더욱 신중히 그의 책임을 수행하였다. 그는 강의실에서 퀴비에로부터 새로운 과학인 지질학에 대한 정보를 얻기 시작했다. 케임브리지의 수학자이자 식물학자이며, 비글호의 탐험에서 자연과학자의 지위를 위해 다윈의 주요 스폰서가 된 헨슬로(1796~1861)의 안내로 와이트섬에서 지질학에 관한 정보를 얻기 시작하였다.

그림 6.4
캄브리아기를 명명하고 머치슨과 함께 데본기를 명명한 영국의 층서학자 세지윅

초기에 세지윅은 수성론자들의 영향을 받았으나 결국에는 이들 생각을 포기하였다. 나중에 그는 "내가 젊었을 때 배웠던 것은 수성론자들의 허튼 소리이며, 나는 오랫동안 머릿속에 차있는 물로 고생을 하였으나 빛과 열이 그것을 완전히 사라지게 하였다"라고 고백한 바 있다(Clarke & Hughes, 1890).

그는 1820년대의 지질학자로 버클랜드의 홍수설을 굳게 믿었었다. 그러나 1827년 프랑스 파리를 수주일 동안 방문한 후, 스코틀랜드의 머치슨을 만나 홍수설을 폐기할 것인지에 대하여 신앙적 고민을 하게 되었다. 라이엘의 **지질학의 원리**가 1830년에 출판된 후, 1831년 그가 지질학회 회장직을 퇴임하면서 버클랜드의 홍수설을 철회하였다고 한다. 그러나 그는 다윈의 진화설을 끝내 거부하였다.

스코틀랜드의 노스웨스트 하이랜드 출신의 머치슨(1792~1871)(그림 6.5)은 반도 전쟁에 참가했던 직업 군인이었다. 그는 주로 버클랜드와의 접촉을 통해 머리를 덜 쓰고 흥분시키는 여우 사냥의 일을 멀리하게 되었다. 세지윅과는 다르게, 그는 정규적인 과학 교육을 받지 않았으나, 열정과 빠른 정진으로 그의 초기의

그림 6.5
실루리아기와 페름기를 명명하고, 세지윅과 함께 데본기를 명명한 영국의 층서학자 머치슨

부족함을 극복하였으며, 그는 곧 그 당시의 중요한 지질학적 모임에서 활동하였다.

그는 프랑스, 알프스 등지의 폭넓은 여행을 다녔고, 부흐에 의한 많은 영향을 받았다. 세지윅과 머치슨은 지질학의 세계에 점점 알려지게 되었으며, 연구에 있어서 두 사람은 따로 분리되어 있었으나 논문 발표는 공동으로 협력하였다. 그들은 동부 알프스에 같이 답사를 나갔고, 여러 해가 지난 후 영국의 야외 지질학자들에 의해 기초가 확립된 스코틀랜드의 북서 하이랜드에서 연구를 하였다. 그들의 가장 중요한 공동 연구는 나중에 헤르시니안 지각 변동으로 알려진 변화에 의해 습곡된 점판암과 그레이와케가 조사된 남서부의 영국에서 이루어졌다.

세지윅과 머치슨은 남서부 잉글랜드와 웨일즈의 암상이 유사한 것으로 미루어 보아, 남서부에서의 지층은 캄브리아 시대라는 믿음을 가졌다. 반면에 가장 유능한 최초의 고생물학자 중의 한 사람이었던 론스데일(1794~1871)은 조사를 위해 그에게 제출된 바 있는 그 지역에서 산출된 화석이 실루리아기와 석탄기의 지층에서 이미 알려진 화석과 공통점이 있다는 생각을 하였다. 이것은 두 지질학자들이 확신을 갖기 이전이었으며, 결국 이 곳에는 실루리아기와 석탄기 사이에 일반적인 해성층이 발달한다는 것에 동의하였다(Rudwick, 1985).

이에 대한 그들의 논문에서, 세지윅과 머치슨(1839)은 제임스 소워비(1757~1822)와 그의 아들, 칼 소워비(1787~1871)로부터의 초기의 도움에 감사를 표하였다. 그리고 화석의 내용으로부터 론스데일이 최초로 제안한 바와 같이, 남부 데본셔의 해성 석회암과 그레이와케는 육성층인 올드 레드 샌드스톤과 대비되는 것이라고 언급하였다. 1839년 이들은 이 지층이 최초로 연구되고 층서적 위치가 최초로 확인되었던 지역의 이름에 따라서 이 지층을 '데본기(Devonian)'라고 명명하였다.

1830년대 초에 머치슨은 웨일즈 국경의 알려지지 않은 암석을 지도에 옮기기 위해 그 스스로 조사를 시작하였다. 그는 올드 레드 샌드스톤의 기저로부터 아래쪽으로 연구를 했으며, 조사를 진행하면서 주의 깊게 기록하고 수집하였다. 몇 달 내에, 그는 스미스가 중생대의 지층에서 수행한 방법과 유사하게 암상과 화석 군집에 의해 세분될 수 있는 연속된 지층을 발견하였다.

그는 오랫동안의 야외 조사 결과 이 지층을 하부로부터 상부까지 6개(Llandeilo flags, Builth flags, May Hill rocks, Holderly rocks, Wenlock group, Ludlow rocks)로 세분하였다(Murchison, 1834). 보몽 등의 지질학 동료들의 권고를 받은 머치슨은 1835년에 이 지층을 로마 시대에 그곳에 살았던 실루루(Silures) 부족의 이름을 따라서 '실루리안(Silurian)'으로 명명하였다. 이에 대한 종합적 연구 결과는 1839년에 **실루리아계**(*The Silurian System*)라는 제목으로 출판되었다. 이 논문은 화석 도판과 지질 단면 그리고 대형 컬러 지질도를 포함한 800페이지의 대작이며, 현대 지질학의 역사의 새로운 장을 개척한 걸작이다.

머치슨 역시 러시아의 페름이라는 곳을 여행하여 영국의 마그네시안 석회암과 동일 시대의 암석을 발견하였다. 그의 대륙의 층서학적 연구에서, 고생대의 화석을 동정했던 베르누이(1805~1873), 그리고 중생대에 속하는 화석을 기재했던 도비니(1802~1857)와 함께 조사를 수행하였다.

그러는 사이에, 세지윅은 영국에서 두 지역을 집중적으로 연구하였는데, 한 지역은 하부 실루리아(Lower Silurian) 시대(후에 오르도비스기라고 재 명명됨)의 화석을 발견한 영국의 호수 지방이고, 다른 곳은 1835년에 그가 웨일즈의 옛 이름을 따라서 '캄브리아계(Cambrian System)'를 설정한 북부 웨일즈이다. 여러 해 동안, 그와 머치슨은 웨일즈에서 그들 각각의 조사 결과에 대해 토론하였으며 의견이 일치하였다. 이때까지만 해도 머치슨의 실루리아계와 세지윅의 캄브리아계의 경계를 긋는 것은 쉬운 일이라고 생각되었다.

그러나 그들의 연구가 진행되면서 화석의 증거로부터 세지윅의 캄브리아기의 최정상부와 머치슨의 하부 실루리아기의 기저부 사이가 중첩된다는 것이 나타나게 되었다. 세지윅의 초기 연구는 오직 암상에 의한 구분이었으나, 만약 그가 그의 연구 지역에서 산출된 캄브리아기의 화석을 기재하는 데 지체하지 않았더라면, 이 문제는 초기 단계에서 해결되었을지도 모른다.

머치슨은 화석과 암상에 따라 상부와 하부 실루리아계로 구분하였으며, 세지윅은 광물 특성에 따라 상부, 중부, 하부 캄브리아계로 나누었다. 그런데 세지윅의 캄브리아 상부 경계는 머치슨의 실루리아 상부와 하부 사이의 부정합면에 위치하는 것이었다. 그러나 지금에 와서 머치슨은 그의 실루리아기의 하부를 캄브리아기로 잃어버리는 데

마음이 내키지 않았다. 이것은 세지윅이 런던 지질학회에서 발표한 논문(1852)에서 불필요하게 불쾌한 용어를 사용하여 그의 동료를 공격하게 되었다. 머치슨은 격분하였고, 이 문제는 뜻밖에도 런던 지질학회 위원회에 의해 다루어졌다. 그리고 우정과 협력으로 이루어진 세지윅과 머치슨 시대를 갑자기 끝나버렸다.

이러한 원인을 조사해볼 때, 최근에 두 사람에 대한 논평(Speakman, 1982)에 의하면, 요크셔인의 솔직함와 스코틀랜드인의 자존심이 서로를 용납하지 못한 것으로 알려졌다. 이것이 그 두 사람 모두에게 고통이었고 또한 그들 각각은 친구들에게 화해의 필요성을 나타냈음에도 불구하고, 그들의 남은 20년간의 여생 동안 다시는 친숙한 관계를 갖지 않았다.

이 논쟁은 최근에 지질학회 잡지에서 재조명되어왔다(Craig, 1971; Rudwick, 1976; Thackery, 1976). 객관적인 평가에 의하면 세지윅이 북부 웨일즈에서 화석에 의한 연구를 수행하기 전에 머치슨이 이미 층서 고생물학적 연구에 바탕을 두고 지층을 정의하였기 때문에 머치슨의 지층이 명백하게 우선권을 갖는다고 할 수 있다. 일반적인 의견은 머치슨에게 유리한 편이다.

층서학적 경계선을 넘어선 분쟁은 두 사람의 일생 동안 해결되지 않았으나, 두 사람이 죽은 후 10여 년 후에 그 당시 고생대 초기의 표준 화석인 필석 화석의 분대(zoning)로

그림 6.6
오르도비스기를 명명함으로써 세지윅과 머치슨의 논쟁을 해결한 고생물학자 랩워스

하부 고생대의 지층에 관한 권위를 갖고 있던 랩워스(1842~1920)(그림 6.6)가 그 해결책을 제안하였다. 이것은 하부 아레닉(Arenig)의 기저로부터 란도베리(Llandovery)의 기저까지에 해당하는 지층은 '오르도비시안(Ordovician)'이라고 명명한 새로운 계(System)로 만들어져야 된다고 제안했던 다소 긴 논문(Lapworth, 1879)으로 발표되었다.

이 생각은 1902년 티알(1849~1924)이 소장을 맡고 있었던 지질조사소가 출판물에 3개의 층서 단위를 소개하였을 때 최종적으로 수용되었으며, 오랜 분쟁은 이제 역사 속으로 사라지게 되었다. 이 문제의 해결과 하

이랜드에서의 논쟁에 영향을 미친 랩워스의 역할은 그를 '위대한 중재인(great peacemaker)' 으로서 알려지게 하였다(Watts, 1945).

세지윅과 머치슨이 수행한 중생대 이전의 지층에 대한 스미스의 연구 방법의 성공적인 적용은 지질학자들에게 다른 나라에서도 유사한 연구를 할 수 있는 격려가 되었다.

에든버러에서 제임슨의 지도하에 초기 시절을 보낸 부에(1794~1881)는 스코틀랜드의 지질학에 대한 연구를 마친 후에 파리를 그의 연구 중심으로 삼았다. 그는 파리로부터 동부 유럽으로 광범위하게 여행을 하였으며, 1840년 최종적으로 터키의 지질학에 관한 네 권의 책을 출판하였다. 그는 영국의 트라이아스기 지층에는 유럽 대륙에 분포하는 뮈쉘칼크(Muschelkalk, 패류 함유 석회암)가 부재하다는 것을 최초로 인식한 연구자였다. 그는 엄청난 불편을 주는 영국 해협을 따라 발달하는 가운데의 골짜기는 터널 건설이 시도되어야 한다는 기발한 아이디어를 갖고 있었다. 그는 또한 1830년에 프랑스 지질학회를 공동으로 창설하고, 1835년 학회 회장을 역임하였다.

1825년에 프랑스의 뒤프레노이(1792~1857)와 보몽(1794~1874)은 여섯 달 동안 영국에 머무르면서 그리노프의 지질도 작성 기술을 공부하였고, 콘월, 컴벌랜드, 더비셔에 있는 광산을 방문하였으며, 이 답사에 대한 그들의 설명은 1827년에 출판되었다.

1825년부터 1829년까지 그들은 지질학에 대한 관심을 프랑스의 지질학에 돌렸고, 뒤프레노이는 보몽과 함께 1823~1836까지 13년 동안 연구한 결과를 1836~1841년까지 5년간의 수정 작업을 거쳐 1841년 설명서와 함께 프랑스의 지질도를 최초로 제작하였다. 그 후에 보몽은 전 지구적으로 지질 구조를 설명하기 위해 기하적인 이론에 몰두하였으나, 그는 그의 지질도 작성에 의해 가장 잘 기억되고 있다(Sarton, 1919). 뒤프레노이는 1847년부터 1857년까지 프랑스 자연사박물관의 광물학 주임 교수직을 수행하였다.

머치슨의 연구에 유일한 경쟁자였던 그 당시의 고생물학자이며, 프랑스 지질학회의 회장직을 세 번씩이나 수행한 베르누이(1805~1873)를 꼽을 수 있다. 누구에게도 종속되지 않았던 젊은 지질학자로서 웨일즈에서 세지윅과 머치슨의 연구에 의해 깊은 감명을 받았던 그는 1835년 자기 스스로 관찰하기 위해 그 나라를 방문하였다. 그 후 그는 소아시아로 여행을 했고, 크림 반도 지질학의 메모아를 출판하였다.

그는 파리 분지의 패류 화석에 대해 많은 연구를 수행했던 고생물학자이자 전에 그의 스승이었던 데샤예스(1796~1875)의 도움을 얻었다. 그가 수집한 화석에 대한 데샤예스의 동정 결과로서 베르누이는 스스로 동물 화석의 인지에 대한 지식을 갖게 되었다. 그는 바-블로네의 데본기의 암석들을 기재하였으며, 시몽(1802~1868)과 함께 그들의 화석의 내용을 연구하였다. 그 당시에 화석에 대한 베르누이의 지식은 아주 광범위하였기 때문에 머치슨은 자연과학자이고 고생물학자인 카이절링(1815~1891)과 함께 그의 러시아 탐사에 합류하도록 초대하였다. 다음의 출판에서, 베르누이는 화석의 기재를 거의 책임지고 담당하였다(Murchison, de Verneuil and Keyserling, 1845).

파리에서 1년가량 머문 다음 베르누이는 미국으로 여행하였으며, 그는 이곳에서 이 나라의 고생대 암석이 유럽의 것과 같이 발달한다는 사실을 최초로 확인하였다. 그는 정식으로 1847년에 쓰인 논문에서 이러한 사실을 발표하였다. 그는 1849년부터 1862년까지 여러 차례에 걸쳐 스페인으로 여행을 떠났으며, 여기서 그는 일부 학자들의 생각과는 달리 이곳의 층서가 유럽의 것과 정확하게 유사하다는 사실을 발견하였다. 그는 층서학자이자 고생물학자로서 생산성이 높은 연구 경력을 가졌으며, 스미스의 선구적인 연구를 바로 뒤잇는 학자들 중에서 가장 중요한 공헌을 이룬 사람이다.

제7장

지질학회와 지질조사소

지질학자들은 대부분 다른 분야의 학자들처럼 소속된 소수의 학회에서 학술 활동을 하고, 해당 학회에 논문을 발표하며 연구 역량을 발휘한다. 1807년 세계 최초로 런던 지질학회가 창립되었으며, 1826년부터 학회지를 발행해왔다. 세계 각국의 지질조사소를 만들어 지질도를 발행하고 지하자원 개발을 중심으로 지질 조사를 실행하고 있다. 미국 지질조사소(USGS)는 미국의 자연 경관, 천연 자원 및 자연 재해에 대한 연구를 수행하고 있다.

1. 지질학회

19세기의 처음 10년으로 거슬러 올라가면, 당시에는 지질학을 전문으로 하는 학회가 없었다. 영국에서는 열성주의 지질학자들이 자신들의 관찰 결과를 런던 왕립학회 철학 보고서와 에든버러 왕립학회 보고서, 런던 린네학회 보고서, 아일랜드 왕립 아카데미 보고서, 철학 잡지, 철학 연보, 에든버러 리뷰, 베르너 자연사학회 메모아에 그리고 미국에서는 미국 과학 잡지에 출판하였다. 이 모든 학회들은 18세기 말 이전까지 전혀 출판을 시작하지 않았다. 여기에 덧붙인다면, 물론 유럽 대륙에서는 수많은 과학 잡지들이 출판되었다.

1807년 11월 13일 많은 계획에 따라 '지구의 광물 구조를 연구하기 위해' 런던 지질학회가 세계에서 처음으로 지질 분야를 전문으로 한 학회로 창설되었다. 창립 회원들은 모두 13명으로, 가장 두드러지는 사람은 왕립 연구소의 화학 교수이고, 나중에 왕립학회 회장을 역임한 데이비(1778~1829)다.

또 다른 사람으로는 베르너의 제자로 나중에 국회의원이 된 그리노프(1778~1855)이다. 그리노프는 초대 학회장과 제5대 및 제13대 학회장을 역임하였고, 많은 반대에 직면하였음에도 불구하고 협상을 통해 지질학회가 왕립학회로부터 독립하도록 성공적으로 일을 추진하였다.

나머지 창립 회원들에는 여러 분야의 물리학자와 프렌드회의 몇몇 회원, 유니테리언 교파의 목사와 프랑스 혁명 때 조국을 떠난 프랑스 백작들이 포함되었다. 이들은 모두 물리학에 깊은 관심을 갖고 있었다. 새로운 학회의 창립 회원들은 지구 역사와 경쟁적인 두 가지 이론에 관한 계속되는 논란의 붕괴 효과를 깨닫고, 야외 관찰의 사실을 출판하도록 지원을 아끼지 않았다. 이렇게 하여 학회 보고서의 내용에서 보듯이 런던 지질학회는 성공을 거두었다.

학회 보고서는 1811년에서 1845년 사이에 정기적으로 출판되었으며, 베르너 이론의 기반을 흔들리게 하였다. 또한 런던 지질학회는 특별한 지질학적 내용의 토론을 위한 새로운 포럼을 만들었다. 1808년에는 에든버러의 플레이페어, 제임슨, 더블린의 커완, 또 스미스의 친구이자 동료인 타운센드를 포함한 52명의 명예 회원들이 추천되었다. 그러나 정작 스미스 자신은 포함되지 않았다.

콕스(1942)에 의하면, 사실상 스미스는 그리노프와 그 외 일부 학회 회원들에게서 매우 심각하게 냉대를 받았다고 한다. 1810년에는 21명의 위원회가 만들어졌고, 1826년에는 왕으로부터 칙허를 받았으며, 이때 회원의 수는 372명이 되었다. 보고서와 대치된 쿼터리 저널의 첫 번째 판이 1845년에 출간되었다.

런던 지질학회(그림 7.1)는 세계 최고의 학회로 1807년 창설되어 현재 회원의 수는 1,200여 명이며, 1826년부터 학회지(*Journal of the Geological Society, Quarterly Journal of Engineering Geology and Hydrogeology*)를 발행하고 있다. 지질학의 선구자들인 버클랜드, 세지윅, 머치슨, 라이엘과 헉슬리 등이 회장직을 수행하였다.

그림 7.1

세계 최초로 1807년 창립된 런던 지질학회의 심벌 마크로서, 표현된 모토(Quicquid sub terra est)는 '땅 밑 어떤 것이라도(Whatever is under the earth)'라는 의미이다.

상당한 시간이 지난 후 영국에서의 학회 설립을 계기로 세계 도처의 지질학자들은 각국에 학회를 결성하게 되었다. 이러한 학회로는 1830년에 프랑스 지질학회(Société géologique de France), 1832년에는 이탈리아 지질학회, 1887년에는 벨기에 지질학회, 1888년에는 미국 지질학회가 있다.

미국 지질학회는 1888년 뉴욕에서 창설되었으며, 1889년부터 잡지(*Geological Society of American Bulletin*)를 발행하고 있다. 회원 수는 약 2만 5,000명 이상으로 세계 100여 개 국가의 회원으로 구성되어 있다. 역대 회장으로는 제임스 홀(1811~1890), 제임스 대너(1813~1895), 찰스 월콧(1907~1927) 등이 있다.

그리고 1893년에는 동경 지질학회의 잡지가 출간되었고, 1904년에는 남아프리카 지질학회의 프로시딩(*Proceedings*)이 출간되었다. 한국에서는 1947년 대한지질학회가 창립되었다.

19세기 중에 많은 국가에서 수많은 지방 학회와 대학에 지질학과가 설립되었으나, 영국에서는 최근에 설립된 많은 문학과 철학 학회도 지질학회에 커다란 관심을 보이고 있었다. 사실 1829년에 타인에 있는 뉴캐슬의 문학과 철학 학회의 특정 회원들이 학회를 벗어나 노섬브리아의 자연사 학회를 설립한 이유 중의 하나는 광물학과 지질학의 증진을 열망하였기 때문이었다. 부수적으로, 이 학회의 첫 번째 연구 과제 중의 하나가 1830년 9월 25일 시작된 노섬벌랜드와 더럼 및 컴벌랜드의 지질도 제작이었다는 것은 흥미로운 일이다.

그림 7.2
1878년 제1회 국제지질과학총회가 개최된 프랑스 파리의 만국박람회

19세기 후반 동안 지질학에 대한 관심이 고조되어 세계 여러 나라의 지질학회들이 함께 하는 국제적인 조직이 만들어져야 한다는 분위기가 생겨났다. 중요한 세계 중심지에서 3년 주기로 회의를 하기 위한 국제지질과학총회(IGC)의 창설이 결정되었다.

첫 번째 국제지질과학총회는 1878년에 파리에서 개최되었으며(그림 7.2), 그 후에 볼로냐, 베를린, 런던, 워싱턴, 취리히, 상트페테르부르크, 파리, 비엔나, 멕시코, 스톡홀름과 토론토에서 열렸다. 두 차례의 세계대전 기간을 제외하고는 이 모임은 계속되어 지금은 4년마다 열린다.

제36차 국제지질과학총회는 2020년 인도의 델리에서 개최될 예정이었으나, 코로나 사태로 진행되지 못했다. 2021년에 개최 예정이나 개최가 불투명하다. 2024년 제37차 국제지질과학총회는 '위대한 여행: 하나뿐인 지구에 대한 탐사'라는 주제로 한국의 부산에서 개최될 예정이다.

2. 지질조사소

층서적 지질도 작성의 초기 원동력이 된 것은 물론 퀴비에와 브롱니아르, 그리고 특히 스미스의 선구적인 연구 때문이다. 1815년 스미스의 잉글랜드와 웨일스 지질도의 뒤를 이어 나온 것은 1819년 그리노프가 런던 지질학회의 재정 지원을 받고 런던 지질학회 회원들이 참여해 만든 지질도였다. 또한 1815년에는 그리피스(1784~1878)가 아일랜드의 지질도를, 1836년에는 매컬로흐(1773~1836)가 스코틀랜드의 지질도를 만들었다.

매컬로흐와 부에 두 사람이 1809년에 이루어진 넥커의 연구를 뒤이은 것이라고 하더라도, 부에는 이미 1820년에 더욱 일반적인 스코틀랜드의 지질도를 만들었다. 미국에서는 1809년에 미국 지질학의 아버지로 불리는 매클루어(1763~1840)가 미국의 첫 지질도(그림 7.3)를 완성하였으며, 이 지질도는 1818년에 수정 보완되었다. 그는 여행하면서 혼자서 지도 제작을 위해서 험준한 앨러게니 산맥을 약 50차례나 넘었다고 한다. 이렇게 늦게까지도, 매클루어는 화석에 의한 지층 대비의 원리를 모르고 있었으며, 그는 오래된 수성론자들의 용어들을 계속해서 사용하였다.

영국에서의 지질도 제작 활동은 지질학회가 지질조사소를 설립하기 위하여 정부와 협상을 벌이게 하였다. 1836년에 런던 지질학회의 회장 연설에서 라이엘은 그러한 협상을 성공적으로 이끈 특별 회원들을 알렸으며, 당시에 학회의 섭외 총무였던 베체(1796~1855)가 육지 측량부 산하의 새로운 지질조사소의 초대 소장이 되었다고 발표하였다. 베체는 영국의 남서부에서 몇 년 동안 연구를 수행했으며, 1834년에는 그의 동료들에게 깊은 인상을 남긴 데본의 지질도를 완성하였다.

1839년 콘월과 데본 및 서머싯의 지질 보고서가 출판되었다. 그는 여러 편의 중요한

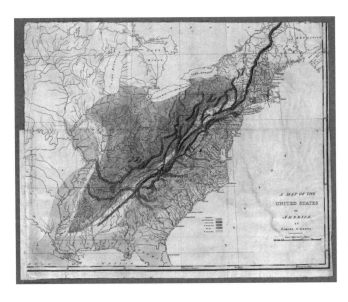

그림 7.3
1809년 매클루어에 의해 최초로
제작된 미국의 지질도

지질학 논문을 발표하였으며, 1831년에 출판된 **지질학 편람**은 프랑스어와 독일어로 번역되었으며 세계적인 호평을 받았다.

베체는 자력이 풍부한 소장이었으며, 그 후 20년 동안에 지질조사소는 확고한 기반을 구축하였다. 야외 지질학자들이 임명되었으며, 그들 중 일부는 후에 영국의 식민지에서 선구적인 지질 조사 활동을 수행하였다. 광산 학교가 설립되었고, 아일랜드와 스코틀랜드의 지질 조사가 1마일당 6인치의 축적으로 시작되었다. 1860년경에는 잉글랜드와 웨일즈에서도 지질 조사가 시작되었다. 1845년에는 지질조사소의 조직이 육지측량부 산하에서 나무, 숲, 지하자원, 공장 및 건물을 담당하는 영국 여왕의 제일 판무관의 산하로 바뀌게 되었다.

1851년에는 여왕의 남편에 의해 저민가 28번지에 박물관이 지어졌다. 박물관 건축에 쓰인 암석은 요크셔에 있는 안스톤의 돌로마이트질 석회암이었으며, 이는 웨스트민스터 궁전의 건축 때 사용된 것과 같은 암석이었다. 지질 조사로는 지질학의 경제적인 면을 많이 강조하였으며, 1855년 베체의 사망으로 머치슨이 1871년에 죽을 때까지 그 자리를 대신하였다. 그 후 램지(1814~1891)는 1882년부터 1901년까지 그 뒤를 이었으며, 1901년부터는 게이키가 지질조사소 소장직을 맡게 되었다.

해외에서 지질조사소 소장으로 활약했던 야외 지질학자로는 1842년에 캐나다의 선캄브리아기 암석 연구의 선구자인 로건(1798~1875), 1845년에 아일랜드의 제임스(1803~1877), 1850년에 인도의 죽스(J1811~1869)와 올드햄(1816~1878), 1869년에 뉴펀들랜드의 머레이(1810~1884), 1870년에 북부 퀸즐랜드의 잭(1845~1921), 1852년에 빅토리아의 셀윈(1824~1902), 1903년에 남아프리카 트렌스발의 키나스톤(1868~1915), 1920년에 로데시아의 마우페(1879~1946) 등이 있다.

한편으로, 많은 유럽 국가들에서는 영국의 이런 예와 1832년 발간된 부흐에 의한 독일 지질도, 1841년에 출판한 뒤프레노이와 보몽에 의한 프랑스의 지질도(그림 7.4)에 자극을 받아 자기 나라의 지질조사소를 세우기 시작하였다. 지질조사소는 스페인과 오스트리아-헝가리(1849), 바바리아(1851), 핀란드(1865), 이탈리아(1868), 헝가리(1869), 작센(1870), 프러시아(1872), 벨기에(1878)와 루마니아와 러시아(1880)에서 만들어졌다. 한국에

그림 7.4
1823년부터 1836년까지의 지질 조사와 5년간의 수정 작업을 거쳐서 1841년에 출판한 뒤프레노이와 보몽이 제작한 최초의 프랑스 지질도

서는 1918년 지질조사소가 만들어졌으며, 1928년 1:1,000,000 축척의 '조선지질도'가 발행되었다.

주 정부의 지질조사소는 영국의 경우보다 앞서서 일찍이 미국에서 만들어졌으며, 1830년에 매사추세츠 지질조사소가, 1831년에는 테네시 지질조사소가 만들어졌다. 연방 정부의 지질조사소는 1879년에서야 설립되었으나, 사실상 미국 남북전쟁 당시에는 거의 모든 주가 그들의 지질조사소를 갖고 있었다.

미국 지질조사소(USGS)는 미국의 경관, 천연 자원 및 자연 재해에 관한 연구를 수행하기 위해 설립되었으며, 생물학, 지리학, 지질학 및 수문학을 전공한 학자들로 구성되어 있다. 2009년 8,670명의 학자들을 중심으로 각 주의 지질조사소에서 활동하고 있다. 여러 가지 프로그램이 진행되고 있으며, 지진 재해, 화산 경보, 수자원, 기후 변화 및 U-(Th)-Pb 지질 연대학 등이 그중에서 활발하다. 전 세계의 지진 활동(그림 7.5)을 매 시간별로 감시하고 있다.

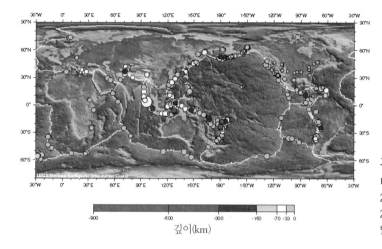

그림 7.5

미국 지질조사소가 관측한
2010년 4월 23일부터 5월
23일까지 전 세계적으로
발생한 지진 활동

깊이(km)

제8장

아가시와 다윈

세지윅과 머치슨이 스미스에 의해 확립된 기초와 방법에 따라서 하부 고생대 지층의 층서를 확립하는 동안, 그리고 초기 지질학회와 지질조사소가 만들어지고 있을 때, 지질학의 흥미는 두 사람의 젊은 탐구자들의 마음을 일깨웠다. 스위스 목사의 아들인 아가시(1807~1873)와 영국의 개업 의사인 로버트 다윈의 아들이며, 에라스무스 다윈의 손자인 찰스 다윈(1809~1882) 두 사람 모두는 그들의 부모로부터 의학 분야의 직업을 갖기를 권유받았다.

아가시는 취리히대학교에서 의학 박사 학위를 취득하였으나 초기를 제외하고는 거의 써먹지 않았으며, 다윈은 에든버러대학교의 의과대학에 입학했으나 케임브리지대학교에서의 신학에 흥미가 있어 의학을 포기하였다. 아가시는 젊은 천재였지만, 다윈은 놀기를 즐기는 편이었다.

그럼에도 불구하고 지질학에 입문하자, 두 사람 모두 새로운 미지의 분야를 불꽃처럼 개척하였으며 19세기 동안 지질학의 발전에 엄청난 공헌을 하였다.

1. 아가시의 빙하 연구

그림 8.1
스위스 출신의 미국의 고생물학자이며
빙하학의 선구자인 아가시

아가시(그림 8.1)는 학창 시절에 물고기 연구에 몰두했었는데, 의학 박사 학위를 취득하기 전까지도 브라질의 물고기에 대한 책을 완성하여 동물학자들로부터 매우 좋은 평판을 받았다. 졸업 직전 뮌헨 박물관의 감독자는 그에게 물고기 화석 시료의 기재를 맡겼다. 아가시는 파리에 있는 퀴비에에게 시료 기재에 대해 조언을 구했는데, 퀴비에는 나중에 그가 죽기 몇 달 전 그때까지 발표하지 않은 그 자신의 화석 시료를 아가시에게 제공하였다. 아가시는 이 시료들을 연구해 기재하고 출판하였다(1834~1844).

그러는 동안 그는 이미 어류 화석 연구의 권위를 인정받게 되어, 25세에 뉴샤텔대학교의 교수로 임명되었다. 아가시의 노력으로 밝혀진 증거들은 다윈이 진화론에서 사용한 것과 유사했지만, 그는 창조론을 믿었으며 일생 동안 다윈의 종의 변이에 대한 생각에는 반대하였다(Carozzi, 1983).

아가시를 지질학 연구로 급진적으로 변하게 한 것은 차펜티어(1786~1855)가 그에게 알프스의 빙하가 미아석(erratics)을 스위스의 평원으로 이동시킨다고 설명한 1834년 이후였다. 차펜티어는 1831년 최초로 빙하설을 루체른에서 공식적으로 보고하였고, 1841년 저서인 빙하에 대한 에세이(*Essai sur les glaciers*)를 발표하였다. 차펜티어의 이 연구는 빙하가 전에는 현재의 위치보다 훨씬 뒤에 있었다고 주장한 베네츠(1788~1859)의 1821년에 출판된 초기 논문에 기초한 것이었다. 베네츠는 여러 해 뒤에야 나온 논문(1861)에 이러한 생각을 다시 발표하였다. 아가시는 두 사람 모두를 알고 존경하였으나 그들의 발견에 대해 의심을 가졌다.

그러나 1836년에 아가시가 빙하와 더불어 6개월을 보냈고, 여러 증거들에 의해 확신을 갖게 되었다. 그의 나이 30세에 이미 그는 헬베틱 자연과학학회의 회장이 되었고,

그는 회장 연설의 주제인 새로운 논문을 발표하였다(1837). 그의 논문이 일으킨 반대파에 의해 자극되어 빙하와 빙하 퇴적물에 관한 연구 계획을 착수하였다. 이제 그의 지도 능력이 분명하게 드러나게 되었고, 그는 그의 주위에서 연구에 열성적인 사람들을 모았으며, 이들 중에는 그의 동네 친구인 린스의 에셔와 영국의 포브스도 포함되어 있었다. 10여 년 동안 빙하에 대한 연구는 그의 주요 관심 분야가 되었다.

이러한 빙하 연구를 하는 동안 아가시와 그의 동료들은 아르(Aar) 빙하에서 편암의 거대한 미아석과 맞닿는 곳에 '뉴샤텔 호텔'이라고 이름을 붙인 피난처를 만들고, 이를 베이스캠프로 삼아 빙하에 대한 모든 현대적 연구의 기초를 쌓았다. 이들은 빙하 내부에서의 온도 변화, 크레바스(crevasses)의 형성 과정, 빙하의 물리적 성질, 빙하의 두께, 빙하의 이동률, 얼음의 움직임에 따른 플러킹(plucking)과 암석 표면의 빙하 조선(striation) 및 연마(polishing), 빙퇴석(moraine)과 표석 점토(till)의 형성, 빙하성 하천(glaciofluviatile) 퇴적물의 확장 등에 대한 많은 연구를 하였다(Agassiz, 1840).

이전의 빙하기의 존재에 대한 그들의 발견들은 훔볼트에 의한 초기 의심과 부흐파의 불신에 직면하게 되었지만, 라이엘에 의해 열정적으로 받아들여지게 되었다. 그러나 라이엘은 처음에는 표력이 빙하의 속이나 표면에서보다는 빙하에 의해 들어 올려져 앞으로 운반된다고 생각하였다.

육지에서 빙하의 증거를 관찰한 버클랜드 역시 이러한 새로운 생각으로 바뀌게 되었다. 1834년, 1835년 그리고 1840년에 영국을 방문한 아가시는 에든버러의 변두리에서 빙하석(glaciated rocks)을 확인하였음은 물론 스코틀랜드의 하이랜드가 이전에 빙하로 덮였다는 증거를 설명하였다(Agassiz, 1840)(그림 8.2). 그는 글렌 로이

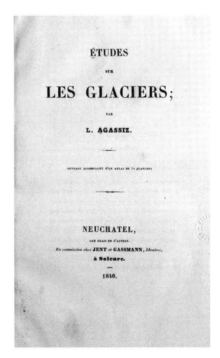

그림 8.2
아가시의 명저 *빙하의 연구*(1840)의 표지

의 평행한 도로가 빙하 때문에 형성되었다고 주장한 라우더의 견해를 확인하였다. 그러나 다윈은 이 평행한 도로가 바다에 의해 형성된 것이라고 주장한 바 있으나, 틴달(1820~1893)에 따르면 이것은 다윈조차도 실수하지 않을 수 없었다고 논평하였다.

당시의 많은 지질학자들은 오늘날 빙하 기원이라고 알려진 퇴적물이 대홍수에 의해 홍적층으로 쌓인 것이라는 생각으로부터 벗어나는 것이 너무나도 어려운 것이라는 사실을 알았다. 예를 들면 옥스퍼드대학교의 지질학 교수인 버클랜드가 1823년 **홍수의 유물**(*Reliquiæ Deluvianæ*)이라는 저서를 남겼으나, 1840년 그가 지질학회 회장 재임 시에야 홍수설로부터 완전히 벗어날 수 있었다. 심지어 '홍적층(diluvium)'의 진실한 기원이 수용되었을 때까지도 전에 빙상이 육지를 뒤덮었다는 것을 받아들이지 못하는 사람들이 있었다. 오히려 그들은 유럽이 바다로 덮여 있었고, 떠다니는 빙산이 해저 위에 얹혀 있을 때 암석 표면이 빙하 조선과 연마면을 만들었다고 생각하였다.

이러한 사람들은 빙산이 녹을 때에만 빙산에 실려 있던 빙퇴석과 미아석들을 퇴적시킨다고 생각하였다. 머치슨 자신도 유럽이 얼음으로 덮여 있었다는 가설을 수용하기 매우 꺼려하였다. 그는 주위의 저지대를 덮었던 이전의 알프스 빙하의 확장을 인정하는 것처럼 생각되었으나, 영국과 발트해의 나라들이 빙상 밑에 놓여 있었다는 것은 그의 견해로 볼 때 너무나 비현실적인 공상이라고 제안한 듯하다.

훔볼트의 도움으로 프러시아의 왕으로부터 하사금을 지원받은 아가시는 1846년에 미국을 방문하여 미국에서도 유럽에서처럼 빙하가 활동했었다는 증거를 발견하였다. 미국에서 여행과 강의를 한 후에, 그는 미국에서 가정을 갖기로 결정하였으며 하버드대학교에서 직장을 얻어 여생을 보냈다. 그는 계속해서 빙하 작용과 어류학(ichthyology) 연구를 하고, 하버드대학교에 비교동물학 박물관을 계획하고 발전시켰다. 게다가 그는 대학 내에서뿐만 아니라 바깥에서도 훌륭한 선생님으로 알려졌다.

사실상 그는 그의 강의에서 거의 100여 년 전에 프라이베르크에서 수성론자들이 갖고 있었던 성격의 어떤 자극적 분위기를 가지고 있었음이 분명하다. 그의 여러 연구 업적 중에서도 **어류 화석의 연구**(*Recherches sur les poissons fossiles*)(1833~1843)와 **빙하의 연구**(*Études sur les glaciers*)(1840)는 빼어난 과학의 고전이 되었으며, 그는 빙하 지질학의 창시자로 추앙받고 있다.

아가시는 뉴샤텔대학교의 지질학과에 귀중한 화석 수집품들을 남겼지만, 관심이 없고 척추동물 고생물학을 모르는 그의 후계자들은 이들을 가까운 호수에 처박아 버렸다.

고생물학자인 진네는 고생물학 분야에서 이러한 교양 없는 행동에 놀랐으며, 지질학자들과 함께 젊은 보조 연구원인 티바우드의 도움으로 이들 화석을 다시 건져내 목록을 만들고 다시 전시할 때까지 이들 화석은 호수 속에 처박혀 있었다.

2. 다윈의 종의 기원

링컨과 같은 날에 태어났고, 글래드스톤, 테니슨, 멘델손, 쇼팽과 같은 해에 태어난 다윈(그림 8.3)은 케임브리지의 광물학자이며 식물학자인 헨슬로, 그리고 세지윅과도 우정을 나눈 행운아였다.

1831년에 그는 북부 웨일즈의 야외에서 세지윅과 3주를 보냈으며, 이것은 그에게 결정적인 도움을 준 것이라고 나중에 말한 바 있다. 그는 겉으로는 대학에서 신학에 관한 서적을 읽었지만 자연사와 지질학에 흥미를 키워가고 있었다.

비글호의 선장인 피츠로이(1805~1865)가 남미 해안 부근에서 그와 동행할 자연사와 지질학에 관심을 갖고 있는 학자를 찾고 있을 때, 헨슬로는 그 자리에서 다윈을 강력하게 추천하였다. 그는 아버지인 로버트 다윈의 반대를 헨슬로와 그의 백부인 웨지우드의 도움을 받아 극복하고(Chancellor, 1873), 1831년 12월에는 집을 떠나 5년에 걸쳐 그에게 일생 동안 연구할 소재들을 제공하게 된 항해를 하였다.

다윈은 에든버러에서 제임슨의 나쁜 영향을 받아 지질학에 대한 정열을 잃었지만, 여전히 지질학에 대한 꿈을 품고 있었다. 세지윅의 열정에 대한 영향과 비글호의 여행 중 선상에서 읽었던 라이엘의 새로운 저

그림 8.3
종의 기원에서 진화론을 주장한 다윈

서인 **지질학의 원리**로 지질학에 대한 열정을 불태우기 시작했다. 다윈은 최근의 지구 표면의 융기의 증거를 관찰하여 라이엘의 생각들을 곧바로 확인할 수 있었다.

케이프 버드에서 다윈은 현재의 해수면보다 12m 높은 곳에서 현생 바다 조개들을 확인하고, 안데스를 지나면서 약 4,000m에서는 멸종한 굴에 해당하는 그리파이아(*Gryphaea*) 속을 발견하였다. 그리고 2,100m에서 관찰한 규화목 중에서 그는 해수면에서 번성하였을 것으로 생각되는 종류들을 발견하였다. 또한 컨셉션에서는 1835년에 그는 파괴적인 지진을 경험하고 이에 의한 지각의 융기를 관찰하였다.

브라질의 숲에서 다윈은 거대한 엉겅퀴가 지표면 잔디의 생장을 질식하게 하는 방법에 충격을 받고, 나중에 맬서스(1766~1834)의 다양한 힘을 가지고 모든 동식물계에 적용되는 생존 경쟁의 개념으로 생각하였다(1859).

갈라파고스에서 그는 인근 섬들에 살고 있는 거북과 같은 종의 거북을 관찰하였다. 이 섬들은 전에는 이어져 있었으나 강한 해류에 의해 거북이가 이주할 수 없도록 오랫동안 분리되었으며, 다윈은 각각의 섬에 서식하는 거북의 군집이 그들 고유의 독특한 형태적 변이로 진화하였다는 흥미로운 사실을 발견하였다. 그는 완전한 보고서를 작성하여 영국에 있는 라이엘에게 보냈으며, 라이엘은 이를 깊은 관심을 가지고 읽게 되었다.

영국으로 돌아온 다윈은 항해 기록의 세 번째 권을 썼으며(두 번째는 피츠로이가 썼음) 그의 책은 나중에 **비글호의 항해기**(*The voyage of the Beagle*)(1845)라는 이름으로 별도로 출간되었다. 그러는 동안 1838년에는 런던 지질학회의 간사가 되었으며, 그 후 몇 년 동안 산호초와 용융 상태 용암에서의 결정의 침강, 화강암 경계의 성질, 남아메리카 해안의 융기를 포함한 다양한 주제에 대해 많은 글을 남겼다.

다윈은 생물의 발달에 관한 자신의 생각으로 돌아와, 일찍이 1837년에는 종의 진화의 가능성을 고려하였다. 1842년에는 이 주제에 대해 사적으로 진술문을 작성하였으며, 사본을 그의 동년배 친구이자 식물학자인 후커(1817~1911)에게 보냈다. 우연히도 후커 역시 다윈처럼 어렸을 적에 여행을 하였으며, 후커의 경우는 남극 여행을 한 바 있다.

그 후 그는 4년 동안이나 지속된 히말라야 원정을 개인적으로 수행했으며, 후에 출판된 후커의 저서 **히말라야 저널**은 많은 정보를 제공하였다(1854). 후커에게 써 보낸 다윈의 생각은 **종의 기원**의 바탕을 이루었다. 그러나 이런 방향으로의 진전은 따개비에 대한 장기간의 전략적인 연구로 방해를 받았으며, 1854년에 이르러서야 그는 종의 기원에 대한 연구로 돌아왔다.

1858년에 다윈은 그의 책의 요지를 썼으나, 그해의 중반에 그는 말레이에서 알지 못하는 젊은 학자 월리스(1823~1913)로부터 논문을 받게 되었는데, 이는 그 논문의 출판을 위한 다윈의 견해와 논평을 요구하는 것이었다. 이 논문은 다윈이 오랫동안 연구해 온 것과 같은 근거를 포함하고 있었으며 동일한 결론을 내리고 있었다.

월리스는 교육과 경험, 그리고 사물을 생각하는 방법 등은 거의 모든 점에서 다윈과 유사하였다. 다윈보다 14살 젊은 월리스는 아마존 유역과 말레이 군도에서 탐험을 하였으며, 라이엘의 **지질학의 원리**와 맬서스의 **인구론**을 읽고 깊은 감명을 받았다. 즉, 지구의 나이가 수백만 년 이상이며 긴 시간 동안 매우 천천히 생물과 함께 변해 왔으며, 생물은 생존을 위한 투쟁에서 잘 적응하는 것만이 살아남는다고 생각하였다. 다윈과 월리스가 진화에 관하여 거의 똑같은 생각을 갖고 있었다. 이것은 과학사에서 가장 놀라운 우연의 일치로, 서로 전혀 관계없이 동일한 책을 읽고 동일한 결론에 도달한 역사상 가장 놀라운 사건이었다.

다윈은 괴로운 나머지 후커와 라이엘의 조언을 구했으며, 그는 라이엘에게 "월리스와 다른 사람들이 내가 비열한 마음을 가지고 행동했다고 생각하게 하느니 나의 모든 책을 불태워 버리겠다"라고 편지를 쓴 바 있다. 라이엘은 공동 연구 논문을 권고하였고, 이것은 받아들여졌다. 이 공동 논문은 린네 학회에서 발표되었으며, 젊은 자연과학자에 대한 다윈의 너그러운 아량은 두 사람 사이에 지속적인 우정의 근거를 마련하였다.

그러나 1859년 말엽에 출판된 다윈의 **종의 기원**(그림 8.4~8.5)은 대단한 화제가 되었으며, 모든 논평 중에서도 오직 런던 타임스에 실린 헉슬리의 것만이 긍정적인 지지였다. 라이엘조차도 애매한 입장이었으며, 세지윅은 다윈의 이론을 "짐승같이 잔인한 인간성(brutalise humanity)"이라 논평하였다. 많은 증거에도 불구하고, 멀리 떨어져 있는 말레이의 정글에 있던 월리스는 거의 두려운 마음으로 받아들였다.

다윈은 그의 **종의 기원**에서 인류의 기원에 대한 것은 다루지 않았으며, 단지 인류의

그림 8.4

1859년에 출판된 다윈의 *종의 기원*의 표지

기원에 대한 실마리가 보이게 된다고 제안하였다. 그러한 추측은 명백하였으나 종의 기원은 종교계의 심한 반발을 불러 일으켰다.

오래 전에 태양계의 태양 중심 개념으로 후퇴하였고, 또한 극히 최근에는 전 지구적인 홍수에 대한 그들의 믿음을 바꾼 바 있는 19세기의 신학자들은 이제 창세기에 기록된 바처럼 하나님의 섭리대로 인간이 창조되었다고 하는 그들 믿음의 실제 기초가 깎여나가게 되는 것을 느끼게 되었다.

그들은 인간의 육체는 인간의 육체가 영혼의 전달 수단이 될 수 있는 단계로 진화하였다는 생각을 묵인할 수 없었다. 심지어 20세기 중기까지도 그와 같은 보수적인 성향은 예수교 고생물학자였던 샤르댕(1881~1955)으로 하여금 자신의 진화 사상을 발표하지 못하게 금지하였으며 그의 논문은 그의 사후에야 출판되었다(1960).

다윈 시대의 감정은 150여 년이 지난 오늘날 후세 창조론자들이 가지고 있는 어느

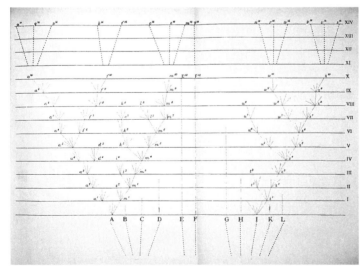

그림 8.5

종의 다양성을 나타내기 위해 사용한 계통수는 다윈의 *종의 기원*에서 유일하게 그려진 삽화이다.

반대보다도 격심한 것이었다. 1860년 옥스퍼드에서 개최된 영국 연합회의 유명한 공개 토론에서, 윌버포스(1805~1873) 주교는 그 주제에 대한 과장되고 감정적인 연설의 결론으로 헉슬리(1825~1895)(그림 8.6)에게 헉슬리 자신의 혈통이 원숭이로부터 어머니를 통해 이어진 것인지, 아니면 그의 할아버지로부터 내려온 것인지를 질문하였다. 헉슬리는 이에 대해 주교의 잘못된 논증을 어렵지 않게 허물어뜨렸으며, 그는 만약 자신이 선택권을 갖는다면 선조로 주교보다는 원숭이를 선택하겠다는 말로 끝을 맺었다.

그림 8.6
다윈의 진화론을 지지한 영국의 고생물학자 헉슬리

이 토론은 피츠로이가 종의 기원의 사본을 공중에 팽개치면서 혼란에 빠졌으며, 그러는 동안 토론의 좌장이었던 헨슬로는 질서를 찾으려고 노력하였으나 무위로 그치고 말았다.

다윈은 건강의 악화로 다운 근처의 시골집을 떠날 수 없게 되어 그 회의에 참석하지 못했으며, 장기간의 논쟁을 거친 후 헉슬리는 진화에 대한 이러한 생각을 갖는 유능한 주인공 역할을 수행하였다.

저명한 비교 해부학자이며 남미로부터 수집한 다윈의 화석들을 기재하여 비글호 항해기의 동물학(*The zoology of the voyage of H.M.S. Beagle*)(1840)이라는 책으로 출판한 바 있는 오웬(1804~1892)은 종의 기원에 대한 다윈과 헉슬리의 생각을 받아들이지 않았으며, 옥스퍼드 회의에서 반대 입장에 있었다.

다윈은 물론 종의 상호 관계에 대한 생각을 최초로 가진 사람은 아니었다. 일찍이 1801년에 라마르크는 '인간을 포함한 모든 종은 다른 종으로부터 나왔으며, 모든 변화는 기적적인 조정이 아닌 자연 법칙의 결과'라는 개념을 주장한 바 있었다. 심지어는 18세기 말엽에도 이미 8년 동안 브라질에서 수많은 식물, 조류, 곤충, 파충류, 어류 및 광물 등을 수집한 바 있는 생틸레르(1779~1853)를 포함한 다른 사람들은 이와 같은 방향의 생각을 갖고 있었다.

1844년에 창조의 자취(*Vestiges of creation*)라는 책이 익명으로(저자는 나중에 체임버스로 확인되었음) 출간되었으며, 이 책에는 점진적이고 미세한 변화에 의하기보다는 갑작스러운 도약의 상태로 적응이 일어난다고 제안하였다. 그 당시의 일부 고생물학자들의 일반적인 태도는 애매하였으나, 종의 변이에 대한 찬성을 주장하고 변종과 종 사이의 유사성뿐만 아니라 태아와 가축으로부터의 증거를 언급한 스펜서(1820~1903)의 견해에 대해서는 의심의 여지가 없었다. 더욱이, 다윈의 종의 기원이 출판되기 전에 헉슬리와 후커 두 사람은 특수 창조설(Theory of Special Creation)을 비난한 바 있었다.

한편 체임버스의 창조의 자취는 밀러(1802~1856)로 하여금 창조자의 발자국(*Footprints of the creator*)(1847)이라는 책을 출판하게 함으로써 특수 창조설의 방어를 위한 대답을 하게 하였는데, 그 이유는 그가 화석의 기록은 창세기 이야기의 진실을 확신시켜주어야만 한다는 것을 매우 걱정스럽게 염려하였기 때문이다.

지질학에 대한 밀러의 커다란 관심과 열정적인 흥미는 채석공으로서의 그의 작업으로부터 생겨났으며, 이것은 그로 하여금 올드 레드 샌드스톤과 이에 포함된 어류 화석에 관한 연구를 수행하게 하였다(1841). 올드 레드 샌드스톤에 대한 그의 연구는 권위 있는 지질학 문헌이 되었다.

그의 연구 방식은 명료하고 설득력이 있었으며, 많은 그의 독자들에게 지질학의 흥미를 불러일으켰다. 이들 중에는 매우 대조가 되는 분야에서 국가적인 거물이 된 게이키(1835~1924)와 맥도날드(1866~1937)도 포함되어 있었다.

다윈은 종의 기원에서 맨 처음에 종의 변이에 대한 개념을 개척한 사람들의 연구를 인정하였으며, 그다음에 포괄적이고 조심스러운 방식으로 진술을 스스로 발전시켜 나갔다. 그의 지질학적 기록의 불완전함을 강조하였지만, 지질학적 기록을 광범위하게 끌어들였다. 그는 매우 두꺼운 퇴적층이 수많은 화석을 포함하고 있는 침강 지역의 중요성을 지적하였는데, 그 이유는 그러한 지역에는 점진적인 변화를 연구하는 데 필요한 충분한 여지가 있었기 때문이다. 그는 자연 선택과 적자 생존의 증거가 어떻게 화석 기록으로부터의 정보에 의존하는지를 밝혔으며, 또한 그는 화석 기록에 관한 지식이 증가할수록 종의 변이설이 힘을 얻게 된다고 믿었다(그의 이러한 믿음은 그 후 100여 년 이상 옳았음이 충분히 증명되었음).

　이러한 점에서, 멘델(1822~1884)의 연구는 가장 중요하다. 멘델은 '외롭고, 잘 알려지지 않은 천재(Kruta & Orel, 1974)'로, 1860년대에 잡종 교배로 과학적 공헌을 했지만, 잘 알려지지 않아서 1900년대에야 재발견되었다. 비록 그렇다고 해도 그의 논문이 자연 선택설이 의존하는 동물과 식물의 변이에 대한 메커니즘을 설명한 것은 여러 해 전이었다.

　인류의 역사가 특별하게 취급되기 전에 종의 기원이 출판된 지 10여 년이 지났으며, 결국 1871년에야 다윈은 그의 인간의 가계(*The descent of man*)를 출판하였다. 기초 근거가 잘 준비되었기 때문에 이 새로운 책은 종의 기원 때처럼 격심한 감정을 일으키지는 않았다 (그림 8.7).

　그럼에도 타임스는 그것은 그러한 새로운 생각들이 영국 학교에서 초등 교육처럼 자유롭게 발전될 때 의구심은 하나님이 주신 인간의 지위에 의지되어져야 한다는 죄악을 예감하게 한다는 논평으로 책의 출판을 소개하였다. 다윈은 계속해서 인간과 동물에서의 감정의 표현(*Expressions of emotion in man and animal*)(1872), 식충 식물(*Insectivorous plants*)(1875), 식물에 있어서의 움직이는 힘(*The power of movement in plants*)(1880) 및 지렁이(*The earthworm*)(1881)를 저술하였다.

　다윈이 죽은 직후에 출판된 그의 종의 기원 최종판에서, 다윈은 그의 동료 과학자들이 본의가 아니라 마지못해 어느 한 종이 다른 종으로 바뀌는 것을 인정한다고 언급하였다. 그리고 그는 망설이게 하는 주된 장애물은 "인간의 지성이 100만 년조차의 완전한 의미도 파악할 수 없고, 또한 거의 무한대의 세대 동안에 누적된 많은 작은 변이들의 완전한 효과를 합산할 수도 없으며, 지각할 수도 없다는 것"이라고 주장하였다. 그럼에도 미래에 대한 확신을 갖고 그는 편견 없이 의문의 양면을 검토할 수 있을 떠오르는 젊은 자연 과학자

그림 8.7
1871년 *인간의 가계*의 출판에 따른 캐리커처는 진화론의 선두 주자로서 그를 인기 있는 문화로 동정하여 유인원의 몸을 갖는 다윈을 전형적으로 나타내었다.

들을 기대하였다.

다윈은 플라톤의 **공화국**에서의 가디언의 경우처럼 그리고 지질학의 수많은 다른 선구자들처럼 그의 물질적 상황이 그로 하여금 먹고살기 위한 생각을 하지 않고, 생각을 키우고 발전시킬 수 있는 기회를 제공한 상상력의 천재였다. 다윈은 그의 관점에서 증거가 실질적으로 그것을 입증하는 것처럼 보이기 전에 이론을 정립하기 위해 마지못해 허턴과 함께 일했다.

다윈과 월리스에게 라이엘은 시간을 선물로 주었으며, 만약 시간이라는 선물이 없었다면 종의 기원은 없었을 것이다. 언제인가 다윈은 그의 책 절반이 라이엘의 머리에서 나왔다고 고백하였다(Eisely, 1959).

라이엘과 같은 직관적 재능을 갖춘 사람은 다른 사람들의 일을 요약하고 새로운 원리를 발전시키는 일을 하지만, 다윈과 같은 소수의 사람은 원리들을 주장하고 연구를 수행하였다. 런던 지질학회에서의 그의 서거에 대한 조사에서 지질학회 회장은 다윈을 '번득이는 지성과 보기 드문 고귀한 성격, 그리고 진리를 가장 사랑하는 마음을 갖춘 사람'으로 설명한 바 있다(Hulke, 1883).

다윈은 잠재적인 엄청난 양의 묻혀 있는 증거들을 가지고 지질학적 기록을 논하면서, 그는 "모든 살아 있는 생명체들은 캄브리아기보다 훨씬 전에 살았던 생물의 직계 후손들이기 때문에, 세대로 이어지는 정상적인 연계는 한 번도 깨진 바 없으며, 어떠한 지각 변동도 전 세계를 황폐화시킨 바 없다는 것을 우리도 확신할 수 있다"라는 이전의 덜 진보적인 시대에 그가 이해한 혁명적인 생각을 갖고 있었다.

1882년 다윈이 죽자 그는 라이엘처럼 웨스트민스터 성당에 묻히게 되었다. 그의 관을 잡고 따라가던 사람 중에는 후커, 헉슬리, 월리스, 왕립학회 회장, 미국의 성직자인 더비 그리고 데본셔와 아가일의 공작들이 포함되어 있었다. 라이엘처럼 그의 이름 역시 대성당의 마루에 놓인 그의 묘비에 기록되어 있다.

제9장

산맥의 정복

알프스와 스코틀랜드는 지질학적으로 가장 구조가 복잡한 것으로 알려져 있다. 소쉬르와 머치슨의 활동이 있은 후, 에셔와 하임에 의한 알프스에 대한 연구가 있었고, 피치와 혼에 의하여 스코틀랜드에 대한 연구가 이루어졌다. 구조지질학의 교과서에서 보여주는 스러스트와 냅 등이 알프스와 스코틀랜드에서 밝혀지게 되었다. 미국에서는 로저스 형제에 의해 애팔래치아에 대한 연구가 수행되었고, 홀의 뉴욕의 고생물학과 대너의 광물학과 지향사설이 발표되었다.

1. 알프스의 개척자

스위스에서 수행된 지층에 대한 충서학적 연구는 이해할 수 없는 알프스 구조의 문제에 부딪히게 되었다. 1796년에 소쉬르는 그의 알프스의 여행기(*Voyages dans les Alpes*)에서 암석의 형성에 있어 압축 운동을 가정하였다.

　1812년 스코틀랜드에서 홀 경은 남부 하이랜드의 암석에서 나타나는, 동일하게 경

그림 9.1

스투더와 함께 찬사를 받는 스위스의 지질을 출판한 스위스 지질학의 개척자 에셔

사진 양상의 기울어진 습곡은 실험실에서 수평의 압력으로 재현할 수 있다는 것을 일련의 실험을 통해 보인 바 있다.

그러나 이제는 최초로 횡와 습곡의 형태가 야외에서 실제적으로 드러났다. 이러한 개념은 허턴의 부정합의 발견과 스미스가 화석이 층서의 열쇠라는 것을 인식하는 것과 같은 혁명적인 것이었다.

알프스에서의 이러한 발견을 한 연구자는 취리히 대학의 교수인 에셔(1807~1872)(그림 9.1)이다. 에셔는 매우 키가 큰 사람으로 책상이나 강의실 의자보다는 높은 알프스에서 훨씬 쉽게 산을 조망하는 데 경쟁자가 없을 정도였다.

에셔는 논문을 거의 출판하지 않았으나, 쥐스에 따르면 그의 논문 출판에 대한 부족한 열정은 높이 솟은 알프스 정상에 서서 지질을 설명한 것으로 완전히 보충되었다고 한다. 그와 동포이고 절친한 친구이며 베른대학교의 교수였던 스투더(1794~1887)는 스위스 알프스의 층서의 많은 문제점을 해결하였다. 스투더 자신은 알프스의 층서에 많은 논문을 남겼으며, 그의 대표적인 저서로는 1851~1853년에 출간한 스위스의 **지질**(*Geologie de Schweiz*)이 있다.

1830년대 중에 스위스 글라루스주의 취리히 남서쪽에 있는 산악 지방에 대한 에셔의 층서학적 연구는 린스, 서른프 및 세즈 강의 상류에 노출된 제3기 전기 플리시가 남쪽과 북쪽에서 모두 2,000m 두께의 고기 암석에 의해 덮인 것을 밝히고 있다.

에셔의 아버지인 한스 콘라드 에셔(1767~1823)는 선구자적인 지질학자였으며, 그는 이미 1809년에 이러한 지층의 역전 사실을 발견했으나, 부호에 의해 자신의 발견 결과에 대한 연구를 단념하게 되었다.

이러한 고기의 암석들은 오늘날 베루카노로 알려져 있는 페름기의 적색 쇄설성 퇴적층이며, 정상적으로 놓인 지층의 경우 이들은 트라이아스와 리아스의 500m 두께의 퇴적물이 위에 놓이게 된다. 사실 베루카노는 북쪽의 후스톡(2,610m) 산과 남쪽의 세그네스 고개 위의 사우렌스톡(3,054m) 산을 포함한 다양한 산정을 이루고 있다. 이러한 산들 사이에 플리시로 이루어진 저지대가 위치한다. 고갯마루 자체는 플리시 내에 마틴의 구멍(Martinsloch)으로 알려진 천연 터널이다.

1841년에 에셔는 그 지역에 대해 기술한 것을 출판하였는데, 여기에서 그는 상상력이 덜 풍부한 스투더가 믿을 수 없는 것으로 여겼던 결론인 고기의 암석인 베루카노가 대규모의 과습곡(overfold)의 형태로서 새로운 암석 위로 밀고 올라가 스러스트(thrust)를 형성하였다는 생각을 발표하였다.

1846년에 에셔는 지질도와 지질 단면도를 포함한 논문을 발표하였으며, 2년 후에는 신중했던 머치슨을 그 지역으로 안내하였다. 수년 전 아가시와 함께 빙하를 관찰했던 버클랜드처럼, 이러한 관찰로써 머치슨은 에셔가 보여주었던 사실에 의해 확신하게 되었다. 그는 에셔가 자료들을 해결한 전문적인 공로를 갖는다는 사실을 인정하였고, 그는 런던 지질학회의 쿼터리 저널(1849)에 보고서를 발표하였다.

아마도 스러스트 면이 후스톡 아래에서 북쪽으로 경사지는 반면 남쪽에서는 남쪽으로 경사졌기 때문에, 그리고 그가 수평 운동의 규모를 축소하기를 열망했기 때문에 의심이 많아 믿지 못하는 동료들이 받아들이게 하기 위해 에셔는 이중 습곡(double fold)을 제안하였다. 그는 이것을 북쪽으로부터 플리시 위로의 스러스트로, 그리고 남쪽으로부터의 거울에 반사된 것 같은 미러 스러스트(충상 단층, thrust)로 생각하였다.

결국 이러한 새로운 개념에 대한 야외에서의 증거는 매우 분명하고 확실한 것으로 드러났기 때문에 에셔의 안내에 따라 글라루스 이중 습곡은 곧바로 지질학의 세계에 받아들여지게 되었다. 에셔의 발견은 베루카노와 그 하부의 플리시가 나타나는 서른프 강의 하류 제방의 노두에 붙여진 장식판에 새겨져 있다. 두 지층이 만나는 곳은 가끔 흰 눈이 쌓이는 산 위에서도 볼 수 있다. 글라루스에서 그가 설명하였던 대규모의 수평 운동은 그가 주장한 바처럼 알프스 전체에 걸쳐 나타날 수 있으며, 이것은 머지않아 사실로 확인되었다.

19세기의 나머지 기간 동안 지층 연구를 위해 정신적으로 무장되고, 빙하 기원의 노출된 암석을 이해하는 데 물리적으로 숙련된 알프스의 지질학자들은 그들이 직면한 엄청나게 복잡한 지질 구조를 서서히 밝혀내었다. 또한 커다란 진전은 그 지역에 대한 지질도가 만들어짐으로써 이루어지게 되었다. 불의의 등반 사고로 생을 마감한 게라크(1821~1871)는 페닌 알프스 지역의 지질을 광역적으로 조사하였으며, 안티고리아 습곡에 대해 연구하였다(Gerach, 1869). 리히트호벤(833~1905)은 동부 알프스의 거대한 과습곡을 연구하였으며(1860), 알프스 산맥 내에서 헤르시니안 암괴의 동일함을 확정하였다.

리히트호벤은 알프스 지역 이외에도 독일, 동아프리카 그리고 미국 등을 광범위하게 여행하였으며, 지질학에 지대한 공헌을 하였다. 예를 들자면, 그는 황토(loess)의 성인을 발견하였으며, 대표적인 참고 문헌이 된 중국에 관한 책을 집필하였다. 더욱이 그는 세계 도처에서 나타나는 선상의 용암 분출에 대해 '열극 분출(fissure eruption)'이라는 명칭을 처음으로 사용한 바 있다.

취리히대학교에서 에셔의 제자이고, 그의 후계자인 하임(1849~1937)(그림 9.2)은 1878년 산맥의 형성에 관한 책을 출판하였으며, 이 책은 그 당시까지의 성과를 종합한 것이었다. 하임은 후에 스위스의 지질이라는 세 권의 책을 출판하였다(1919~1922).

이것은 지질도와 아름답게 창작된 지질 구조 단면들을 포함한 매우 인상적인 출판물이었다. 그의 초기 연구는 글라루스 이중 습곡의 완전한 기재를 포함하고 있으며, 에셔의 연구에 덧붙여진 하임의 권위의 중요성은 반대로 놓인 두 개의 횡와 습곡에 대한 글라루스 설명이 지질학의 위대한 선구적 개념들 중에 견고하게 확립되었다는 것을 확신시킨 것으로 생각된다.

한편, 1879년에 고슬레(1832~1916)는 프랑스−벨기에 탄전의 일반적 지질 구조에 대한 논문을 발표하였는데, 그는 이 논문에서 압축력을 받은 지역에서는 그 효과가 마치 밀거나 전진에 의한 것처럼 반대되는 두 방향이라기보다는 반드시 한 방향으로 나타난다고 설명한 바 있다. 젊은 프랑스인으로 고슬레보다

그림 9.2
스위스 지질조사소 소장과 스위스 취리히대학교 지질학 교수이며 스위스의 지질을 저술한 스위스의 지질학자 하임

몇 년 전에 지질학에 입문한 베르트랑(1847~1907)은 고슬레의 학설에 감명을 받았다. 사실상, 동일한 생각이 1875년 쥐스(1831~1914)에 의해 **알프스의 기원**(*Entstehung der Alpen*)이라는 책에서 발표되었으며, 이것은 프로방스에서의 알프스의 지질 구조에 대한 베르트랑 자신의 야외 관찰을 확증한 것이었다.

그는 글라루스 이중 습곡에 대해 논의하였으며(당시까지는 아무도 이에 대한 생각을 하지 않았던 것으로 생각됨), 야외에서 증거를 전혀 검토한 바 없는 상태에서 그는 남쪽에 그 뿌리를 가진 단일 횡와 습곡으로 글라루스에 대한 재해석을 제안하였다. 이러한 제안은 1884년에 출판되었는데, 처음에는 모욕과 경멸을 받았으며 경험이 없는 관념적인, 특히 젊은 비평가들은 야외 지질학자들 사이에서 인기가 없었다. 하임 자신은 조용히 침묵을 지켰다.

그러나 쥐스는 베르트랑이 옳다는 것을 믿었으며, 이것은 그가 취리히에서 스위스 지질학자에 개인적으로 접근하는 기회를 찾기 몇 년 전이었다. 그 후 그는 하임에게 새로운 다른 설명이 더욱 합리적인 것이고, 이것은 알프스 냅(nappes)의 북쪽으로의 이동에 대한 일반적 설명에 적합한 것이라고 납득하는 데 성공하였다.

1902년에 쓰인 편지에서 하임은 베르트랑의 해석이 올바른 것임을 관대하게 인정하였다. 따라서 에서에 의해 확고하게 다져진 기초에 세워진 알파인 텍토닉스(Alpine tectonics)의 원리는 확립되어졌다.

알프스 지질 구조의 해석에 대한 또 다른 현저한 진전은 샤르트(1858~1931)가 프리-알프스에 대한 연구를 시작함으로써 이루어졌다. 일찍이 1830년대에 스투더는 이들 지질 구조의 층서를 규명하기 위해 이리저리 머리를 짜낸 바 있으며, 그들이 주변 지역의 암상과는 아주 다른 암상을 갖고 있다는 사실을 알아냈다.

그는 이들을 주 알파인 암괴와는 분명히 다르고, 프랑스에서 아브로부터 론까지 '샤블리 프리 알프스', 그리고 스위스에서 론으로부터 턴 호수까지 '로만데 프리 알프스'에 걸쳐서 분포하는 전에 있었던 광범위한 산맥의 잔유물이라고 생각하였다. 더욱이 스투더는 이러한 기존의 산맥을 이루는 암체의 침식물로 생각한 외래 기원의 자갈을 프리 알프스의 플리시 내에서 기록한 바 있다.

그러나 프리 알프스의 비밀은 그것이 이 새롭고 복잡한 지역으로 그의 관심이 돌아가기 전에, 덩 듀 미디의 횡와 습곡에 대해 연구한 샤르트에 의해 밝혀질 때까지 해결되지 않은 상태로 남아 있었다(그림 9.3). 프리 알프스에서 그는 베르트랑의 생각인 '냅 드 르끄르망(nappe de recouvrement)'을 응용하였으며(1884), 나중에 상세한 연구로써 잘 기초된 것으로 밝혀진 텍토닉스(tectonics)의 새로운 해석을 소개하였다. 샤르트의 이론은 침식에 의해 고립된 뿌리 없는 산 또는 '클리페(klippe)'인 냅(nappe)의 거대한 연속체들이 하나하나 누적되어 하부 그룹은 고석회질 냅(High Calcareous nappe)의 그레이트 알파인 습곡이 서쪽으로 확장된 것을 나타내고, 반면에 중부와 상부 그룹은 각각 페닌과 오스트라이드 냅이 서쪽으로 확장된 것을 나타낸다는 것을 그리고 있다.

그는 암상의 차이에 따라 이 냅들을 하나씩 구별하였으며, 스투더의 생각에 따라서 하부에 놓인 플리시 안에 있는 외래 기원의 자갈들을 전진하는 냅으로부터 깨져 나온 쇄설물로 설명하였다. 클리프에서 발견된 거대한 스러스트 암괴들의 운동을 논의하면서, 그는 이러한 암괴들이 지반이 미끄러질 때 경사면을 따라서 그들의 자체 무게에 의해 앞으로 밀린 것이라고 제안하였다. 이러한 중력에 의한 미끄러짐의 개념은 레이어(1883)에 의해 알려지게 되었으며, 이는 산의 습곡 운동의 흔한 양상으로 여겨지게 되었다.

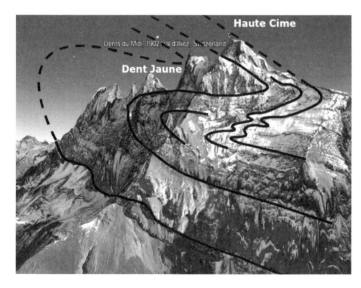

그림 9.3
횡와 습곡 구조를 보여주는 스위스의 덩 듀 미디 산의 눈 덮인 전경(Battsta Matasci et al., 2015)

이것은 수년 전에 베르트랑에 의해 주장된 것보다 훨씬 거대한 북쪽으로의 운동을 필요로 하는 새로운 개념이었다. 이것은 처음에는 루전(1870~1953)을 포함한 많은 알프스 지질학자들에 의해 수용되지 못했으나, 결국에는 야외 증거의 힘으로 진실임이 입증되었다. 알프스 지역에서 샤르트의 견해를 확장시킨 지질학자들 중에는 루전 자신과 아르강(1879~1940)이 포함되어 있었다. 아르강이 발견한 페닌 알프스에서의 과습곡의 증거는 심플론 터널을 만드는 동안에 얻어진 자료에 의해 충분히 확증된 바 있다(1911).

테르미에(1859~1930)는 서부 알프스에서 발견된 지질 구조면이 동부 알프스까지 계속 연장된다는 것을 주장하였다. 더욱이 그는 카르파티아, 스페인, 코르시카 및 모로코까지 그의 연구를 확장하였다. 그는 과학자뿐만 아니라 시인으로서의 눈을 가지고 알프스 습곡과 스러스트를 조망하였다고 전해진다(Garwood, 1931). 이들 알프스 지질학자들의 연구는 알파인 텍토닉스에 대한 하임의 전반적인 조사로 이어졌으며, 이러한 발견들의 결과는 마제리(1946)에 의해 정리된 바 있다.

2. 스코틀랜드의 개척자

스코틀랜드의 내과 의사였던 매컬로흐(1773~1836)는 아마추어 지질학자였으나 나중에는 공식적인 지질학자로서 영국 삼각측량 조사소의 소장직을 수행하였다. 매컬로흐는 지질학적 연구의 초창기에 지속적인 공헌을 하였다. 그는 최초로 스코틀랜드의 웨스턴 제도와 부근의 육지에 분포한 거대한 기저 편마암을 기록하였다(1819). 그는 노출된 암석이 편마암, 편암 또는 사암인지에 따라서 이들 섬을 구분하였다. 그는 북서 하이랜드에 두껍게 발달한 적색 사암이 편마암 위에 부정합으로 놓이며, 사암 자체는 석영암(quartz rock)과 석회암에 의해 덮인다고 보고하였으며, 부수적으로 그는 석영 사암에서 벌레에 의해 만들어진 튜브를 발견한 바 있다.

20년이 지난 1841년에 커닝햄은 매컬로흐의 발견을 확증하였으며, 또한 석영암과 석회암 지층 위에 놓인 '상부 편마암(upper gneiss)'의 존재를 보고하였다. 이 연구의 뒤를 이어 피치(1800~1886)는 1854년에 석회암에서 화석을 발견하였으며, 이 화석들은 머치슨과 애버딘의 니콜(1810~1879)에 의해 동정되어 실루리아기(Silurian)로 지질 시대가 알려지게 되었다.

머치슨은 1827년 세지윅과 함께 북서 하이랜드를 간단히 방문하였고, 니콜과 함께한 두 번째 방문은 그의 흥미를 몹시 자극하여 한 계절 내내 연구를 수행하고 돌아오게 되었다. 그는 하부로부터 기반암인 웨스턴 편암(Western Schist, 캐나다의 로렌시안에 해당됨), 그 위에 놓인 캄브리아기의 사암(매컬로흐의 적색 사암, 후에 선캄브리아기의 토리도니아(Torridonian)으로 밝혀짐), 석회암층 위에 놓인 상부 규암(매컬로흐의 석영암과 석회암)을 포함한 실루리아기 암석, 마지막으로 운모 편암, 플랙스톤(flagstone) 및 젊은 편마암(younger gneiss)으로 이루어진 층서를 연구 결과로 발표하였다(Murchison, 1855).

그러는 동안 니콜은 두 가지 점에서 머치슨의 발견을 반박하는 관찰 결과를 발표하였다(1861). 그는 첫째로 상부 규암은 존재하지 않으며, 둘째로 그렇게 분명한 정합적 혹은 대칭적인 층서는 발견되지 않으며, 단지 이러한 정합적인 지층들의 경계는 분명히 '단층선'이라고 주장하였다. 이러한 층서의 해석을 발표하면서, 그는 글라루스 운동(Glarus movement)에 대한 머치슨 자신의 기재를 언급하였다. 추가하여 변성 작용을 받지 않은 퇴적암 위에 놓인 변성암의 존재를 설명할 수 있는 다른 합리적인 이론이 부족하며, 오로지 가능한 설명은 오버스러스트(overthrust)임에 틀림없다고 하였다. 두 사람과 그리고 두 사람의 추종자들 사이에 날카로운 대립이 일어났으나, 지질학자들 사이에서의 머치슨의 권위 때문에 그의 생각은 그 후 15년 동안 그리고 심지어는 그의 사후 몇 년 동안까지도 우세하게 널리 보급되었다.

이 문제는 1870년대 말과 1880년대 초에 증거를 검토한 후 니콜의 생각을 지지한 힉스, 보니, 허들턴 및 캘러웨이에 의해 다시 제기되었다. 이것은 랩워스로 하여금 상세하게 지질 조사를 한 바 있는 더니스와 에리볼 지역에서 1882년과 1883년 두 차례에 야외 조사를 하게 만들었다. 랩워스 역시 그 곳에서는 상부 규암이 존재하지 않으며, 스러스트가 동부 편암(eastern schists)과 석회암을 갈라놓는다는 니콜의 견해를 확인하였다.

1882년 이후 영국 지질조사소의 소장이었으며 1860년에 머치슨과 함께 그곳을 방문하였던 게이키(1835~1924)는 이들 후자의 해석을 계속해서 지지하였다. 그는 특히 부지

런한 랩워스의 연구 입장에서 지질조사소 지질학자들이 북서 하이랜드의 암석을 다시 조사하여야만 한다고 결정하였다. 피치의 아들인 벤 피치(1842~1926)와 혼(1848~1928) 두 사람이 기초 예비 조사를 수행하게 되었다.

오랫동안 지속된 논란을 해결한 랩워스의 공헌은 결정적으로 중요한 것이었다. 여러 논문들에서(1883), 그는 한 세트의 지층이 다른 세트의 지층보다 오

그림 9.4
영국 지질조사소의 지질학자로서 스코틀랜드 지질학을 개척한 벤 피치와 혼. 1834~1837년 북서 하이랜드의 지질학적 구조를 규명한 후 남부 스코틀랜드 어신트의 작은 마을에 위치한 인치나댐프 호텔 밖에서 찍은 사진

래되기도 하고 젊게도 나타나는 심하게 습곡을 받은 지역에서 층서에 대한 법칙을 적용할 때 제기되는 층서학적 문제점들을 강조하였다. 그는 하임(1878)이 설명하였던 것과 같이 역전된 날개(limb)를 갖고 있는 습곡의 그림을 인용하였으며, 지질조사소 지질학자들이 문제 해결을 위해 고려해야 할 방법을 지적하였다.

실질적으로 새로운 증거가 그들의 예비 조사 도중에 피치와 혼에 의해 발견되었으며, 머치슨의 견해는 더 이상 유지될 수 없는 것이라고 주장하였다.

그 지역은 그의 두 동료에 의해 게이키에게 보내졌으며, 그는 이제 그들 자신이 발견한 것들을 발표한 잡지 '네이처'의 동일 호(1884)에서 실루리아기 지층의 기저로부터 상부의 정합적 관계에 있는 편암과 편마암까지 머치슨이 존재한다고 믿었던 층서와 압도적으로 반대되는 증거를 발견하였다고 인정하였다. 이 전체적인 이야기는 게이키의 보고서(1888)에서 요약되었으며, 40년 후에 쓰인 그의 마지막 논평에서 그는 "하이랜드의 지질 구조는 단편적이고 성급한 조사로는 해명될 수 없을 만큼 매우 복잡하다"라고 언급하였다(1924).

예비 답사에 뒤이어 북서 하이랜드 전체에 대한 더욱 광범위한 연구 계획이 혼, 클러

그림 9.5

나컨 크래그에 나타나는 모아인 스러스트. 신원생대의 모아인 편암이 캄브리아기~오르도비스기의 더니스 층군의 백운암을 밀고 올라가 스러스트로 덮고 있다.

프, 힌스만 및 캐델과 함께 피치에 의해 수행되었다.

계획된 순서에 따라서 피치, 혼 및 그의 동료들은 글렌코올, 벤모어 및 모아인 스러스트가 다른 것들 위로 올라탄다는 결과에 이른 연구 진행을 발표하였다(그림 9.5). 그들은 역시 실루리아기의 암석 위에 놓인 루이시안 암석을 발견하였으며, 나중에 임브리케이트 대(imbricate zone)로 기술한 소규모 스러스트의 연속체를 확인하였다. 그들은 스러스트를 따라서 나타나는 깨지고 변질된 토리도니안 암석을 기록하였으며, 모아인 편암 내에서 변질된 화성암을 발견하였다.

글렌코올 스러스트는 캄브리아기의 암석과 그 위에 놓인 루이시안 편마암 사이의 경계가 호수에 의해 희미해질 때까지 동쪽으로 경사진 로흐 글렌코올의 동쪽 호안 위에서 분명하게 보인다.

북서 하이랜드에서의 스러스트 운동의 존재가 게이키에 의해 받아들여진 후, 그의 지질학적 보고가 있기 전에 랩워스는 이 논쟁에 대한 최종 논문을 만들었다(1885). 그는 지질조사소와 소수의 잘못 지도된 아마추어들 사이의 사소한 논쟁으로 여겨져 왔던 것은 머치슨 쪽의 '엄청나게 커다란 실수'로 귀결되었다고 논평하였다.

덧붙여서 그는 글라루스에서 오버스러스트를 받아들였던 머치슨이 어떻게 북서 하이랜드에서의 연구에서 동일한 과정을 알지 못했는지는 풀리지 않는 미스터리로 남아 있다고 하였다. 북서 하이랜드 전체에 대한 야외 조사 연구는 1897년에 완결되었다.

게이키는 1906년에 야외 지질학자들의 보고서를 받았으며, 이제는 지질조사소 소장직을 은퇴하고 학회의 편집 위원으로 활동하였다. 완벽한 보고서는 1907년에 메모아로서 출판되었으며, 이는 지질학 문헌의 대표적인 고전으로 자리를 차지하게 되었다. 이 메모아는 피치와 혼 자신에 의해 지질도가 만들어진 어신트 지역을 포함해 에리볼부터 스카이까지 서쪽 해안과 모아인 편암 사이에 해당하는 좁은 지역의 포괄적인 지질학적 설명을 다루었으며, 공명정대한 구조 지질 연구의 모델이 되었다. 일부 초기의 실수들이 분명하게 드러났는데, 예를 들면 1901년에 규암에서 하부 캄브리아기의 삼엽충(Olenellus)이 발견되었으며, 이것은 부정합에 의해 규암과 나뉘지는 토리돈(Torridon) 사암은 이제 선캄브리아기임을 분명하게 지시하였다.

따라서 오랫동안 올드 레드 샌드스톤과 동일하게 여겨졌던 이 두껍고 매우 견고한 사암층은 70년 후에야 결국 지질 계통에서 올바른 위치를 차지하게 되었다. 더니스 석회암 중에 파라독시데스(Paradoxides)의 존재는 후자인 토리돈 사암의 지질 시대가 캄브리아기임을 지시하나, 상부 층준에서 아레니기안의 동물 화석이 발견되었으므로 이들은 지질 시대가 오르도비스기(원래의 하부 실루리아기)이다.

북서 하이랜드의 지질 구조 규명은 주로 그곳뿐만 아니라 스코틀랜드의 다른 곳에서도 40년 동안 조화를 이루며 함께 연구했던 피치와 혼에 의해 이루어졌다. 성격 면이나 연구 수행 방법에 있어서 그들은 상호 보완적이었으며, 그들보다 전의 세지윅과 머치슨의 경우와는 달리 그들의 관계는 결코 다툼에 의해 틈이 벌어진 적이 없었다. 로흐 어신트 옆 인치나댐프에 있는 기념물에는 그들의 지질학에 대한 공헌이 기록되어 있다(Anderson, 1980).

북서 하이랜드의 지질학적 내용을 규명하는 데 열쇠의 역할을 담당했던 게이키(1835~1924)(그림 9.6)는 19세기 말과 20세기 초 동안 영국의 지질학 모임에서 거의 유일한 위치를 차지하였다.

밀러(1802~1856)와의 우정을 통해 지질학에 열정의

그림 9.6
영국 지질조사소 소장과 영국 연합회 의장 및 왕립학회 의장을 역임한 영국의 지질학자 게이키

불이 붙은 젊은 게이키의 관심은 고전으로부터 멀어져 과학으로 향하게 되었다. 그는 소장이었던 머치슨의 도움으로 지질조사소에 직위를 임명받게 되었으며, 그 위치로부터 꾸준히 그의 경력을 쌓아올렸다. 그의 지질학적 관심은 광범위하였으며, 그의 저술서는 매우 읽기가 쉬웠다. 그는 자제할 수 있는 마음을 가졌고, 혼자서 문제를 해결하기를 좋아했으며, 비평하기를 싫어했다고 한다.

그의 가장 잘 알려진 저서로는 **영국의 고대 화산**(*Ancient volcanoes of Britain*)(1897)이 있다. 그러나 그는 역시 교재들을 집필하였으며 지질조사소 메모아를 관리하였고, 전기를 썼다. 그는 그 이전의 대영제국 어느 지질학자보다 많은 명예를 얻었다.

그는 1891~1892년과 1906~1907년에 런던 지질학회 회장을 지냈고, 1891년에 기사가 되었으며, 1892년에는 영국 연합회의 의장이 되었다. 그리고 1908년부터 1912년까지 왕립학회의 의장을 지냈으며, 1913년에는 메리트 훈장을 받았다.

3. 애팔래치아의 개척자

그림 9.7
메사추세츠 공과대학의 초대 총장을 역임하였고, 동생인 다윈 로저스와 함께 애팔래치아의 지질을 연구한 미국의 지질학자 바턴 로저스

북미에서는 네 사람이 산맥에 대한 새롭고 발전된 연구에 독창적이고 광범위한 공헌을 하였다. 그들은 바턴 로저스(1804~1882)와 그의 동생 다윈 로저스(1808~1866), 그리고 홀(1811~1898)과 대너(1813~1895)였다.

로저스 형제는 애팔래치아 산맥 부분의 지질 조사를 선구적으로 수행하였는데, 다윈 로저스는 뉴저지와 펜실베이니아에서, 그리고 바턴 로저스(그림 9.7)는 버지니아에서 조사를 하였다.

형인 바턴 로저스는 1828년 윌리엄앤드메리대학의 교수로 자연철학과 화학 교수를 지내다가, 1835년 버지니아대학교 광물학과 지질학 교수를 지냈으며, 메사추세츠 공과대학의 초대 총장과 명예 교수를 지냈다. 동생인 다윈 로저스(그림 9.8)는 1829년 21살 때 디킨슨대학의 교수를 거쳐 1835년에 펜실베이니아대학교 지질학과 광물학 교수가 되었다.

에셔가 글라루스에 대한 연구를 완성하기 전에, 그들은 지질학 세계의 상상력을 순식간에 휘말았던 애팔래치아 산맥의 지질 구조에 대한 논문(*On the Physical Structure of the Appalachian, as exemplifying the Laws which have regulated the Elevation of Mountain Chains Generally*)을 썼다(1842).

그림 9.8
형인 바턴 로저스와 함께 애팔래치아의 지질을 연구한 미국의 지질학자 다윈 로저스

그들은 층서 계통을 확립하였으며, 산맥을 가로질러 시종일관 남동쪽에서는 역전된 날개(limbs)를 갖는 배사와 향사 구조를 이루고, 북서쪽에서는 정상적이며 점진적으로 완만해지는 비대칭적인 습곡 형태를 기록하였다. 그들은 스러스트 면이 동쪽으로 경사진 역전된 습곡과 관련해 드러나는 스러스트 단층을 발견하였다. 또한 그들은 충분히 감명을 주기는 했으나 알프스 습곡의 극적인 모습은 부족했음에도 불구하고, 이들 구조의 기원을 설명하기 위해 모험을 걸었다. 그들은 지하의 마그마가 때때로 분출하여 지각에 파동 모양의 굴곡을 형성한 것으로 생각하였다.

이러한 사색적인 견해는 야외에서의 그들의 신중한 기록과는 배치되는 것이었으며, "한 가지는 호기심을 끌고 기묘하며, 다른 한 가지는 솔직하고 현대적이다"라는 논란을 불러일으켰다(Rogers, 1949). 그럼에도 이 논문은 독창적인 업적으로 취급되고 있다. 캐나다에서는 몇 년 후에 로건(1798~1875)이 북부 애팔래치아까지 연장되는 동일한 계통의 습곡과 스러스트를 보고하였다.

그러나 로저스는 1857년 그의 논문에서 애팔래치아에서 나타나는 것과 같은 양상의 습곡을 매우 복잡한 지역에 아무 비평 없이 적용하는 사람들이 빠질 수 있는 함정을 잘 설명하였으며, 알파인 텍토닉스를 습곡 축을 중심으로 경사진 거대한 부채 구조(fanstructure)의 용어로 설명하였다.

바턴 로저스는 버지니아의 지질에 관한 논문(1884)을 남겼으며, 동생 다윈 로저스는

펜실베이니아의 지질에 관한 논문(1858)을 남겼다. 이 논문은 1,682페이지의 방대한 자료를 담고 있으며, 석탄층의 형성에 관한 많은 자료를 포함하였다.

뉴욕주의 주 지질학자가 된 홀(1811~1898)(그림 9.9)은 본래 고생물학자였으나, 층서학에 대해 연구함으로써 '지향사'라는 새로운 개념을 도입하게 되었다. 홀은 애팔래치아의 지층과 미시시피 계곡의 지층을 비교할 때 산이 습곡을 받은 지역에서는 지층이 극단적으로 두꺼우며, 평원의 습곡을 받지 않은 퇴적물에 대응하는 지층에 비하여 훨씬 더 두껍다는 것을 알게 되었다.

그림 9.9
'지향사'라는 개념을 도입하고 뉴욕의 고생물학이라는 방대한 논문을 저술하였으며, 미국 지질학회의 초대 회장을 역임한 홀

이것은 그로 하여금 "산맥은 두껍게 퇴적물이 쌓인 지역에서 발달하고, 이 퇴적물은 모두 천해 형태이다. 따라서 그들은 오랫동안 침강이 유지된 상태에서 퇴적되었음이 틀림없다"라는 제안을 공식적으로 나타내게 하였다.

홀은 1841년 첫 번째로 뉴욕주의 고생물학자가 되었으며, 1843년에는 **뉴욕의 지질학**(*Geology of New York*)을 출판하였고, 1847년부터 1894년까지 총 13권의 뉴욕의 **고생물학**(*The Palaeontology of New York*)이라는 방대한 양의 저서를 집필하였다. 그는 미국에 국립 과학아카데미를 공동으로 창설하였고, 미국 지질학회의 초대 회장을 역임하였으며, 런던 지질학회에서 최고의 올라스톤 메달을 수여받았다.

그림 9.10
명저 광물학의 체계를 저술하고 '지향사'라는 용어를 제안한 미국의 지질학자 대너

대너(1813~1895)(그림 9.10) 역시 습곡된 암석에 대한 연구 분야에 중요한 공헌을 하였다. 비록 그는 **광물학의 체계**(*System of Mineralogy*)(1837)라는 책을 출판함으로써 광물학의 제1인자로서 자리를 굳히게 되었음에도 불구하

고, 그가 의문을 가진 것은 광상과 화성암 및 산맥의 기원에 대한 생각이었다.

홀이 가졌던 두꺼운 퇴적물이 쌓인 움푹 패인 트러프(trouph) 같은 구조로서 대너는 '지향사(geosyncline)'라는 용어를 제안하였으며, 그는 일찍이 압축력이 산맥의 성장에 수직적인 운동으로 나타난다는 생각을 주장하였다. 이 생각은 테네시의 남부 애팔래치아에서 그러한 모습에 관해 조사했던 새포드(1822~1907)와 견해를 같이 하는 것이었다.

대너는 압축 운동은 해양 지역에서 그 원인을 갖는다고 제안하였는데, 이는 1세기 후에야 지구물리학적 증거에 의해 입증된 개념인 것이다. 그는 또한 이 해양과 접하는 부분에서 발생하는 화성 활동에 대한 다방면의 증거에 주의를 기울였다. 그는 이것이 수축 과정을 통해 지하 깊은 곳에서 열극의 확장에 의한 것임이 틀림없다고 생각하였다 (1873). 그러한 생각은 그 후 100년 동안 세련되게 다듬어지고 확장되었다.

다윈과 다른 학자들처럼 대너도 일찍이 미국의 윌크스 탐험대(1832~1843)에서의 남극과 태평양에 대한 4년 동안의 경험(1838~1842)으로부터 이익을 얻었으며, 실질적으로 그는 산호초의 기원과 산호초와 화산과의 관계에 대한 다윈의 견해(1889)와 유사한 생각을 갖고 있었다. 초기에는 그도 아가시처럼 자연 선택의 개념에 반대했으나, 마지막에는 그것을 수용하였다. 그는 자신의 후반기 생애를 '다위니즘(Darwinism)으로의 점진적 몰입'으로 기술하였다.

대너의 **광물학의 체계**는 1837년 출판된 후 1997년까지 160년 동안 8회 수정 · 보완되었으며(1997), **광물학 매뉴얼**은 1848년에 출판된 후 2007년까지 약 160년 동안 23회의 수정판이 나온 명저 중의 하나로 손꼽힌다.

제10장

19세기 후반 지질학의 발전

19세기 중반까지 지질학의 기본 원리들이 확립되었으며, 이들의 발전에 대한 관심은 엄청나게 증대되었고, 유럽과 미국 전역에 걸친 많은 연구센터에 지질학 연구 시설이 증대되었다. 가장 극적인 발전은 알프스의 지질 구조를 규명한 것이었으나, 암석기재학, 화성암석학, 변성암석학, 고생물학, 고식물학, 빙하학, 광상학, 운석학, 지진학 등 다른 연구 분야에서도 역시 엄청난 발전이 이루어졌다.

1. 소비의 암석기재학

아직까지도 비전문가가 활약하던 시기에 셰필드 출신의 헨리 소비(1826~1908)(그림 10.1)는 지질학의 여러 분야에 관심을 갖고 있던 걸출한 인물이었다. 소비는 어디에도 종속되지 않는 방법으로 그의 전 생애를 연구에 바쳤으며, 운이 좋은 주위 환경을 가진 다윈과 다른 사람들처럼 그는 매우 단일한 목적을 갖고 그의 관심 분야를 추구하였다.

　1890년대 초에 논문이 출판되기 시작하였으나, 주된 공헌은 매우 늦게서야 나타난

그림 10.1
현미경적 암석기재학의 창시자로서 두 번에 걸쳐
런던 지질학회 회장을 역임한 소비

프랑스의 학자 까이유(1864~1944)와 함께 소비는 퇴적암석학의 공동 창시자로 알려져 있다.

그는 사암의 구조와 사암 내의 화학적 변화에 관한 논문을 썼으며, 그는 그 당시 거의 이해되지 않았던 변성 작용의 현상뿐만 아니라, 석회암의 속성 작용, 패류 화석 내의 구조적 양상, 그리고 사암상(facies) 및 사암상과 유속과의 관계에 대해 연구하였다(Allen, 1963).

퇴적암의 광물 성분에 대한 소비의 연구는 네덜란드에서 사구의 모래를 연구하여 연구 결과가 정평이 나있는 독일의 레트거(1895)와 하천 모래의 성분에 대한 연구가 퇴적암석 기재학의 선구자적 연구 목록에 들어 있는 이탈리아의 아르티니(1898) 등에 의해 계속 이어졌다. 훨씬 최근에 세공작(1969)이 수행한 바와 같이 보스웰(1933)은 이러한 초기 연구자들의 많은 발견을 요약하였다.

그러나 지질학 발전에 대한 소비의 가장 중요한 공헌은 박편을 제작하는 기술을 암석의 연구에 응용하였다는 점이다. 박편 제작 기술 자체는 1829년 편광 프리즘을 발명한 니콜(1766~1851)에 의해 발명되었으며, 그가 수집한 광물과 절단한 암석 시료들은 소비에 의해 발견될 때까지 에든버러에 숨겨져 있었다. 소비는 박편의 연구를 퇴적암과 화성암 모두에 적용하였으며, 이는 광물의 감정에 편광의 사용을 포함한 것이었다.

그는 그의 발견을 논문 '결정의 현미경적 구조에 관하여(*On the Microscopical Structure of Crystals*)'로 발표하였다(1858), 이 논문은 전혀 혁명적인 것이 아닌 것으로 밝혀졌고, 독자들의 상상력을 두드러지게 붙잡아 두는 데에도 실패하였다(Judd, 1908). 첨언하면, 톰키에프(1954)에 의해 번역된 그의 논문에서 테오도르 레빈손－레싱(1861~1939)은 일찍이 1850년에 독일의 오샤츠가 박편을 제작하였으나, 그의 박편 제작 기술은 전적으로 무시되었다고 언급한 바 있다.

그러나 게이키(1897)는 이 논문을 현대 지질학에서 신기원을 이룬 가장 획기적 사건 중 하나로서 평가한 바 있다. 이 논문에서 소비는 "야외에서 커다란 암석과 구조에 익숙한 일부 지질학자들은 내가 기재한 그들의 관심 이하일 정도로 작은 크기의 내용의 중요성에 의문을 가질지도 모른다. 나는 물체의 크기와 사실의 중요성 사이에는 필연적인 관련이 없다고 생각한다. 비록 내가 기재한 것은 매우 작지만, 이들로부터 얻은 결론은 대단한 것이다"라고 주장한 바 있다. 이 논문은 현미경을 이용해 암석의 미세구조와 성분을 밝힌 최초의 업적으로 암석학 연구의 새로운 분야를 개척한 것이었다.

그러나 소비의 경우에 있어서 독일의 지르켈(1838~1912)과의 만남은 결실을 맺게 되었는데, 지르켈은 소비의 생각이 응용이 가져올 수 있는 엄청난 발전의 가능성을 즉시 알아차렸다. 지르켈은 박편을 만들기 시작했으며, 광범위한 종류와 암석을 기재하였다. 이는 그의 암석기재학의 교재(Lehrbuch der Petrographie)(1866)의 출판으로 이어졌고, 이는 다시 많은 다른 자료가 보완된 후 영어로 현미경적 암석기재학(Microscopical Petrography)(1876)이 출판되었다.

소비의 관심은 야금학, 고고학, 생물학, 화학 및 기상학 등 여러 분야를 포함하였으며, 2회에 걸친 런던 지질학회의 회장 연설(1879~1880)은 지질학 자체 내에서 그의 광범위한 관심을 입증하고 있다. 그러나 저드(1909)가 논평한 바와 같이, 그는 항상 '그가 이미 파헤쳤던 광산에 자신을 묻어버리기보다는 새로운 연구의 광맥 찾기'를 좋아했다고 한다. 암석기재학의 발전에 대한 그의 근본적인 공헌은 런던 지질학회의 100주년을 기념하기 위해 1906년에 모인 국제적으로 저명한 지질학자들에 의해 인정되었으며, 이때 그들은 소비를 '현미경적 암석기재학의 아버지'라는 표현으로 칭송하였다.

2. 화성암석학

지르켈의 예는 화성암에 대한 지식의 커다란 확장을 이끌었다. 뒤이어 현미경을 이용한 암석 연구의 새로운 기술에 매료되었던 로젠부쉬(1836~1914)는 중요한 연구(1877)를 하였으며, 푸케(1828~1904)와 미셸-레비(1844~1911) 역시 기본적인 공헌을 더하였다.

1890년대에 베케(1855~1931)는 현미경을 이용한 광물의 굴절률을 측정하는 방법을 소개하였으며, 페도로프(1853~1919)는 유니버셜 스테이지의 사용을 발전시켰다. 미국에서는 이딩스(1857~1920)가 박편에서의 암석 연구를 수행한 첫 번째 인물이었으나, 영국의 암석학자들이 마침내 소비로부터 물려받은 기술을 이용한 것은 1890년대였다. 이들 중에서 티알(1849~1924)은 **영국의 암석기재학**과 더불어 정평이 나있는 논문을 집필하였다 (1888).

초기에는 화성암에 대한 논문은 주로 기재적이었으며 수많은 새로운 암석 이름이 부여되었다. 그러나 곧바로 암석의 분류와 이론적 연구가 중요하게 되었으며, 1866년에는 저드(1840~1916)가 암석구(petrographic provinces)의 개념을 소개하였다. 로젠부쉬는 그의 **현미경적 암석기재학**(*Mikroscopische Petrographie*) 제2판에서 화성암을 야외 관계와 입도에 따라서 크게, 깊게 자리 잡은 심성의(deep-seated), 암맥 같은(dyke like), 그리고 분출한(effusions) 암석으로 구분하였다.

1년 후 티알은 물리화학의 중요성과 공융(eutectic)의 개념을 강조하였으며, 1890년에 브뢰거(1851~1940)는 페그마타이트(pegmatite) 암맥의 기원적 관계에 대해 연구를 수행하였다.

1910년대에 지질학에 중요한 공헌을 하였던 데일리(1871~1957)는 마그마틱 스타핑(magmatic stoping)의 개념을 발전시켰다(1903). 같은 해에 크로스(1854~1949), 이딩스(1857~1920), 피르손(1860~1919) 및 워싱턴(1867~1934)은 CIPW 시스템이라고 알려지게 된 광물보다는 화학적 성질에 기초한 화성암의 분류 방법을 소개하였다. 미국의 초대 대통령의 자손인 워싱턴은 역시 화성암의 화학적 연구 분야를 개척하였으며, **화성암의 화학적 분석**(*Chemical analysis of igneous rocks*)이라는 기념비적 역작을 만들었다.

스카이 메모아 에서 하커(1859~1939)는 야외 지질도 작성과 현미경을 이용한 암석기재적 연구 및 화학적 연구를 함께 다루었다(1904). 마그마에서의 광물 침전은 수년 전 다윈이 제안했고 데일리 같은 다른 사람들도 그 개념에 기여하였으나, 이는 보웬(1887~1956)이 화성암은 '분화 과정(differentiation)'을 통해 '공통의 화성암체'로부터 기원된다고 설명하고 확증하게 하도록 하였다(1915).

20세기는 워싱턴에 있는 카네기 연구소의 지구물리 실험실의 설립과 함께 실험 암석학의 시대를 예고하였다. 이 실험실에서 수행된 조암 광물군의 응용과 정출에 대한 연구는 지질학에 가장 큰 영향을 주었던 것 중의 하나인 보웬의 **화성암의 진화**(*The evolution of* *the igneous rocks*)(1928)에서 절정을 이루었다.

간단히 언급하면, 보웬(그림 10.2)은 초기의 현무암질 용액의 분별 정출 작용(fractional crystallization)으로 매우 다양한 화성암이 나타난다고 주장하였다. 그러한 개념은 주어진 성분을 갖는 암석에서의 광물 조합은 정출될 당시의 온도와 압력을 나타내는 척도이며, 따라서 암석의 역사를 나타낸다는 개념을 이끌고 있다. 간혹 서로 중첩되기도 하는 이러한 광물 조합에 대한 해명은 현대 암석학자들이 풀어나가는 일이다.

그림 10.2
화성암의 진화를 집필한 미국의 지질학자 보웬

화산학 분야에서 스크로프(1797~1876)는 특히 오베르뉴에서 앞으로의 연구를 위한 견고한 기초를 확립하였다(1858). 화산 분출 시 가스는 활동적인 동인(agent)이고 마그마는 그것의 매개물이라는 그의 제안은 받아들여졌으며, 일찍이 1850년대에는 화산 증기의 양이 분출 단계에 따라 변화한다는 사실이 알려졌다. 이보다 이른 1848년에 다우베니(1795~1867)도 화산 활동을 촉진시키는 데 있어서의 물의 효과에 대해 고찰한 바 있다.

20세기로 바뀐 후 열의 근원, 칼데라(calderas)의 성인, 분출의 다양성, 화산의 분포, 방사능이 작용한 역할 등 화산학의 문제점들이 지구물리학적 증거와 함께 모두 논의되었다. 특히 인구가 집중된 곳에 인접한 많은 화산들은 지속적으로 감시 추적되었으며, 미래에 일어날 것으로 생각되는 분출 양상에 대한 많은 귀중한 정보들이 얻어지게 되었다(Sapper, 1927; Tyrell, 1931).

3. 변성암석학

변성암의 존재는 허턴에 의해 알려지게 되었으며, '변성 작용(metamorphism)'이라는 용어는 1820년에 부에에 의해 처음으로 소개되었다. 비글호의 여행 중 다윈은 변성암의 엽리가 변형에 의해 기원된 것이라는 것을 알았으며, 또한 그는 퇴적물에서 층리(bedding)

와 쪼개짐(cleavage)의 차이를 구분하였다.

샤프(1806~1856)는 다윈의 공헌을 인정하며 슬레이티(slaty) 쪼개짐이 나타나는 암석에 나타나는 화석의 변형을 설명하였고(1847), 소비는 그의 변성암 연구에 박편 관찰 기술을 적용하였다. 소비의 연구 결과는 런던 지질학회에 제출되었지만, 논문은 거절당했으며 다른 잡지에서 받아들여졌다(1853a, 1853b).

그는 다른 논문들에서 그의 생각을 이어 나갔다. 변성도(degrees of metamorphism)는 지르켈과 로젠부쉬에 의해 제안되었다. 1907년에는 그루벤만(J1850~1924)의 권위 있는 저서인 결정질 암석(Der Krystalline Schiefer)이 출판되었고 뒤이어 변성대에 관한 그의 연구가 이루어졌다.

1876년 지질조사소에 들어가기 전까지 나이 든 스크로프의 개인 비서였던 배로우(1853~1932)는 스코틀랜드 하이랜드에서 점진적인 변성대를 기술한 바 있다(1893). 비록 세더홀름(1863~1934)은 변성도가 암석의 나이와 관계된다고 믿었던 실수를 했지만, 1891년에 변성 심도대(metamorphic depth zone)의 개념을 발표하였다.

그러나 그는 캄브리아기 이후의 젊은 암석뿐만 아니라 선캄브리아기 암석에서도 조산 운동의 주기가 있다는 것을 보여주는 데 근본적인 공헌을 하였다. 미국의 지질학자로 위스콘신대학교 총장을 역임한 하이즈(1857~1918)는 물리화학적 원리들을 변성 작용의 문제에 적용하였으며, 1904년에 발표한 그의 '변성 작용에 관한 논문(Treatise on metamorphism)'으로 새로운 20세기를 안내하였다.

4. 고생물학

야외 지질학자들에 의해 제기되는 층서 문제에 대해 세심한 관심을 가졌던 론스데일과 베르누이를 포함한 초기 무척추 고생물학자들의 연구에 뒤따라서 이 분야에 대한 관심은 빠른 속도로 높아지게 되었으며 많은 발전이 이루어졌다.

19세기 말에 이러한 연구 결과는 지텔(1839~1904)(그림 10.3)에 의해 감명 깊은 교재로 출판되었다. 지텔은 화석 연구에 있어서 걸작으로 정평이 나있는 수많은 논문을 출판하

였으나, 그의 **고생물학 편람**(*Handbuch der Palaeontologie*)(1893)'
은 1900년에 영어로 번역되었기 때문에 가장 널리 알
려져 있다. 이 책에서 지텔의 참고문헌 목록은 19세기
후반에 이 분야에서 활동적으로 연구하는 수많은 무척
추 고생물학자들을 제시하고 있다. 척추 고생물학에
대한 다른 두 권의 책도 이어져 출판되었다.

고생물학의 문제점들에 대한 많은 이들 연구자들
이 한 그룹 이상의 화석에서 인정된 전문가(만약 전문가라
는 용어가 고생물학의 그때의 단계에서의 연구자들을 나타내는 데 이용
된다면)였다는 것은 이 당시 고생물학의 상태를 나타낸

그림 10.3
1893년에 고생물학의 불멸의 명저인
고생물학 편람을 출판한 독일의 고생물
학자 지텔

다. 본질적으로 그들은 1세기 전 선구자들에 의해 시
작된 기재적인 연구를 계속하였다.

척추 고생물학에 대한 연구 역시 빠르게 성장하였다. 아주 초기의 연구자들 중에서
제퍼슨(1743~1826)은 뼈 화석을 연구하였으며, 대통령으로 백악관에 있는 중에도 이에
대한 보고서를 만들었고(Merril, 1906), 퀴비에는 물론 초기에 아가시와 함께 척추 고생물
학의 위대한 선구자였다.

잉글랜드의 남해안에 살았던 외과 의사인 만텔(1790~1852)은 의사로서의 일을 수행하
면서도 척추동물 화석의 열성적인 수집가가 되었다. 그는 수중에 사는 파충류와는 분
명히 구분되는 육상 척추동물로서 그중 일부는 이미 기재된 바 있었던(Curwen, 1940) 공룡
화석 이구아노돈(*Iguanodon*)을 1825년 최초로 발견하였다.

만텔의 화석을 1840년 '공룡(Dinosauria)'이라고 명명한 오웬(1804~1892)은 19세기의 오
랜 기간 많은 고생물학 연구로써 공헌하였다. 그는 오랫동안 그의 분야에 유력한 영향
을 주었던 탁월한 비교해부학자였다.

마이어(1801~1869)는 모든 과(class)의 척추동물을 연구한 독일의 초기 고생물학자였
으며, 많은 도판과 그림을 포함한 그의 명저인 **선사 시대의 동물군**(*Zur Fauna der Vorwelt*)
(1845~1860)은 이 분야의 이정표가 되었다. 유럽 대륙의 다른 선구자들로는 스투더의 제

자로서 유제류(ungulates) 화석을 연구한 루트메이어(1825~1895)와 페름기의 파충류에 대해 연구한 고드리(1827~1908)가 포함되어 있다.

헉슬리(1825~1895)는 젊었을 때 여행의 기회를 가졌던 고생물학의 또 다른 선구자였다. 그는 외과 의사로서 1845년부터 1850년까지 래틀스네이크호에 승선하여 여행하는 동안 많은 생물학적 자료를 수집하여 기재하였고, 나중에는 영국 지질조사소에 근무한 자연과학자로서 시작할 때부터 척추동물에 대한 연구로 방향을 결정하였다.

그는 유인원과 인간의 두개골의 비교 세부에 대한 오웬과의 토론에서 승리를 거두었다고 한다. 오웬은 유인원과 하등 영장류와의 차이는 유인원과 인간의 차이보다 적다고 주장한 바 있다.

1860년대부터 헉슬리는 미국에서 마쉬(1831~1899)가 발표한 증거 때문에 말의 진화를 확신하게 되었다. 마쉬는 또한 최초로 기록된 이빨을 가진 새의 화석을 기재한 바 있다. 헉슬리는 그의 빼어난 연구 업적을 쌓은 고생물학자였을 뿐만 아니라 열정적인 교육학자였다. '가장 복잡한 생각들조차도 만약 그들이 단계적으로 분명하게, 그리고 논리적으로 표현된다면 대부분의 사람들이 이해할 수 있을 것이라는 확고한 믿음'을 갖고 있었다(Williams, 1972).

코프(1840~1897)와 마쉬는 '뼈 전쟁(Bone Wars)(그림 10.4)'으로 알려진, 미국 역사의 황금 시기 동안의 집중적이고 무자비한 화석 사냥과 발견의 시기를 맞는다. 서로가 불신하

그림 10.4
'뼈 전쟁'으로 맞붙은 미국의 고생
물학자 마쉬(왼쪽)과 코프(오른쪽)

며 언쟁하기 좋아했던 두 사람은 뇌물 수수, 절도, 화석의 파괴 등으로 사이가 나빠지게 되었다. 그럼에도 두 사람은 136종의 새로운 공룡 화석을 발견, 기재하여 일반인들의 공룡에 대한 관심을 불러일으켰다. 결국 코프와 마쉬는 경제적으로 또 사회적으로 패망하는 쓰라림을 안게 되었다.

5. 고식물학

식물 화석을 연구하는 고식물학은 비록 화석을 홍수의 잔해로 잘못 해석하였다는 지적을 받았으나 슈처(1672~1733)의 도해가 특히 주목되는 허바리움 딜루비움(*Herbarium diluvium*) (Scheuchzer, 1709)을 저술한 18세기 초기 동안 과학적 기초가 확립되었다. 그러는 동안에 레이웬훅(1632~1723)은 간단한 현미경을 발명하였으며, 그는 이를 이용하여 식물의 구조를 알아낼 수 있었다. 퀴비에와 함께 연구하였던 알렉상드르 브롱니아르의 아들인 알렉상드르 테오도르 브롱니아르(1801~1876)는 저서 식물 화석의 역사(*Histoire des végétaux fossiles*) (1828~1837)에서 지층에 포함된 식물 화석의 계통적 분류를 통해 중요한 공헌을 이룩해 냈다(1828).

당시 윌리엄 허턴(1797~1860)은 일찍이 북부 잉글랜드에서 석탄기 탄전의 식물 화석 연구에 선구자적인 공헌을 하였다. 그리고 잘 알려진 식물학자의 가문 출신인 쉼퍼 (1808~1880)는 선태식물에 대한 연구의 전문가가 되었으며, 또한 19세기 동안 고식물학의 발달 과정을 조사한 그의 저서 고식물의 특징(*Traité de paléontologie végétale*)(1869~1874)을 출판함으로써 지질학적 지식에 공헌하였다.

윌리엄슨(1816~1895)은 의사 자격을 가졌으나 어류 화석과 유공충에 대한 논문을 썼으며, 고식물학에서는 석탄층의 식물 화석에 대한 귀중한 논문을 만들었다(1871~1893).

캐나다의 도슨(1820~1899)은 몬트리올에 있는 맥길대학교의 학장직과 그 대학 연구소의 자연사 석좌 교수직을 모두 이어받았다. 그는 식물의 지질학적 역사(*The Geological History of Plants*)(1888)를 포함하여 식물 화석에 대한 수많은 저서를 집필하였다.

캐나다의 로렌시안 암석에서 에오준 캐나덴스(*Eozoon canadense*)로 알려진 의문의 인상

(impressions)을 그는 거대한 유공충 화석으로 기재하였다. 그러나 이들은 지금 석회암 중의 변성 작용의 산물로 받아들여지고 있다. 사실 에오준이 유기물 기원이라는 믿음은 넓게 퍼져 있었으며, 헉슬리는 "만약 그것이 사실이라면 지구상에 생명체가 존재하였던 시간의 길이는 단숨에 두 배가 될 것이다"라고 논평하였다(1869).

순수한 식물학자였던 스코트(1854~1934)는 윌리엄슨과 공동으로 석탄층의 식물 화석에 대해 연구하였다. 도해를 곁들인 식물 화석에 대한 연구(Studies in Fossil Botany)(1900)는 고식물학 분야를 대중화하는 데 도움을 주었다. 키드스톤(1852~1924)은 지층 대비를 위한 수단으로 식물 화석의 중요성을 설명함으로써 그의 동료 고식물학자들이 그에게 은혜를 입게 하였으며, 랭(1874~1960)과 공동으로 스코틀랜드의 라이니 처트 내의 규화된 식물 화석을 발견하고 기재하였다(1917~1921).

제일러(1847~1915)는 그의 저서인 고식물학 논문(Treatise on Palaeonbotany)(1900)을 출판하여 고식물학 분야에 공헌하였으며, 세워드(1863~1941)는 식물 화석으로부터 과거의 기후 상태를 알기 위한 증거를 추론하였고, 그의 방대한 저서인 식물 화석(Fossil Plants)(1898~1919)을 출판하였다. 그는 케임브리지대학교의 식물학 석좌 교수를 지냈을 뿐만 아니라 그 대학의 부총장이 되었으며, 또한 다우닝대학의 학장직을 역임하였다.

6. 빙하학

소쉬르의 알프스의 여행기(Voyages dans les Alpes)를 읽자마자 허턴은 '커다란 화강암 덩어리를 굉장히 멀리까지 운반하는 거대한 얼음의 계곡'의 빙하 운동을 추측하였다(1795). 그러나 빙하학(glaciology)이라는 학문이 정립한 실질적인 기초는 베네츠, 차펜티어, 그리고 특히 아가시에 의해 이루어졌다. 아가시와 동년배인 쉼퍼(1803~1867)는 빙하 작용으로 관심이 바뀐 식물학자였다. '빙하 시대(Eiszeit)'라는 말을 만들어낸 그의 논문은 아가시가 빙하 작용에 대한 그의 첫 번째 논문을 발표한 때인 1837년 같은 해에 발표되었다.

쉼퍼는 이렇게 일찍이 빙하 시대 동안의 따뜻한 시기와 추운 시기를 생각하였던, 상상력이 풍부한 사람이었다. 더욱이 그의 관심은 다른 분야의 지질학으로 전환되었으며, 1840년에는 알프스가 압축력에 의해 형성되었다는 견해를 표명하였고, 그는 압축의 힘이 지구 핵의 수축 작용에 의한 것이라고 생각하여 쥐스의 압축설(contraction theory, 1875)을 예상하게 하였다.

아가시가 미국으로 떠난 다음에도, 다른 학자들은 유럽에서 빙하 작용에 대한 연구를 계속해서 수행하였는데, 그중 포브스는 빙상을 지키는 효과에 대해 언급하였으며 (1859), 틴달은 빙하 침식의 중요성을, 그리고 램지는 알프스와 기타 지역 빙하 호수의 기원을 발표한 바 있다.

그러나 이 새로운 견해의 수용은 다른 지질학 분야에서의 경우보다 부드럽지 못하였다. 예를 들면 빙하에 의한 침식력을 강조했던 개념은 1873년까지도 런던 지질학회 회장을 역임한 아가일의 공작을 포함한 수많은 지질학자들에 의해 첨예한 논쟁이 일어났었다.

19세기 말엽에 하커(1899)와 데이비스(1900)는 멀리 떨어진 두 지역 스카이와 티시노 계곡 지역에서 빙하 침식의 효과에 대한 논문을 발표하였다. 펜크와 브루크너는 쉼퍼의 견해를 확장시킨 것으로서 알프스에서 네 번의 빙하기와 세 번의 간빙기에 대한 증거를 포함하고 있는 네 권의 책을 출판하였다(1901~1909).

미국에서 체임벌린은 위스콘신대학교 총장(1887~1892)을 역임하고 시카고 대학교 지질학과 교수를 지낸 학자로 빙하에 의한 암석 침식과 드럼린의 형성에 대해 기술한 바 있다(1888). 길버트(1843~1918)는 빙하 호수에 나타나는 호안의 양상에 대해 연구하였고, 보네빌 호수에 대한 훌륭한 논문을 발표하였다(1890). 후빙기의 기후에 대한 연구는 이미 19세기가 끝나기 전에 수행되었으며, 이는 페어차일드(1850~1943)에 의해 정리되었다.

그러는 동안 1856년에 블랜포드(1832~1905)는 빙하 기원으로 생각했던 후기 석탄기의 역암층을 열대 지방인 인도에서 발견하였으며, 그 후 30년 이내에 유사한 퇴적층이 오스트레일리아, 남아프리카 및 남미에서 알려지게 되었다.

현재의 열대 지방에서 소위 빙력암(tillite)이라고 불리는 이들 퇴적층의 발견으로 생긴 딜레마는 오직 대륙의 고정(fixity of continent)이 더 이상 유지될 수 없는 제안이라는 것이 받아들여졌을 때에 가서야 해결되었다.

7. 광상학

18세기 후반까지도 광맥은 지구 내부로부터 증기나 유체가 위로 올라옴으로써 형성된다고 여겨졌다. 허턴이 이러한 생각을 계속해서 주장하고, 이것을 증명하는 예들을 언급하였음에도 불구하고, 베르너는 그러한 모든 움직임은 표면으로부터 아래쪽 내부로 향한다고 주장하였다.

그러나 허턴은 이러한 과정에 있어서 대기수(meteoric water)에 의해 작용된 부분을 생각하지 못하는 실수를 하였다. 보몽은 허턴의 발견을 내세웠으며, 암맥(dyke)과 맥(vein) 사이에 공통적인 요소가 있다는 것을 알았음에도 불구하고 그들의 기원의 차이를 끌어내었다.

코타(1808~1879)는 용융과 침전이 관련된 뜨거운 물의 순환 과정과 가스의 발산 과정을 보여주었다(1870). 또한 코타가 작성한 서부 작센의 지질도는 그 당시에 빼어난 공헌으로 생각되어졌으며, 그의 많은 교재는 매우 갈채를 받았다. 도브리(1814~1896)는 지구 내부에서 가열된 대부분이 대기수인 순환하는 물은 가장 중요하다고 믿었으며, 이는 하이즈 역시 도달했던 결론이다(Beck, 1905).

그림 10.5

스웨덴 출신의 미국 지질학자로 미국 지질학회 회장을 역임한 린드그렌의 명저 광상학(1913~1933)의 표지

20세기가 시작되자 마그마 분화 개념의 발전과 함께 광맥은 광화 가스나 뜨거운 광화 용액의 분리된 결과라는 노르웨이 지질학자인 보그트(1858~1932)와 같은 연구자들의 견해가 받아들여지게 되었다(Bateman, 1951). 이때까지도 광상은 1차와 2차로 구분되었었다.

1차적 광상은 동시 생성 광상(syngenetic deposits)과 후생 광상(epigenetic deposits)을 포함하는 반면, 2차적 광상은 잔류 광상과 표사 광상(placer deposits)을 포함하였다(Beck, 1905). 1913년에 린드그렌(1860~1939)은 표준이 되며 권위 있는 저서 광상학(*Mineral Deposits*)(그림 10.5)을 출판하였다.

8. 운석학

화석이 지질 시대에 살았던 생물의 잔류물이라는 것으로 알려지고 오랜 시간이 지난 다음에도, 오늘날 운석으로 알려진 물체의 기원에 대해 여전히 혼돈이 남아있었다. 어떤 사람들은 그것을 지구 기원으로 생각하고 이것이 화산에서 유래한 것으로 생각하였다. 또한 다른 사람들은 번개에 의해 지구 물질에 녹아서 나타난 결과로 생각하기도 하였으며, 일부 사람들은 이것들이 외계에서 지구로 떨어진 것으로 믿기도 하였다.

운석의 출현은 고대 이집트, 그리스, 로마 및 아랍의 문헌에 기록되어 있다. 그러나 그들의 기원은 오랫동안 미스터리로 덮여 있었다. 독일의 물리학자인 클라드니 (1756~1827)는 운석 연구에서 선구적인 역할을 수행하였다. 일부에서는 그를 운석의 아버지로 간주하고 있으며, 지구 밖의 외계로서 운석 기원의 폭을 좁힌 첫 번째 연구자였다. 그는 커다란 두 가지 물질을 조사하였는데, 이 중 하나는 시베리아의 크라스노야르스크에서 발견된 무게 68kg의 '팔라스(Pallas)' 철이며, 다른 하나는 남미의 차코에서 발견된 무게 1만 3,500kg인 '오툼파(Otumpa)' 철이었다.

그는 이 두 가지 물질 중 어느 것도 번개에 의한 용융 기원을 갖고 있지 않다고 주장하였다. 또한 그는 이들이 화산에서 분출한 것이 될 수 없다고 주장하였는데, 그 첫 번째 이유는 두 물체가 발견된 지점 부근에 화산이 없었으며, 두 번째 이유는 화산이 순수한 형태의 철을 뿜어낸다는 것이 알려져 있지 않았기 때문이었다. 따라서 그 대안은 외계로부터의 불덩어리라는 우주 기원이었다(1794).

1863년 마스켈라인(1823~1911)은 대영 박물관에 있는 운석 표품들을 기재하면서 철 (irons) 운석 또는 능철석(siderites), 석철(stony irons) 운석 또는 시데롤라이트(siderolites), 그리고 석질운석 또는 에어롤라이트(aerolites)의 세 가지로 나눌 것을 채택하였다. 능철석은 주로 철과 니켈로 구성되었으며, 시데롤라이트는 염기성 암석과 초염기성 암석이 철-니켈과 거의 같은 비율로 포함되어있는 반면에, 에어롤라이트는 두 가지 종류로 이루어져 있다.

1863~1873까지 독일 지질학회 회장직을 역임한 로제(1798~1873)는 베를린대학교의

운석 표품들을 분류하면서(1862~1864), 소량의 철-니켈을 갖는 에어롤라이트를 콘드라이트(chondrites), 그리고 거의 전적으로 염기성 또는 초염기성 물질로 구성된 것은 아콘드라이트(achondrites)라고 하였다. 에어롤라이트(aerolites)의 약 90%는 콘드라이트이다(Prior, 1920).

운석은 플라이오세의 클론다이크(Klondike) 역암에서 산출된 하나의 예외를 제외하고는 홀로세(Holocene) 이전의 지질학적 기록에서는 나타나지 않았다. 따라서 지구 중력장 내에서 최근에 분해하게 된 어떤 독특한 천체로부터 기원된 것이라고 제안되어 왔다.

저서 운석의 역사(*The History of Meteorites*)(2006)를 공동으로 저술한 바 있는 맥콜(1973)은 운석이 전 지질 시대를 통해 나타났으나 화학적 변질로 인해 그들이 알아볼 수 없게 되었다는 다른 견해를 주장하였다. 운석의 기원이 무엇이든 간에 운석은 최근 10년 동안, 특히 우주 탐험이 인류의 마음을 사로잡은 이후에 지질학자, 천문학자, 물리학자 그리고 화학자들의 관심을 점차 증폭시켰다.

9. 지진학

일찍이 중국 사람들이 서기 2세기에 이미 지진 현상에 관심을 나타냈지만, 1533년 상시 지진으로 83만 명 이상이 사망하고, 1976년에는 당산 지진으로 24만~65만 5,000명이 사망한 최악의 사태를 경험하였다. 그러나 1755년 리스본 대지진에 대한 논문에서 지진의 원인과 특성 및 그 효과 등을 언급한 바 있는 미첼(1724~1793)은 지진학의 창시자 중 하나로서 불릴 만한 자격을 갖는다.

리스본 지진 후 고요의 사반세기가 지난 다음 1783년 3만 5,000명의 사망자를 초래한 이탈리아 칼라브리아 대지진은 또다시 지진에 대한 연구를 촉진시켰다. 그리말디(1543~1613)는 최초로 폐허가 된 지역을 조사하였으며 지진으로 인한 지표의 기복을 측정하고 지속적인 지진의 충격을 알아내었다.

또한 이 지진에 대한 논문(1784)은 칼라브리아 지역에서 1181년부터 1756년까지 일어났던 파괴적인 지진들을 기록하였다. 지진이 일어난 해에 나폴리 왕실의 수석 내과 의

사였던 비벤지오(174?~1819)는 이 지진에 대한 저서의 제1판(1783)에서 지진이 전기에 의해 발생한다고 주장한 바 있으며, 제2판(1788)에서는 피그나타로가 정리한 1783년부터 1786년까지 그곳에서 발생한 1,186회의 지진 기록표를 포함하고 있다. 또한 그는 이 논문에서 지진의 충격을 미약(slight), 보통(moderate), 강함(strong), 아주 강함(very strong) 및 최고 격렬함(most violent)으로 구분하여 최초로 '진도(intensity scale)'를 고안하였다.

그러나 지질학의 한 분과인 지진학은 말렛(1810~1881)과 그의 아들인 리차드 말렛(1841~1921)이 지진의 목록을 정리한 때에야 처음으로 과학적인 기반이 확립되게 되었다. 말렛은 전자기 분리로부터 화학적 표백법까지 많은 새로운 방법을 창안한 천재였다.

1846년에 그는 이미 해저에서의 지진에 의한 단층 운동으로 나타나는 지진성 해일인 '쓰나미'를 이해하고 있었으며, 1870년대에 쥐스는 밀네(1850~1913)(그림 10.6)의 관찰에 의해 확인된 바 있는 단층 운동과 지진과의 관계를 알아내었다.

25세인 1875년에 밀네는 일본의 도쿄 제국 공과대학 지질과 광상학 교수 직위를 얻었다. 일본에 머무른 20년 동안 그는 현대 지진학을 개척하였으며, 1880년 그는 도쿄에서 '지진 밀네'로 알려져 있다. 그는 일본 지진학회를 창설하였다. 전 세계에서 사용하게 된 신뢰할만한 지진계를 제작하는 데 도움을 주었으며, 지진 충격의 성질을 알기 위해 폭발 실험을 하기도 하였다. 또한 P파와 S파를 확인하였으며, 지진파의 도달 시간을 계산하였고, 말렛처럼 지진 목록을 제작하였다(1898).

그는 1895년 와이트 섬으로 되돌아갔으며, 거기서 그는 영국 연합회에 지진 사건에 대한 정규적인 일반 보고서를 제공하였다. 일본의 과학자들은 1891년에 단층선에 따른 지각 운동의 증거를 밝혔으며 진원의 깊이를 결정하는 방법을 개척하였다.

1894년 레베우어-파쇼비치는 표면파와 지구 내부를 통과하는 지진파를 구분하였다. 크로아티아의 지진학자인 모호로비치치(1857~1936)는 1909년 약 35km 깊이에 지각과 맨틀 사이 불연속면(모호면)의

그림 10.6
현대 지진학의 개척자 밀네

존재를 발견하였다. 그 후 1912년에 구텐베르크(1889~1960)는 지진 충격의 기록으로부터 지구 내부 2,900km 깊이에 액체 상태의 핵이 존재한다는 것을 알아내었다. 그 후 네덜란드의 지진학자인 레만(1888~1993)은 1936년 내핵이 액체 상태의 외핵 안에 존재한다는 것을 발견하였다.

로시(1822~1894)는 이탈리아의 고생물, 화산, 지형 및 지진에 대한 연구를 수행하였으며, 그는 지진으로 발생한 건물 등의 피해를 기준으로 진도 계급을 I~X(1874)로 나누었다. 스위스의 학자로 유사한 연구를 수행한 포렐(1841~1912)과 함께 로시–포렐 진도(Rossi-Forel Scale)를 만들었다. 그 후 이탈리아의 화산학자이자 가톨릭 사제였던 메르칼리(1850~1914)는 1902년부터 여러 차례 보완을 거쳐 수정된 메르칼리 진도 계급(Modified Mercalli intensity scale, MM56)을 만들어 진도 계급을 I~XII로 나누었다.

리히터(1900~1985)는 지진으로 발생한 건물 등의 피해를 기준으로 하는 대신에, 발생하는 에너지 양을 기준으로 하는 지진의 규모를 창안하였다. 그는 1935년 지진파의 진폭을 기준으로 한 리히터 척도(Richter Scale)라고 하는 지진의 규모 체계를 개발하였다. 이 척도에서 지진의 규모가 1만큼 증가하면 지진으로 발생하는 에너지의 양은 약 32배 증가한다. 지금까지 가장 강력한 지진은 약 6,000명의 희생자가 발생한, 1960년 5월 22일 칠레에서 일어난 규모 9.5의 지진인 것으로 알려져 있다.

최근에는 네팔의 수도 카트만두를 강타해 수천 명이 집을 잃었고 수천 명의 사상자가 발생한 규모 7.8의 강력한 지진이 있다. 도시 전체가 폐허가 된 모습이 생생하다(그림 10.7).

일본 지진학회는 학회가 창설된 지 12년 동안 지진학을 정밀한 과학으로 확립하기 위해 많은 연구를 속행하였다. 일본 지진학회는 1907년 밀네의 기초 연구를 확대한 제국 지진연구위원회에 의해 계승되었다.

다른 나라들도 역시 그들 자신의 학회를 설립하였는데, 그중에는 이탈리아 지진학회(1895), 오스트리아 지진국(1895), 영국 연합회의 지진위원회(1895), 그리고 미국 지진학회(1906) 등이 포함된다.

지난 세기에 지진 기록 장치의 감도가 증가함에 따라서 지진 연구에서 엄청난 발전이 이루어졌으며, 지진 기록이 고도로 정교해져 이제는 지하 핵실험으로 인한 폭발과

그림 10.7
2015년 4월 25일 규모 7.8의 강한 지진으로 폐허가 된 네팔의 수도인 카트만두의 모습

자연적인 지진 충격까지도 구분할 수 있게 되었다.

10. 지각 균형설

1735년 안데스 과학 탐험대를 이끌었던 부게(1698~1758)는 일찍이 15세에 대학 교수가 되었던 저명한 과학자로서의 산맥이 드러나 보이는 것, 즉 지각 위에 거대한 암석이 쌓여 있는 모습과는 같지 않을지도 모른다는 암시를 최초로 제시하였다. 그는 산맥 근처의 평지에 설치된 진자의 추선이 기대했던 그의 예상치보다 훨씬 적은 양만큼 산 쪽으로 기울어지는 것을 알았다. 이와 유사한 발견은 인도-갠지스 평원에서 위도 측정의 천문학적 방법과 삼각 측량법의 차이가 발견된 지 약 1세기 후에 에베레스트 경 (1790~1866)이 이끈 인도 측량부에 의해 이루어졌다.

캘커타의 성직자였던 프랫(1809~1871)은 불일치의 정도를 곰곰이 생각하였으며, 히말라야의 질량을 계산하여 그가 '북쪽에 그렇게 많이 분포한 표면 물질'로 기술하였던 그림을 검토하기로 결정하였다. 그는 지각의 밀도 측정을 위한 최신의 증거를 이용해 실제 편향도는 기록된 양보다 약 세 배만큼 되어야 한다는 것을 알았다(1855). 이는 달리 표현하면 히말라야는 진자의 추선을 예상되는 정도만큼 북쪽으로 끌어당기지 않는다는 것이었다.

홈즈(1978)가 설명한 바와 같이 분명히 히말라야는 속이 비어있지 않으며 따라서 아직까지 발견되지 않은 어떤 다른 요인이 관여되어 있음이 틀림없다.

이 문제는 당시 훌륭한 천문학자이며 노섬버랜드의 알른윅 태생인 에어리(1801~1892)에 의해 취급되었다. 그는 이러한 불일치가 놀라운 것이 아니며 예상했다고 주장하였다. 그는 지각이 전단력하에서 깨지지 않고 거대한 히말라야를 견디는 것은 전혀 불가능하다고 하였다. 그는 모든 산 밑에는 지각 아래의 밀도가 높은 암석을 밀어낸 가벼운 물질로 이루어진 산의 뿌리가 있어야만 한다고 주장하였다.

이는 지진파 연구에 의해 명백히 밝혀진 사실이다. 그는 마치 물 위에 떠 있는 얼음과 같이 밀도가 작은 산의 물질이 밀도가 더 높은 물질 위에 떠 있는 것을 상상하였다. 빙산처럼 보상 뿌리(compensating roots)의 깊이는 해수면 위의 산 높이를 훨씬 초과하여야 하며, 산이 점점 침식되어지면 산 전체는 이에 상응하는 상승이 있어야만 한다(1855).

1889년에 더턴(1841~1912)은 에어리(Airy)의 개념에 대해 '지각 균형설(isostasy)'이라는 용어를 제안하였으며, 이 용어는 항상 에어리의 이름과 결합되어 있다. 유스테틱(eustatic) 과정으로 기술되는 그렇게 천천히 일어나는 균형적 조절은 특히 지난 200~300만 년 동안 얼음의 축적과 용융에 따른 지각의 반응과 관련해 19세기 동안에 많은 연구가 이루어졌다.

에어리는 또한 더럼주에 있는 하턴 갱도의 표면과 바닥에서 일련의 진자 실험을 수행한 것으로 지질학자들에 의해 기억되어진다. 그의 계산으로부터 그는 강의 바닥에서 측정한 중력이 표면에서 측정한 것보다 1만 분의 1 정도 크다는 것을 발견하였다. 그의 실험의 계산을 이용해 지구의 밀도를 $6.566g/cm^3$라고 하였는데, 이 값은 약 50년 전 캐번디시가 구한 값보다 가장 최근에 계산된 $5.517g/cm^3$에 덜 가까운 것이었다.

11. 쥐스의 지구의 모습

라이엘이 19세기 중엽에 지질학적 지식을 논평한 바와 같이, 19세기 말에는 엄청나게 축적된 자료가 새로운 학회와 조사소의 출판물에 기록된 후 이들의 신선한 종합을 위한 시간이 무르익게 되었다. 이것은 쥐스에 의해 수행되었으며, 지질학적 지식의 팽창으로 어느 한 개인이 전체 분야를 남김없이 다룰 수 없기 때문에 이것은 이러한 종류의 마지막이었다.

브뢰거(1851~1940), 카핀스키(1847~1936) 및 바로이스(1851~1939)와 같은 인물의 시대는 종말에 다가왔다. 브뢰거는 노르웨이의 지질학자로 암석학, 고생물학, 구조지질학 및 야외지질도 작성에 연구를 수행하였으며, 카핀스키는 러시아 지질학의 제1인자로서 그리고 전체 지질학을 깨달았던 것으로 묘사되고, 바로이스는 프랑스의 지질학자로 암석학과 고생물학에 대한 그의 독창적인 연구로 '최후의 완벽한 지질학자'로서 인용되어왔다.

쥐스(1831~1914)(그림 10.8)는 런던에서 유태인 부모의 아들로 태어났다. 그의 아버지의 사업은 보헤미아부터 오스트리아로 모피 무역의 대체로 곤경에 처하게 되었으며, 가족이 처음에는 프라하로, 다음에는 비엔나로 이사하였다.

만약 그의 아버지 환경 여건의 이러한 변화가 없었더라면 젊은 쥐스는 오스트리아 시민이 아니라 영국 시민이 되었을 것이다. 그의 나이 아직 20세일 때 쥐스는 야외 조사에서 스투더와 에셔를 만났으며, 나중에 그는 글라루스의 구조에 대한 상상력이 풍부한 설명과 함께 에셔가 그의 사고에 심오한 영향을 주었다고 언급하였다.

더욱이 거의 이 시기에 남부 웨일즈의 습곡은 오직 횡압력에 의해서만 설명될 수 있다는 베체(1796~1855)의 설명은 그에게 깊은 감화를 남겼으며 산맥 기원에

그림 10.8
명저 *지구의 모습*을 저술한 최후의 완벽한 지질학자이자 국회의원을 지낸 쥐스

대한 그의 오랜 연구를 수행하게 되었다(1878). 쥐스는 저서 **알프스의 기원**(*Die Entstehung der Alpen*)(1875)에서 알프스 산맥의 지질 구조를 설명하고 기원을 논의하였다.

쥐스는 연구하는 거의 전 생애를 비엔나대학교에서 보냈으며, 그의 지질학적 관심은 많은 과학 분야를 포함하고 있었다. 이는 솔라스에 의해 **지구의 모습**(*The face of the earth*)(1904~1924)으로 영어로 번역된 바 있는 그의 명저 **지구의 모습**(*Das Anlitz der Erde*)(1885~1909)에서 명백하게 드러난다.

이 장편의 저서는 2,000페이지의 내용으로 구성되어 있으며, 4,000여 개의 참고 문헌은 전 세계 저자들의 문헌에서 발췌된 것이었다. 쥐스의 주된 관심은 아직도 거대한 산맥에 있었으며, 그의 설명은 멀리 떨어진 케이프 프로빈스, 알프스, 안데스 및 중앙아시아 지역에서의 지질 구조 양상을 담고 있었다.

그는 머레이(841~1914)의 다른 중요한 연구 자료(1891)와 함께 해저 시료의 채취, 수심측량, 해수의 연속 시료, 해양의 동물과 온도 등의 세부 사항을 포함하고 있는 챌린저 보고서를 만들기 위해 머레이에 의해 정리된 수많은 정보로부터 얻은 바다에 대한 사실을 기록하였다.

쥐스의 관심은 지질학의 학술적 범위를 넘어서까지 확장되었다. 그는 비엔나 시의회의 의원이었으며, 3년간 오스트리아 국회의원을 지냈다. 그는 교육에 민감한 관심을 가졌으며, 100km 길이의 수도관이 알프스로부터 비엔나 시까지 맑은 물을 공급하기 위해 건설된 것은 그의 조언에 따른 것이었다. 이것은 추후 장티푸스 참해로부터 도시 주민을 구해주게 되었다. 그의 긴 생애의 마지막에 그는 최고 원로 지질학자로서 갈채를 받았으며, 1914년 4월 그의 죽음은 유럽을 중심으로 한 제1차 세계대전이 일어나기 전 1914년 7월 28일 '지난 여름 유럽을 짓밟은 전쟁의 살육이 일어나기 전에 쥐스가 봄에 사망한 것은 그의 행운'이라는 글을 쓰게 하였다.

제11장

자연사박물관

박물관이란 말은 궁전 내부에 뮤제이온(museion)을 설치하여 문예와 미술의 여신 뮤즈에게 바치는 장소로 학문 연구를 하였던 것에서 기원하였고, 알렉산더 대왕이 죽은 후, 이집트의 알렉산드리아가 아테네에 이어 정치와 경제의 중심지가 되었다.

그러나 현대의 박물관은 14세기 피렌체의 메디치가의 후원을 받아 그리스의 학문, 예술 및 과학을 부활시키려는 움직임에서 출발하였다. 이후 신대륙 발견, 영국의 산업 혁명, 프랑스 혁명을 거치면서 각국의 박물관으로 발전하게 되었다.

박물관은 미술, 문화, 역사, 과학 등 다양한 분야의 학술적 자료를 수집, 보존, 연구하고 이를 대중에게 전시하는 기관이다. 전 세계 202개국에 5만 5,000개가 넘는 박물관이 있으며, 프랑스 파리에 있는 루브르박물관, 영국 런던에 있는 대영박물관과 미국 뉴욕에 있는 메트로폴리탄미술관 등이 유명하다.

자연사박물관(Natural History Museum)은 과학에 대한 전문 박물관으로, 지질, 지구, 광물, 해양, 고인류, 고생물(화석) 및 현생 동물과 식물 및 곤충이 주를 이룬다. 그러나 천체, 생물 진화와 다양성, 생태계 및 보존 지역 등도 포함하며 분야가 다양하다고 할 수 있다. 자연사박물관의 기능에는 표본의 수집, 보존 및 전문 연구원들의 학술 연구가 있으며, 관람객을 위한 전시와 교육 등을 들 수 있다. 특히 지질학자들이 관심을 갖는 것은 연구 기능에 있으며, 매년 수천 편의 연구 논문과 수백 편의 저서가 발행되어, 최고 수준의 연구 활동이 이루어지고 있다.

전 세계적으로 약 2,500개 정도의 자연사박물관이 알려져 있고, 미국 캘리포니아주에만 67개의 자연사박물관이 있으며 영국(46), 독일(40), 캐나다(39) 등 수많은 자연사박물관이 알려져 있다.

이렇게 다양하고 많은 자연사박물관 중에서 대체적으로 높은 평가를 받는 것으로는 뉴욕의 미국 자연사박물관, 시카고 필드자연사박물관, 워싱턴 국립자연사박물관, 런던 자연사박물관, 프랑스 국립자연사박물관, 베를린 자연사박물관 및 북경 자연박물관 등이 있다.

1. 미국 자연사박물관

뉴욕 시내의 미국 자연사박물관은 1869년 건립되었으며 연간 관람객의 수는 500만 명(2018년), 표본의 수는 3,400만 점에 이르는 세계에서 가장 큰 자연사박물관 중 하나이다. 박물관은 45개의 전시 홀로 구성되어 있고, 천체 투영관과 도서실을 포함한다. 표본의 식물, 동물, 화석, 광물, 암석, 원석, 운석, 인류 화석 및 인류 문화 유물 등이 200만 km^2 이상의 면적을 차지하고 있다. 전임 과학자는 225명이고, 이들은 매년 120회 이상의 특별 야외 탐사를 실시하고 있다.

제26대 루스벨트 대통령의 아버지가 설립자 중 한 사람이었으며, 다른 14명과 함께 공동으로 설립하였다. 박물관 건립은 한때 아가시의 제자였고, 어류학과 빙하학의 창시자였던, 자연사에 대한 꿈을 지니고 있었던 빅모어 박사가 뉴욕에 자연사박물관의 설립을 끊임없이 주장하였다. 그의 막강한 후원자로서의 제안이 뉴욕주의 주지사였던 호프만의 지지를 받아 뉴욕의 미국 자연사박물관이 1869년 4월 6일 공식적으로 청원에 서명하게 되었다.

1930년까지는 원래의 빅토리아 고딕 건물 외관에 큰 변화가 없었으나, 1990년대 이후 건물의 내부와 외부를 개선하려는 시도가 진행되어 왔다. 1991년 공룡 홀의 개선이 시작되었고, 1992년 도서관이 새롭게 개선되었다. 최종적으로 전체 마스터플랜이 완성되지는 못했으나 25개의 분리된 건물로 이루어져 있던 박물관이 현재는 26개로 연결된 건물과 45개의 영구적인 전시홀로 이루어져 있다.

인류의 기원과 문화 홀에 있는 인류의 기원 홀은 1921년에 개관하였으며, 원래의 '인류의 시대 홀(Hall of the Age of Man)'은 인류의 기원을 깊숙하게 나타내던 곳이었다. '인류 생물학과 진화 홀'이었던 것이 '인류의 기원 홀'로 이름이 바뀌어 2007년 2월 10일 새롭게 개관하였다. 실물 크기의 디오라마는 인류의 조상들(오스트랄로피테쿠스 아파렌시스, 호모 에르가스터, 네안데르탈인 및 크로마뇽인)을 보여준다. 또한 320만 년 전의 루시의 골격, 170만 년 전의 투르카나 소년, 북경 원인의 캐스트를 포함한 호모 에렉투스(Homo erectus)를 보여준다.

지구와 행성 과학 홀은 운석 홀과 보석과 광물 홀 그리고 행성 지구 홀로 구성되어 있다. 운석 홀은 그린란드에서 발견된 200톤의 케이프 요크 운석과 34톤의 최대 크기의 윌라멧 운석을 보여 주고 있다. 보석과 광물 홀은 10만 점 이상의 보석 중에서 선별하여 유명한 것만을 보여준다. 그중 대표적인 것으로는 1920년대에 콜롬비아 안데스의 광산에서 발견된 632캐럿(126g)의 패트리샤 에메랄드, 스리랑카에서 약 300년 전에 발견된 세계에서 가장 크고 유명한 스타 사파이어인 인도의 별 등이 있다.

행성 지구 홀은 행성에 출현한 인류의 영향과 부가(accretion)에서부터 생명의 기원까지의 지구의 역사를 알아보는 곳으로, 지질학, 빙하학, 대기 과학 및 화산학 등을 포함한 지구계를 연구하고 탐구하기 위해 만들어진 홀이다. 또한 호상 철광층, 변형된 역암, 검은 굴뚝 등의 크고 만져볼 수 있는 표본이 전시되어 있다.

화석 홀(그림 11.1)은 전 세계에서 가장 큰 포유류와 공룡 화석 표본을 보관하고 있다. 또한 특별하게 꾸며진 건물에는 척추동물 화석에 대한 집중적인 연구가 수행되고 있다. 전시 중인 많은 화석들은 박물관의 황금기인 탐사 기간(1880년부터 1930년까지) 동안 채집된 유일하고 역사적인 표본들이다. 또한 베트남, 마다가스카르, 남아메리카 및 동아

그림 11.1
미국 자연사박물관에 전시되어 있는 용반류 공룡 에드몬토사우루스
아넥텐스

프리카에서 채집한 표품들도 있다. 4층에는 척추동물의 기원 홀, 용반류 공룡 홀, 조반류 공룡 홀, 원시 포유류 홀, 그리고 후기 포유류 홀이 있다.

이곳에는 중요한 화석이 많이 전시되어 있는데, 다음과 같은 화석들이 포함된다.

• 티라노사우루스 렉스 : 거의 완전한 골격 화석으로, 표본은 1902년과 1908년에 유명한 공룡 사냥꾼인 브라운이 몬태나에서 발견한 2개의 티라노사우루스 렉스 골격 화석이다.

• 마무투스 : 털이 있는 매머드보다 상대적으로 더 큰 화석으로, 인디애나에서 1만 1,000년 전에 살았던 화석이다.

• 아파토사우루스 또는 브론토사우루스 : 거대한 이 표본은 19세기 말에 발견된 것이다. 골격 화석의 대부분은 원래의 것이나, 두개골 화석은 그곳에서 발견된 바 없기 때문에 원래의 것이 아니다. 최초의 아파토사우루스 두개골 화석은 여러 해가 지나서야 발견되었기 때문에, 두개골 화석의 캐스트가 만들어져서 박물관의 화석에 덮여지게 되었다. 이 표본은 아파토사우루스 또는 브론토사우루스 중 어느 것인지 확실하지 않으며, 아마도 암피코엘리아스 또는 아틀란토사우루스일 가능성도 있다.

• 브론톱스 : 말과 코뿔소와 관련이 있는 멸종한 포유류로, 사우스다코타에서 3,500만 년 전에 살았다.

• 에드몬토사우루스 아넥텐스 : 이 표본은 미라화된 공룡 화석으로 공룡의 피부 자국과 연한 조직이 주위 암석에서 보존되어 있는 대형 초식성 조각류 공룡이다.

- 암모나이트 : 8,000만 년 된 2피트(61cm) 직경의 화석으로 전체가 보석 암모나이트로 이루어져 있으며, 캐나다 앨버타에서 발견되었다.
- 알로사우루스의 골격으로, 아파토사우루스 사체로부터 얻은 화석이다.
- 앤드류사쿠스 골격 화석, 기타 트리케라톱스와 스테고사우루스의 화석 등 다수의 화석이 전시되어 있다.

2. 런던 자연사박물관

런던 자연사박물관은 1881년 개관한 자연과학에 관한 다양한 표본을 전시한 자연사박물관이다. 약 8,000만 점의 지구과학과 생명과학 관련 표본을 전시한 이 박물관은 식물학, 동물학, 곤충학, 광물학 및 고생물학의 다섯 가지로 나뉜다. 연간 관람객이 수는 5,226만(2018년)여 명이고, 약 850명의 직원이 근무하고 있다. 자연사박물관은 18세기 런던의 유명한 외과의사인 슬로안(1660~1753)에 의해 수집된 표본들을 기초로 시작하였다.

'공룡'이란 단어를 최초로 사용한 고생물학자이자 해부학자인 오웬(1804~1892)이 1856년 자연사 표본을 총 관리하는 책임자로 임명되었으며, 자연사 표본을 새롭게 수용할 독립 건물이 1881년 만들어지면서 자연사박물관의 면모를 갖추었다(그림 11.2).

그림 11.2
2008년 런던 자연사박물관에 전시된 공룡 화석 디플로도쿠스

자연사박물관은 개관 이래 대영 박물관(자연사)이라는 공식 이름으로 대영 박물관의 부속 기관으로 남아 있었다. 그러나 왕립학회, 린네학회 및 동물학회 등과 다윈, 윌리스, 헉슬리 등의 학자들의 청원이 1866년 요구되어 대영 박물관으로부터 독립된 자연사박물관의 요청이 이루어졌다. 거의 100년 동안의 뜨거운 논의 끝에 대영 박물관 법률로 가결되었다. 1989년 자연사박물관이 대영박물관(자연사)으로부터 독립된 기관으로서 자연사박물관으로 최종적으로 남게 되었다.

갤러리는 홀과 유사한 성격을 나타내는 곳으로, 모든 갤러리는 적색 구역, 녹색 구역, 청색 구역, 오렌지색 구역으로 나뉘며 각 구역은 여러 분야로 구성된다.

- 적색 구역 : 지구 홀(스테고사우루스 골격), 인류 진화, 지구의 보물, 영속적 인상, 쉬지 않는 표면, 태초로부터, 화산과 지진, 워터하우스 갤러리
- 녹색 구역 : 조류, 곤충, 해양 파충류 화석, 힌쯔 홀(종래의 중앙 홀, 청색 고래의 골격과 대형 세쿼이아), 광물, 도약, 영국의 화석, 애닝의 방, 조사, 동쪽 별관
- 청색 구역 : 공룡, 어류, 양서류 및 파충류, 인류 생물학, 자연의 이미지, 저우드 갤러리, 해양 무척추 동물, 포유류, 포유류 홀(청색 고래 모델), 카도간 홀의 보물
- 오렌지색 구역 : 야생 동물 공원, 다윈 센터

3. 프랑스 국립자연사박물관

프랑스 국립자연사박물관은 1635년 루이 13세가 건립한 약용 식물의 왕립정원이 프랑스 혁명을 거친 후, 1793년 현재의 형태로 발전하였다. 약용식물원은 1739년에서 1788년까지 프랑스의 학자인 뷔퐁이 원장으로 재직하는 동안 지질학, 물리학, 화학 분야까지 연구의 발판이 넓혀져 식물원이 아닌 자연사박물관으로 발전하게 되었다.

프랑스 국립자연사박물관은 세계에서 가장 오래되었으며 최고 수준의 자연사박물관이다. 프랑스 국립자연사박물관은 18세기부터 19세기 초반에 비약적인 발전을 하게 되며, 진화론의 창시자인 라마르크와 생틸레르, 비교해부학자인 퀴비에 등이 프랑스

자연사박물관에서 교수로 활약하였으며, 우라늄의 방사성을 발견한 베크렐도 공헌을 하였다. 특히 퀴비에는 자연사박물관의 관장직을 4회나 역임해 박물관의 발전에 공헌하였다. 자연사 박물관의 일곱 가지 특명은 다음과 같다.

- 분류와 진화
- 규약, 발전 및 분자적 다양성
- 수생 환경과 밀도
- 생태계와 생물 다양성 관리
- 지구의 역사
- 인류, 자연 및 사회
- 선사시대

프랑스 자연사박물관은 열네 곳으로 구성되며, 그중 '식물원'을 포함한 네 곳은 파리에 위치한다. 일반 대중을 위해 개방하는 갤러리는 광물학과 지질학 갤러리, 고생물학과 비교해부학 갤러리, 식물학 갤러리 및 진화론 갤러리가 포함된다. 이 중에서 고생물학과 비교해부학 갤러리는 5억 4,000만 년의 긴 여행이며, 박물관의 하일라이트 중 하나이다. 데본기에 생존한 판피류 어류 화석인 거대한 둔클레오스테우스를 포함한 고생대의 유명한 화석들로부터 출발한다. 2억 5,000만 년 전부터 6,500만 년 전까지에 해당하는 중생대는 디플로도쿠스, 이구아노돈, 카르노사우루스 및 트리케라톱스와 같은 공룡의 황금기였다(그림 11.3).

식물학 갤러리는 1935년에 세워졌으며 800만 점의 식물 표본으로 이루어진 대규모의 식물군을 대표한다.

그림 11.3
프랑스 국립 자연사박물관의 고생물학 및 비교해부학 갤러리

8개 국가의 식물에 대한 잡지를 발간하고 있다.

다음은 박물관의 부속 시설이다.

- 파리 동물 공원 등 3개의 동물원, 3개의 식물 공원, 2개의 박물관 및 4개의 과학관 (인류 고생물학 연구소 등)으로 구성되어 있다.

4. 시카고 필드자연사박물관과 워싱턴 국립자연사박물관

시카고에 있는 필드자연사박물관은 세계에서 가장 규모가 큰 박물관 중 하나이다. 1893년 세계 컬럼비아 박람회와 전시된 유물에서 유래하였으며, 1905년 최초의 주요 후원자인 필드의 이름을 기리고 자연과학에 초점을 맞추기 위해 필드자연사박물관이 개관하였다. 매머드, 알로사우루스, 아파토사우루스, 브라키오사우루스, 데이노니쿠스, 스테고사우루스, 트리케라톱스, 티라노사우루스, 메가테리움, 마스토돈 등 수많은 모식 표본의 골격 화석이 '진화하는 행성'에 전시되어 있다(그림 11.4).

시카고 필드자연사박물관은 2,400만 점의 표본을 갖추고 있으며, 연간 관람객이 200만 명에 육박하는 세계적인 자연사 박물관이다. 진화하는 행성 홀은 약 40억 년 이상의 지구상의 생물의 진화를 보여주며, 특히 다양한 공룡과 포유류의 화석은 자연사박물관의 특징적이라고 할 수 있는 대표적인 표본이다.

스미소니언 연구소의 일부로 1846년에 설립된 워싱턴 국립자연사박물관은 4,500만

그림 11.4
시카고 필드자연사박물관의 가장 크고 거의 완벽한 티라노사우루스 렉스 골격 화석 표본 수(Sue). 발견한 사람인 수 헨드릭슨의 이름을 따라 수로 명명되었다.

점의 세계 최대 표본 수를 자랑하는 자연사박물관으로 연간 관람객의 수도 710만 명 (2016년)으로 세계적으로 많은 관람객이 방문하는 곳이다. 연구는 고인류학, 식물학, 곤충학, 무척추 동물학, 광물학, 고생물학 및 척추동물학으로 구분된다.

지질학, 보석 및 광물 홀은 유명한 것으로는 호프 다이아몬드와 스타 오브 아시아 사파이어를 들 수 있다. 호프 다이아몬드는 인도산으로 생각되며 청색을 띠는 45.52캐럿으로 약 2억 5,000만 달러의 가격이 매겨져 있다. 스타 오브 아시아 사파이어는 330캐럿의 청색 스타사파이어로 미얀마의 모곡 광산에서 출토된 것이다. 이밖에도 35만 점의 광물, 30만 점의 암석과 광석 표본이 있으며 약 4만 5,000점의 운석 표본을 간직하고 있다.

공룡 홀은 고생물 홀이라고 하며 티라노사우루스 렉스와 트리케라톱스를 비롯해 46점의 거의 완전하고 중요한 공룡 화석 표본을 보관하고 있다.

5. 베를린 자연사박물관과 북경 자연박물관

베를린 자연사박물관은 1810년에 개관하였으며 3,000만 점 이상의 동물, 고생물 및 광물 표본을 전시하고 있다. 특히 유명한 표본으로는 최대 크기의 공룡 화석(*Giraffatitan* 골격)과 유명한 시조새 (*Archaeopteryx*) 화석(그림 11.5)이다. 그 외에도 전 세계 광물의 75%를 차지하는 광물 표본과 최대 크기의 호박(amber) 표본이 있다.

북경 자연박물관은 1951년 개관하였으며 고생물학, 조류학, 포유류, 무척추 동물 및 공룡 화석 표본으로 구성되어 있으며 약 20만 점 이상의 표본을 갖추고 있다. 특히 화석 갤러리에는 중생대 갤러리와 신생대 및 초기 생명체 갤러리로 구

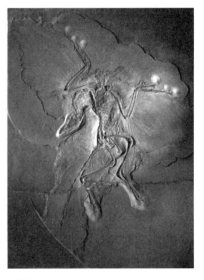

그림 11.5
베를린 자연사박물관에 전시되어 있는 시조새 화석 표본

그림 11.6
북경 자연박물관의 중생대 홀에 전시 중인, 깃털이 있는 공룡 마이크로랩터 화석

성된다.

이 중 중생대 갤러리가 유명하며 많은 공룡 화석 중에서 라이오닝에서 발견된 깃털이 있는 공룡이 알려져 있다(그림 11.6). 이 중에는 공자새(콘푸키우소르니스), 마이크로랩터, 안키오르니스 등 표본이 세계적으로 잘 알려져 있다.

제12장

20세기의 지질학

18세기 후반과 19세기 대부분의 기간에 지질학의 기초를 확립하였던 학자들은 망치와 확대경, 클리노미터(clinometer), 지표의 형태를 관찰하는 데 필요한 숙련된 눈, 그리고 한 켤레의 단단한 구두의 도움으로 연구를 수행하였다. 단지 19세기 말에 가서야 지질학자들은 그들의 도움을 상세한 실험실 연구로 보충하기 시작하였으며, 20세기로 바뀌기 전까지 특히 쥐스의 저서에서 지적된 비전문가의 시대는 종말을 고하게 되었다고 말할 수 있다.

1. 지속 발전 연구

제10장에서 언급한 19세기 후반의 지질학은 제 1 · 2차 세계대전을 거치면서 20세기로 이어져 지속적인 발전을 하였다. 새로운 기술과 과학적 방법이 발전하고 전문 도서와 150여 종류의 지질학 관련 잡지에서 논문들이 홍수처럼 쏟아져 나왔으며, 연구 분야도 더욱 다양해지고 세분되었다.

지질학은 확장되고 열리고 있다. 200년 전에는 큰 발전이 거의 대부분 아마추어의 연구를 통해 이루어졌다. 오늘날에는 원유, 석탄, 가스, 철광상, 건축 재료, 수자원 공급 등 지구 자원의 개발은 자격을 가진 전문가의 공헌에 대해 꾸준히 증가하는 요구를 보증하고 있다.

20세기가 시작되면서, 초기 지질학자들의 상상력을 훨씬 뛰어넘고, 지질학의 실용적인 중요성을 엄청나게 증가시킨 요인들이 나타나게 되었다. 내부 연소 엔진의 발명과 훨씬 후에 이루어진 제트 엔진의 발명으로 이어진 이러한 요인은 원유에 대한 수요였다. 처음에는 채유를 위한 시추는 원유가 스며나오는 표면 근처에 '행운의 구멍 뚫기'의 성질 이상이었으며, 지질학자들의 전문적 의견은 전혀 절대로 필요한 핵심은 아니라고 생각되었다.

그러나 수요가 증가하고, 얕은 유전이 소모됨에 따라 탐색은 격렬하게 증가하였으며, 지질학자들의 역할이 더욱 중요하게 되었다. 원유에 대한 수요의 증가는 잠재적으로 원유가 풍부한 지역에 대한 층서학과 고생물학의 상세한 지식을 필요하게 하였다.

지질 구조 양상의 중요성이 알려지게 되었으며, 그들의 해석은 쌍안 입체경에 의한 항공사진 연구에 의해 극도로 용이하게 되었다. 현미경으로 감정된 미화석, 중광물 및 포자 화석에 의한 지층의 대비는 원유 연구에 있어서 필수적인 요소가 되었다. 더욱이 저유암의 투수성, 덮개암의 치밀성, 근원암의 연속성 및 매몰의 역사(유기 지구화학자가 관여함)는 똑같이 중요한 것으로 알려졌다. 사실상 이 모든 발달은 지질학의 미개척 분야를 힘차게 추구하게 하였다.

순수 지질학에서는 이러한 발전에 수반하여 지구물리, 지진 기술, 양자 자력계 및 중력계의 발달이 이루어졌으며, 이들 모두는 퇴적 분지의 규모 결정, 그들의 지질 구조 양상 및 지하 부정합의 존재를 결정하는 데 도움을 주었다. 유정의 전기 검침 과정의 개선 역시 석유 기술자들에게 중요한 도움이 되었으며, 원유의 탐색은 만약 이들이 없었다면 알려지지 않은 채로 남아있을 전 세계 많은 외딴 지역의 지질을 개방하게 하였다(Hedberg, 1971).

지진 기술은 대륙붕을 가로질러 수천 미터 깊이까지의 지질 단면을 나타낼 수 있게 하였으며, 그 결과는 특히 북해 유전과 같이 전혀 생각지도 않았던 새로운 유전을 발견하게 하였다. 동시에 거대한 시추 플랫폼의 건설에 의해 엔지니어링 기술은 원유 개발에 대한 요구와 보조를 맞추게 되었다.

이미 앞에서 소개한 세계 각국은 석유, 석탄 및 천연 가스 등의 지하 자원 개발에 박차를 가하여 왔다. 또한 화산, 지진, 산사태, 지하수 오염 등과 같은 자연 재해 방지에도 연구가 활발하게 진행되어 왔다.

특히 절대 연령 측정 방법이 다양해지고 측정 기술이 더욱 정교해져서 많은 연대 측정 자료가 생겨나게 되었다. 예를 들면 달림플(1937~)의 명저인 **지구의 나이**(*The Age of the Earth*)(1994)는 우리 인류가 과거 2,500년 동안 기다려왔던 궁금증을 해결한 것이다.

또 다른 예로 공룡 화석을 들 수 있다. 공룡 화석은 약 1,000종 이상의 종이 알려져 있으나, 20세기 중에 발견된 것이 거의 대부분인 약 4분의 3 정도를 차지하고 있다. 오스트롬(1928~2005)이 데이노나이쿠스를 발견한 1964년을 공룡 연구 르네상스의 시작으로 생각하고 있다. 20세기 말엽에는 중국 랴오닝(요녕)의 이시안 층에서 다양한 깃털 공룡 화석이 발견되어 대단한 주목을 받고 있다. 또한 앨버레즈(1911~1988)에 의해 운석 충돌로 공룡이 멸종하였다고 발표하며(1980) 비상한 관심을 갖게 되었다.

마지막 예로, 편광 현미경과 전자 현미경의 발명과 정밀한 화학 분석으로 미세 조직과 구조 및 화학 성분을 갖는 암석과 광물의 성질이 밝혀지고 있다. 암석학을 다룬 많은 도서와 관련 논문을 들 수 있다. 페티존(1904~1999)의 명저인 **퇴적암석학**(*Sedimentary Petrology*)(1983)은 지질학자들이 탐독해 왔던 필독서 중 하나이다. 그 외에도, 필포츠와 에이그의 **화성암석학과 변성암석학 원리**(*Principles of Igneous and Metamorphic Petrology*)(Cambridge, 2009), 블랫 외의 **화성암석학, 퇴적암석학 및 변성암석학**(*Petrology: Igneous, Sedimentary and Metamorphic*)(Freeman, 2005) 등 수많은 도서가 출판되었다. 또한 태양계 행성들에 대한 **행성지질학**(*Planetary Geology*)이란 학문이 새로 생겨나 각광을 받고 있다.

2. 대륙이동설

여러 지구의 성질에 대한 초기 고찰이 있었다. 1788년 프랭클린(1706~1790)은 지구가 유체로 된 핵을 갖고 있다는 것을 지로-솔라뷔(1751~1813)에게 편지로 쓴 바 있으며(Merrill, 1906), 스나이더-펠레그리니(1805~1885)는 석탄기에 유럽과 아프리카 대륙이 아메리카 근처에 있었음을 그림과 함께 나타내는 논문을 출판하였다(1858). 스마이드(1868)의 말에 따르면, 수년 후에 에반스는 "지각의 일부분은 지구 내부 핵 위로 딱딱한 외피의 실제 움직임을 수반한다"라고 생각하였다.

그라바우(1870~1946) 역시 대륙표이로서 알려지게 된 내용을 설명한 대표적인 초기 인물이었으나, 이러한 생각은 1910년에 테일러(1860~1938)와 1915년에 베게너(1880~1930)가 대륙 지괴의 엄청난 수평적 이동을 주장한 20세기의 초기까지 정밀한 연구가 수행되지 않았다. 뒤투아(1878~1948)는 그의 잘 알려진 저서 **우리의 표류하는 대륙**(*Our Wandering Continents*)(1937)에서 이들의 견해를 지지하였다.

그러나 겉보기 극이동(Apparent Polar Wandering)과 해양 현무암의 절대 연령 측정의 사실이 지구물리학자들에 의해 확립되기까지 지질학자들의 자연계에 관한 대화가 정복된 것은 아니었으며, 이러한 발달로부터 판구조론이라는 가장 자극적으로 흥분시키는 개념이 생겨나왔다. 많은 지질학적 사고의 가닥을 함께 묶게 하였으며, 수축하는 지구의 '주름진 사과(wrinkled apple)' 모델을 떨쳐버리게 하였고, 지각의 수평 운동이 수직적 융기와 침강의 규모를 훨씬 능가한다는 것을 밝히게 하였다. 이러한 발달 때문에 지난 20년간의 시간은 '지질학의 두 번째 영웅시대'로서의 자격을 갖는 것으로 제안되어 왔다.

베게너(그림 12.1)는 1880년 11월 1

그림 12.1
대륙이동설을 제창한 베게너

일 베를린에서 목사의 아들로 태어났다. 그는 24세인 1904년에 베를린대학교에서 천문학을 전공하여 박사 학위를 받았으나, 당시 새로운 분야로 여겨지던 기상학 분야에 더 많은 관심을 갖고 연구하였으며 기구를 이용해 기류의 이동 경로를 추적하는 데 선구적인 공헌을 이룬 바 있다.

또한 그는 지구물리학, 기후학, 화산학, 해양학, 수문학, 빙하학 등 지구과학의 전 분야를 독학으로 공부하여 관심 분야를 확대하기도 하였다. 1906년에는 기상학자로서 오랫동안 염원하던 그린란드 탐험대의 일원으로 참가한 바 있으며, 그 후 독일의 마르부르크대학교의 물리학 연구소에서 대기 열역학을 연구하고 강사로서 근무하였다.

베게너는 31세인 1911년 가을 어느 날 마르부르크대학교의 도서관에서 책을 구경하다 우연히 브라질과 아프리카 사이에 옛날에 육교가 있었음을 내용으로 하는 논문을 발견하였다. 베게너는 지금은 멀리 떨어져 있는 두 대륙이 예전에는 하나로 붙어있었다는 내용을 잘 알고 있었지만, 대양을 건너가는 것이 불가능하고, 대서양 양쪽 대륙에서 동일하게 발견된 동식물 화석의 기재를 다룬 육교설의 증거는 베게너에게 놀라운 것이었다.

그는 이를 토대로 지질학과 고생물학 분야의 관련 논문을 종합적으로 분석하였으며, 이것은 바로 20세기 지질학의 혁명을 야기한 숙명적인 사건으로 이어졌다. 이로부터 불과 몇 달이 지난 후인 1912년 1월 6일 그는 프랑크푸르트에서 개최된 독일 지질협회에서 육교설을 부정하고 대륙의 이동을 설명하는 논문을 발표하였다.

이 논문은 4일 후인 1912년 1월 10일 마르부르크 자연과학진흥학회에서도 발표되었으며, 두 가지 학술지(*Geologische Rundschau 3*, *Petermanns Mitt. aus J. Perthes Geogr. Anstalt, 58*)에 논문 '대륙의 기원(*Die Enstehung der Kontinente*)'으로 출판되었으나 세인의 주목을 거의 받지 못하였다.

그는 그 해 봄에 다시 그린란드 탐험에 참가하였으며, 이듬해에는 당시 기상학의 원로였던 쾨펜(1846~1940)의 뒤를 이어 함부르크에 있는 해군 관측소의 기상연구소장직을 역임하게 되었고 그의 딸과 결혼하였다. 1년 후인 1914년에 제1차 세계대전이 발발하자 독일군에 징집되어 육군 기상예보 장교로 복무하다 팔과 다리에 부상을 입고 제대하였다.

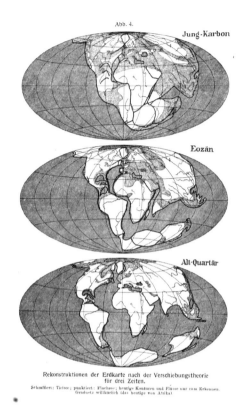

그림 12.2

베게너의 대륙이동설
상 : 석탄기 전기
중 : 에오세
하 : 제4기 말기

베게너는 1915년 대륙과 해양의 기원(*Die Entshung der Kontinente und Ozeane*)(그림 12.2)을 발표하였으며, 이는 다시 1920년, 1922년 그리고 1929년에 각각 제2, 제3, 제4판으로 보완되어 출판되었다. 이 중에서 제3판은 1924년에 영어, 프랑스어, 스웨덴어, 스페인어 및 러시아어로 번역되어 출판되었으며 세계 여러 나라 학자들에게 충격적인 관심을 끌게 되었다. 이 판에서 베게너가 표현한 '대륙의 변이(*Die Verschiebung der Kontinente*)'는 영어로 '대륙의 표이(continental displacement)'라는 용어로 쓰게 되었다. 우리나라에서는 이를 흔히 대륙의 이동으로 표현하고 있다.

1923년 1월 런던에서 개최되었던 영국 왕립 지리학회에 참가하였던 여러 학자들은 그의 발표 논문에 대해 철저한 거부 의사를 표명하였다. 지질학자인 레이크는 그를 진실을 찾으려고 하지 않는 사람, 모든 사실을 모르는 맹인으로 취급하였으며, 퍼즐에서 모양을 임의로 바꾼다면 조각들을 맞추는 것은 쉬운 일이라고 언급한 바 있다.

영국의 저명한 천문학자이며 지구물리학자인 제프리스(1981~1989)는 1924년에 출판된 그의 저서 **지구, 기원, 역사 그리고 물리적 구성**(*The Earth, Its Origins, History and Physical Constitution*)에서 베게너가 제시한 대륙 이동의 지질학적 및 생물학적 증거들을 경멸하였으며, 대륙 이동의 최대 약점인 베게너가 대륙 이동의 원동력으로 제시한 지구 자전과 중력 에너지에 대해 전혀 불가능하다는 것을 언급하였다.

이러한 분위기는 베게너에게 불리하게 작용하여 독일에서 연구에 전념할 수 있는 안전한 직장을 구하는 데 어려움을 주었다. 그는 1924년 그에게 호의적인 반응을 보이는 오스트리아로 옮기게 되었으며 그라츠대학교에서 기상학과 지구물리학을 담당하는 교수로서 연구에 전념하게 되었다. 그는 이때 **지질 시대의 기후**(*Die Klimate der Geologischen Vorzeit*)라는 저서를 그의 장인이자 기후학의 전문가인 쾨펜(1846~1940)과 함께 출판하였다.

1928년 11월 뉴욕에서 개최된 미국 석유 지질학자 연합회(AAPG)가 주관한 국제회의에 초청된 베게너는 또 한 번의 심각한 공박을 받게 되었다. 시카고대학교의 체임벌린(1843~1928)은 베게너의 대륙이동설을 전혀 근거 없는 조잡한 것으로 취급하였으며, 스탠퍼드대학교의 저명한 고생물학자인 윌리스(1857~1949)는 "만약 우리들이 베게너의 가설을 믿게 된다면 우리는 지난 70년 동안 배운 모든 것을 잊어야만 하고, 모든 것을 새로 시작해야 한다"라고 언급한 바 있다.

홈즈(1890~1965)는 에든버러대학교의 저명한 지질학자로 1928년 대륙 이동의 원동력을 설명하는 맨틀 대류설을 주장하였다. 그러나 그의 이런 생각은 약 30여 년이 지나서야 해저확장설과 판구조론을 주장하는 지질학자들에 의해 수용되었다.

벨우소프(1907~1990)는 소비에트 연방의 지구과학자로 20세기의 가장 격렬했던 대륙이동설과 해저확장설 및 판구조론에 대한 대안의 저명한 옹호자였다. 1942년 그는 지구의 물질이 밀도에 따라 점진적으로 분화하여 현재 지구의 내부 구조를 생성하고, 점진적인 운동이 지각 운동의 기본 원인이라는 이론을 발전시켰다.

베게너가 이렇게 곤경을 당하며 그의 대륙이동설이 배척되는 이유에 대하여, 그의 장인인 쾨펜은 베게너가 지질학자도 아니고 고생물학자도 아닐 뿐만 아니라, 그의 생각은 오랫동안 쌓아놓은 모든 지질학의 기초를 뒤흔드는 것이었기 때문이라고 한 바 있다. 또한 옥스퍼드대학교의 지질학자인 할람(1933~2017)은 베게너가 지질학자들의 모임의 회원이 아니었던 것을 이유 중 하나로 지적하였으며, 그가 독창적인 착상을 하게 된 것은 기존의 지질학적 관념을 세뇌받을 정규 교육을 받지 못하였기 때문이라고 주장하였다.

1930년 베게너는 21명의 과학자와 기술자를 이끈 탐험 대장으로 제3차 그린란드 탐험에 나서게 되었다. 4월에 그린란드에 도착한 탐험대는 세 곳에 베이스캠프를 설치하였으며, 베게너는 9월 21일 지질학자 르데에와 13명의 그린란드인과 함께 탐험 대원의 캠프를 찾아 나서게 되었다. 최종적으로 남은 두 명의 대원과 함께 40일 동안 250마일의 거리를 썰매를 타고 이동하였으며, 10월 30일 동료들의 캠프에 도착하여 그들을 격려하고 그 곳에서 이틀 동안 머물렀다.

11월 1일 그의 50회 생일날 아침 간단한 생일 파티를 마친 후 다시 본래의 캠프로 돌아갔으며, 그 후 그의 소식은 다시 전해지지 않았다. 이듬해 4월에야 그의 시체는 부러진 스키폴과 함께 눈 속에서 발견되었다.

현대 지구과학의 서막을 알리는 대륙이동설은 베게너의 죽음과 원동력에 대한 명쾌한 설명의 부족으로 점점 잊혀졌다. 그러나 제2차 세계대전의 혼란이 지난 후, 1950년대에 고지자기학이라는, 전혀 생각지도 못했던 부분에서 나온 증거로서 대륙이동설은 다시 부활하게 되었다.

케임브리지대학교의 런콘(1922~1995)은 여러 지질 시대에 걸친 유럽의 암석 시료를 얻어 측정한 결과 신생대 제3기 이전에 있어 자극의 위치가 시간에 따라 점진적으로 변하였다는 사실을 발견하였다. 이러한 자극의 경로는 북미에서의 암석에 대한 측정 자료로부터 구한 것과 위치가 다르기는 하나 대체로 유사한 모습을 이루고 있음을 알게 되었다. 대부분 지구물리학자들이 생각하는 바와 같이 지구의 자극은 위치가 거의 변하지 않은 것으로 보면 이러한 사실은 지질 시대에 다른 대륙의 이동에 따라 나타나는 겉보기 극이동 경로(Apparent Polar Wandering Path)를 나타낸 것이다.

또한 현재 복각이 60°인 영국에 분포한 중생대 트라이아스기의 지층에서 측정한 고지자기의 복각이 30°인 사실은 영국이 중생대 이후 약 3,000km 북상하였음을 나타낸 것이며, 현재 적도상에 위치한 데칸 고원의 현무암에서 측정한 쥐라기의 복각이 −64°인 사실은 인도 대륙이 쥐라기 이후 약 7,000km 북상하여 아시아 대륙과 합쳐졌음을 나타내는 것이다. 베게너가 대륙 이동의 원동력을 명쾌하게 설명하지 못함으로써 그가 제시한 대륙 이동의 여러 증거들마저 우연의 일치라고 공박했던 때를 생각해보면, 고지자기 연구가 대륙 이동을 설명할 줄은 누구도 예상하지 못했던 것이었다.

3. 해저확장설

제1차 세계대전이 끝나자 지표의 70% 이상을 차지하는 해양은 전략상 중요한 연구 대상이 되었다. 1920년대에는 음향측심법(echo-sounding)이 개발되어 해저 지형이 알려지게 되었으며, 미국의 캘리포니아에 있는 스크립스 해양 연구소와 컬럼비아대학교의 우즈 홀 해양연구소와 라몬트 지질관측소는 해양지질학과 해양지구물리학 연구의 중심이 되었다.

1947년에는 유잉(1906~1974)과 히젠(1924~1977)에 의해 대서양 중앙 해령이 알려지게 되었으며, 1953년에는 중앙 해령의 한가운데에 열곡이 있음이 알려지게 되었다. 이후 대양저 산맥(중앙 해령)은 총 길이가 6만 km, 폭이 약 2,000km에 이른다는 사실이 밝혀지게 되었다. 이는 면적으로 볼 때 약 1억 2,000만 km²로 지구 전체 표면적의 25%를 차지하는 것으로서, 20세기 전반에 우리를 가장 흥분시키는 지구과학의 대발견이었다.

1960년에 프린스턴대학교의 헤스(1906~1969)는 해저확장설을 내용으로 하는 논문 '해양 분지의 역사(History of ocean basins)'를 집필하여 1962년에 출판하였다. 헤스와 같은 내용의 논문이 디츠(1914~1995)에 의해 1961년에 논문 '해저 확장에 의한 대륙과 해양 분지의 진화(Continent and ocean basin evolution by spreading of the sea floor)'로 발표되었고, 디츠는 '해저 확장(seafloor spreading)'이라는 용어를 처음으로 사용하였다(그림 12.3).

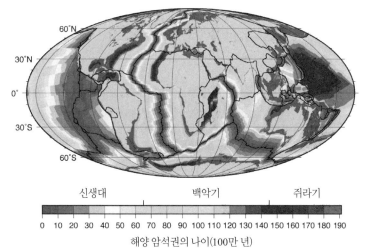

그림 12.3

해저 확장을 나타내는 해양의 지각 나이 분포. 확장하는 축을 따라서 해양 지각의 나이가 점차 대칭적으로 많아지는 것을 보여준다.

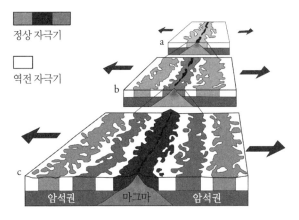

정상 자극기

역전 자극기

암석권　　마그마　　암석권

그림 12.4
해저확장설의 근거가 된 바인과 매튜스의 대칭적 자기 이상을
보여주는 해양 지각

한편 1950년 후반에 스크립스 해양 연구소의 연구자들은 동부 태평양에서 남북 방향으로 연속되는 특이한 자장대(고지자기 줄무늬)가 존재하는 사실을 발견하였으나, 이것이 무엇을 의미하는지는 오랫동안 수수께끼로 남아있었고, 유사한 사실들이 여러 해양에서도 관측되었다.

이러한 수수께끼를 풀어낸 사람은 케임브리지대학교에서 매튜스(1931~1997)의 지도를 받고 있던 바인(1939~)이라는 대학원생이었다. 바인과 매튜스는 1963년 네이처에 발표된 논문 '해령에서의 자기 이상(*Magnetic anomalies over ocean ridges*)'에서 자장 이상대를 해저 확장의 결과로 다음과 같이 설명하였다(그림 12.4).

해양저가 확장하고 지자기의 반전이 일어난다면 현무암질 마그마는 해령 축에서 상승하여 퀴리 온도 이하에서 냉각하여 암맥으로 변함에 따라, 당시 자기장의 방향으로 자화한 후에 그 축으로부터 떨어져 옆으로 확장할 것이다. 이 암맥이 축을 중심으로 갈라지는, 이와 같은 과정이 반복되면 해령 축에 나란하게 정상과 역전으로 자화된 물질이 교호하는 일련의 대가 형성되고, 그 시대는 축으로부터 멀어짐에 따라 점차 연령이 증가할 것이다.

바인과 매튜스의 가설은 해저확장설을 증거하는 것으로서, 고지자기 반전의 역사가 알려짐으로써 정량적 해저 확장의 정도를 계산할 수 있게 되었으며, 지질학 발전에 획기적인 공헌을 이룬 것으로 알려지게 되었다. 토론토대학교의 윌슨(1908~1993)은 지각의 운동이 지진과 화산 활동으로 대표되는 호상 열도와 해구, 중앙 해령 및 큰 수평 이동을 가진 단층으로 집약된다는 사실에 감명을 받았으며, 이들 현상이 가끔 그 연장선상에서 갑자기 끊기는 것 같다는 점이 특히 흥미로웠다.

월슨은 1965년 7월 네이처에 발표한 논문 '새로운 종류의 단층과 대륙 이동에 대한 영향(*A new class of faults and their bearing on continental drift*)'에서 특징적인 지질학적 현상들은 지표를 구성하고 있으며 일정하게 움직이는 여러 개의 커다란 견고한 판(rigid plates)의 망상 조직의 증거로 설명할 수 있다고 주장하였으며, '변환 단층(transfrom fault)'이라는 개념을 도입하였다.

그는 한 예로서 산안드레아스 단층이 캘리포니아만에 있는 동태평양 해령의 축과 밴쿠버섬의 서남부에 있는 후안 데 푸카 해령을 연결하는 변환 단층이라고 설명하였다. 이 새로운 개념은 해령의 떨어짐과 대륙 연변부에서 해양 파쇄대(fracture zone)가 자취를 감추는 문제들과 씨름을 하여 온 수많은 해양학자들에 의해 곧 받아들여졌고 해양저의 비밀은 조금씩 풀리게 되었다.

4. 판구조론

1967년 1월 미국 워싱턴에서 개최된 미국 지구물리연맹 회의에는 해저확장설에 관한 약 70편의 논문이 발표되었으며, 이들은 지구물리연구 잡지 1968년 3월 호에 출판되었다. 베게너의 대륙이동설과 헤스와 디츠의 해저확장설에 이어진 지구 전체 구조를 설명하려는 여러 학자들의 연구 결과는 판구조론이라는 지구과학의 패러다임을 만들게 되었다(그림 12.5).

프린스턴대학교의 지구물리학자인 모건(1935~)은 그의 논문 '해팽, 해구, 거대한 단층, 그리고 지각의 블록(Rises, trenches, great faults, and crustal blocks)'에서 판의 운동을 완전하게 지지하는 전 세계적인 지진학적 증거를 제시하였다. 천발 지진은 해령과 변환 단층에서 특징적으로 발생하는 데 반해, 심발 지진은 판이 해구로 소멸하는 장소에서만 일어난다. 또한 지진에 의한 지표 운동의 방향은 피숑(1937~)이 판 운동을 수학적으로 예언한 것과 일치하였다.

그들은 1961년과 1967년 사이에 기록된 모든 지진을 지도상에 옮겨 놓은 환상적인 자료를 제시하였는데, 점으로 표시된 지진들은 변환 단층과 파쇄대 및 해령을 따라 선

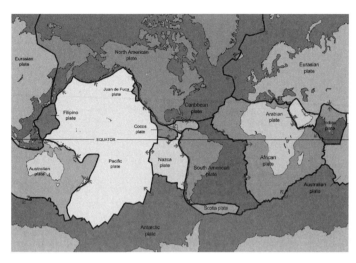

그림 12.5

판의 분포와 이동을 나타내는
판구조론

상으로 분포하며, 해구와 판이 충돌하는 곳에서는 밀집되어 분포하였다. 벽걸이 크기의 이 지도는 라몬트 연구소의 벽에 걸렸고 모든 사람들이 판이 움직이고 있다는 것을 한눈에 볼 수 있게 하였다.

아이작스와 올리버는 1968년 조산·습곡 운동으로서의 역동적인 지질학적 과정을 기재하기 위해 100여 년 동안 쓰였던 건축자를 뜻하는 그리스어의 '텍톤(tekton)'에서 기원한 '텍토닉스(tectonics)'라는 용어를 도입하였다. 그들은 개념의 범위와 새로움을 강조하기 위해 '신지구구조론(New Global Tectonics)'이라는 용어를 제안하였으며, 이는 흔히 '판구조론(Plate Tectonics)'이라 불리고 있다.

대륙이동설에서 출발해 해저확장설을 거쳐 발전한 판구조론은 분산된 지질학적 현상을 종합시키고, 지금까지 얻어진 것보다 지구 진화의 양상을 더욱 밀착되고 쉬운 모양으로 볼 수 있게 하는 데 크게 공헌하였다. 19세기 초에 허턴의 동일과정설이라는 규범을 받아들이고, 스미스의 화석에 의한 층서 대비가 지질학을 참된 과학으로 성립하게 한 이래 판구조론은 지구과학에 있어 가장 큰 진보로서의 위치를 굳히게 되었다. 이를 출발시킨 사람으로서 베게너는 금세기 가장 중요한 과학의 선구자 중 한 사람으로 인정된다.

1969년 7월 암스트롱이 계수나무 밑에서 이태백이 놀았다는 달에 안착함으로써 지구과학자들은 지구를 포함한 우주의 신비를 풀어나가는 새로운 시대를 맞이하게 되었다.

5. 열주구조론

암판의 운동을 동역학적으로 설명하는 통일 이론으로서 판구조론이 등장한 지 25년이 지난 1994년, 그동안 축적된 연구 결과와 함께 초고압 실험과 지진파 토모그래피(tomography) 연구 결과 지구 내부의 운동을 설명하는 열주구조론(plume tectonics)이 발표되었다. 지진파 토모그래피 기법의 발달로 밝혀진 지구 내부의 온도 구조를 바탕으로 맨틀 열주들의 분포를 추정할 수 있었다(그림 12.6). 열주구조론(Maruyama, 1994)에 의하면 지구의 내부에는 아시아 대륙 밑에서 섭입에 기인한 거대한 냉주(cold plume)가 하강하고 있고, 이에 대한 역작용으로 발생하는 남태평양 초열주(superplume)와 아프리카 초열주가 상승함으로써 맨틀 전반에 걸친 원통상의 대류 운동이 지구조 운동을 지배한다.

섭입하는 암판의 덩어리인 슬랩(slab)은 상부와 하부 맨틀의 경계면인 670km 부근에서 체류하기 시작하여 체류 슬랩이 형성된다. 시간이 지남에 따라 체류 슬랩은 지속적으로 축적되며, 중앙 해령에서 판의 생성 속도 및 확대 속도는 점차 감소하게 된다. 결국 한계를 넘어선 체류 슬랩은 붕락하여 차가운 플룸이 되는 것이다.

열주구조론을 주장하고 있는 학자들은 아시아 중앙부에 형성된 거대한 분지는 체류 슬랩의 붕락에 의한 것이며, 분지의 규모는 낙하 슬랩의 넓이에 해당된다고 믿고 있다. 냉주의 주원인이 되는 붕락 슬

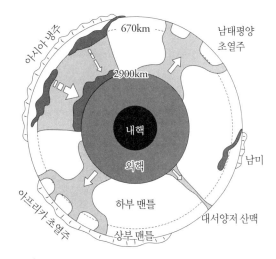

그림 12.6
열주구조론 개념도(Fukao et al., 1994; Maruyama, 1994).

랩이 핵과 맨틀의 경계에 도달하면 핵은 냉주에 대해 민감한 열적 반응을 일으키게 되고, 경계면의 온도 구조가 교란되어 열주의 생성을 유발한다. 이렇게 생성된 열주들은 초대륙들을 분열시키는 데 주된 작용을 했다고 한다. 2억 년 전 아프리카 초열주는 아프리카 대륙을 분열시켰고, 남태평양 초열주는 6~7억 년 전 탄생하여 초대륙 곤드와나를 분열시킨다. 이에 비해 아시아 하부의 냉주는 약 3억 년 전에 발생한 것으로 추정하고 있다.

결론적으로 열주구조론에 의하면 판의 섭입이 시작되고, 냉주가 생성되면 그 영향으로 열주가 형성되면서 지구 내부는 맨틀 대류에 의하여 모든 운동이 지배된다는 것이다.

판구조론이 지구의 표피를 지배하는 판 운동을 관장하는 데 비하여, 열주구조론은 판구조 운동의 근본적인 원동력인 맨틀을 포함한 지구 내부의 구조를 지배한다고 할 수 있다. 다시 말하면 판의 섭입이 시작되기 전까지는 판구조론의 영역으로, 판의 섭입이 시작되면서부터는 열주구조론이 지구 내부의 운동을 지배하는 것이 된다. 판의 섭입에 기인한 냉주와 이에 관련된 열주에 의하여 지구 내부의 운동이 지배된다. 판구조론의 원동력에 대한 완전한 이해와 열주구조론과 같은 지구 전체의 운동에 대한 체계적인 연구가 기대된다.

6. 연대 측정과 지구의 나이

지구의 나이는 얼마나 되었을까? 오늘날 많은 사람들이 알고 있는 물음이다. 그러나 연대 측정과 지구의 나이를 어떻게 알아낼까에 대한 대답은 그리 간단하지 않다.

바빌로니아 사람들은 창조가 40~20만 년 전에 일어났으며, 이집트인들은 약 4만 년 전에 창조가 있었다고 한다. 이는 과학적인 근거가 없는 신화 같은 이야기일 뿐이다. 성경에 의하면 창조는 기원전 4004년 10월 22일 밤에 이루어졌다고 어셔(1650)는 주장한 바 있다. 당시의 저명한 학자들 가운데 지구의 나이를 약 6,000년 정도로 생각했던 사람으로는 뉴턴(B.C. 4000), 케플러(B.C. 3877 4월 27일), 루터(B.C. 3961) 등이 있다. 당시에 지질 연대와 지구의 나이를 측정하기 위한 도구가 성경에 있는 창세기의 창조 이야기뿐이었기 때문이다.

17세기에 스테노에 의해 지층 누중의 법칙이 발표되고 19세기에 스미스에 의해 동물군 천이의 법칙이 발표됨으로써, 지질 시대를 고생대, 중생대, 신생대로 구분하게 되었다. 다시 캄브리아기부터 페름기까지의 고생대, 트라이아스기부터 백악기까지의 중생대, 그리고 제3기부터 제4기까지의 신생대를 세분하게 되었다. 그러나 상대적인 지질연대는 절대 연대가 표현되지 못한 채로 단지 지질 시대의 순서만으로 머물 수밖에 없었다.

18세기에 뷔퐁에 의해 지구의 냉각 속도에 근거하여, 지구의 나이를 7만 5,000년으로 계산하였다. 졸리(1900)는 바다의 염분을 측정하여 지구가 약 1억 년 전에 탄생하였다고 생각한 바 있다. 그리고 영국의 저명한 물리학자인 톰슨은 1862년 지구는 2,000만~4억 년 전에 탄생하였다고 주장하였다. 이와 같이 절대 연대를 알아보고자 하는 노력이 여러 가지로 진행되었으나 어느 것도 정확한 것은 아직까지 없었다.

퇴적암의 총 두께와 퇴적되는 속도를 측정하여 지구의 나이를 추정하려고 하는 많은 지질학자들도 있었다. 결과는 학자들마다 다르나, 지구의 나이가 어셔의 창조 시기인 B.C. 4004와 달리 15억 년까지 이른다는 결과를 보여주고 있다. 이러한 노력은 (표 12.1)에서 보는 바와 같이 19세기 중반부터 20세기 초까지 약 50년 동안이나 계속되었으며, 지질학자들이 정말로 궁금해 하고 있던 지구의 나이가 얼마나 알고 싶었는지를 여실히 보여준다.

이러한 궁금증을 풀어준 실마리를 제공한 사람은 프랑스의 물리학자인 앙리 베크렐 (1852~1908)이었다. 그는 1896년 방사선을 발견하고, 퀴리 부부는 방사능이라는 이름을 붙였다. 그 후 새로운 방사능 물질인 토륨, 폴로늄, 라듐 등이 발견되었다. 방사선을 발견한 공로로 1903년 퀴리 부부와 함께 노벨 물리학상을 받은 바 있다.

방사능 연구의 선구자인, 뉴질랜드에서 태어난 영국의 물리학자 러더퍼드(1871~1937)는 반감기를 명명하고 방사능 연대 측정 방법을 규명하였다. 러더퍼드는 1905년 라듐-납의 붕괴로부터 암석의 연대를 측정하여 9,200~5억 7,000만 년이라는 결과를 얻었다. 그러나 라듐의 반감기를 개선하고 측정의 결함을 보완하여 1907년 26개의 암석 시

표 12.1

여러 지질학자들이 측정한 퇴적암의 두께, 퇴적 속도 및 지구의 나이

연도	연구한 사람	최대 두께(km)	퇴적 속도(mm/1,000yr)	지구의 나이(100만 년)
1860	Phillips	22	0.2	96
1869	Huxley	30.5	0.3	100
1871	Haughton	54	0.03	1526
1890	Lapparent	46	0.5	90
1892	Wallace	54	2	28
1892	Geikie	30.5	0.4~0.04	70~680
1893	McGee	80.5	0.5	1584
1893	Upham	80.5	1	100
1895	Sollas	50	3	17
1900	Sollas	81	3	26.5
1908	Joly	81	1	80
1909	Sollas	102.5	3	80

료의 나이가 4억 6,000만~22억 년이라는 보고를 하였다.

홈즈(1890~1965)는 맨틀대류설을 주장한 영국의 지질학자로서, 광물의 방사성 연대 측정법을 개척하였고, 물성지질학의 원리(*Principles of Physical Geology*)(1944)를 출판하였다. 그는 1913년에는 시생대의 암석을 16억 년으로 측정하였고, 1927년 지구의 나이가 16~30억 년이라고 발표하였으며, 1940년에는 45억 년으로 수정하였다.

1956년 패터슨(1922~1995)은 미국의 지구화학자로서 캐니언 디아블로 운석의 납의 동위 원소를 이용하여 지구의 나이를 45억 5,000만 년으로 계산하였다(그림 12.7). 이는 지구의 나이를 정밀하게 측정한 것으로 1956년 이후 그 값이 거의 변하지 않고 있다.

현대의 방사성 연대 측정은 왜곡을 최소화하기 위하여 동일한 샘플에서 40여 가지의 다른 연대 측정 방법을 적용하기 때문에 정밀한 측정값을 얻을 수 있다. 미국의 지질학

자인 달림플(1937~)은 **지구의 나이**(*The Age of the Earth*)(1994)라는 저서를 출판하여 주목을 받고 있다. 그에 의하면 지구의 나이는 45억 4,300만 년이고, 운석의 나이는 45억 6,700만 년이며, 지구에서 발견되는 최고의 저어콘은 오스트레일리아의 잭 힐스에서 발견된 44억 4,000만이다.

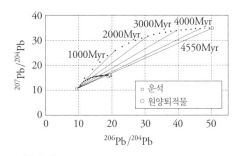

그림 12.7

패터슨이 지구의 나이를 45억 5,000만 년으로 결정하는 데 이용한 자료를 보여주는 납 동위 원소 아이소크론 다이어그램

인류는 지난 2500년과 궁금했던 지구의 나이에 대한 자료를 얻게 되었으며, 지질 시대 동안 일어났던 수많은 암석과 생물의 변화 시기를 정량적으로 측정할 수 있게 되었다.

이를 적용한 예를 들자면 세계지질도(그림 12.8)를 들 수 있다. 국제지질과학총회(IGC)가 1878년 프랑스 파리에서 창설되고, 캐나다 토론토에서 개최된 1913년 12차 총회에서 세계지질도위원회(CGMW)가 창립되었다. 거의 창립 100주년에 맞춰 2014년 세계지

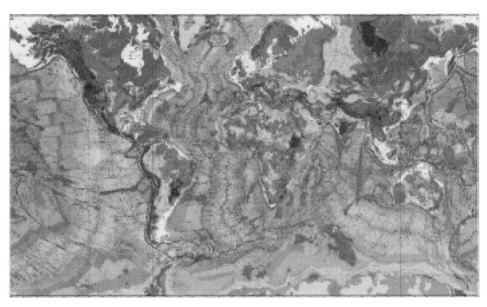

그림 12.8

2017년 세계지질도위원회가 작성한 세계지질도. 축척 1:3,500,000(Bouysee, 2014)

질도위원회가 전 지구의 육지와 바다에서 세계 각국의 지질학적 정보를 종합적으로 정리하여 제작한 세계지질도(GMW)(Bouysee, 2014)는 지질 시대에 따른 암석과 지질 구조의 전지구적인 분포를 나타낸 것으로, 오랫동안 지질학의 선구자들의 피와 땀으로 이루어진 아름다운 지구의 모습을 잘 보여준다.

제13장

한국의 지질학

한국의 지질학의 발전 과정은 1945년을 기준으로 해방 전과 해방 후로 나눌 수가 있다. 이는 시대적 구분이기는 하나, 36년 동안의 일제 강점기로 인하여 거의 모든 활동이 중단되고 있었다. 1918년에 설립된 지질조사소와 1922년에 설립된 중앙연료선광연구소는 명목상 자원 개발을 위한 것이었지만 실제로는 자원 수탈이 목적이었다. 이 중 고바야시, 가와사키 및 다테이와 등의 연구가 주목된다.

    1945년 해방을 맞이하여 지질학회를 창설하고, 각 대학교에 지질학과를 창설하였다. 지질광산연구소는 여러 차례 이름을 바꾸면서 한국지질자원연구원으로 바뀌었으며, 꾸준히 지질도폭을 개발해오고 있다. 지질학회 회원은 한국 지질학계의 선구자로서, 대학, 지질조사소 및 여러 광업회사에서 각 분야의 수많은 지질학자들이 꾸준히 그리고 활발하게 활동하고 있다. 2024년에는 부산에서 37차 국제 지질학회가 개최될 예정이며, 한국의 지질학의 발전된 모습을 세계 각국에 선보이게 될 것이다.

1. 해방 전의 지질학

한반도 지질학의 발자취는 선사시대의 우리 조상들이 남긴 유물로 짐작할 수 있다. 선사시대의 무덤에서 출토되는 부장품에는 점토, 광물 및 암석을 이용해 만든 각종 토기와 농기구, 무기 및 옥 등으로 장식된 장신구 등이 있다. 이는 우리의 조상들이 구석기시대부터 이미 한반도의 지질을 반영하는 지하자원을 실생활에 유용하게 이용하였음을 나타낸다.

삼국시대 이후에는 찬란한 금관과 아름다운 범종 등의 예술품을 만들 정도로 각종 지하자원을 채광, 제련, 주조할 수 있었으며, 삼국사기, 고려사, 조선왕조실록 등의 고문서에는 이러한 기록이 담겨있다. 기록에 따르면 우리나라에서는 오래 전부터 금, 은, 동, 철, 아연, 주석, 석탄 등 여러 종류의 지하자원이 풍부하게 산출되어 왔음을 알 수 있다.

한 예로서 1881~1884년 우리나라가 약 18억 원에 해당하는 650관의 금과 약 4억 원에 해당하는 1,900관의 은을 일본에 수출하였다는 기록이 전해진다. 이는 당시 우리나라(조선)가 세계의 주요한 금과 은의 생산국이었음을 보여준다.

1861년 김정호가 만든 대동여지도에는 우리나라의 산맥과 강의 분포와 문화재의 위치 등을 기록하고 있다. 일본을 비롯한 세계 각국은 한반도의 지하자원에 관심을 가졌으며, 19세기 말부터 외국인들에 의한 지질 조사가 시작되었고, 해방 이후부터는 한국인에 의한 지질 조사가 본격적으로 이루어졌다.

우리나라에서 최초의 지질학적 연구는 독일인 지질학자 곳체(1855~1909)에 의해 이루어졌다. 그는 1881년 일본 동경제국대학의 지질학과 교수로 있었으며, 1884년부터 8개월간 한반도 전역을 여행하며 지질 조사 내용을 '한국의 지질 개관(*Geologische Skizze von Korea*)'이라는, 독일어 논문을 발표하였다(1886)(그림 13.1). 이는 한국의 지질에 대한 최초의 논문이며, 또한 한국의 지질을 최초로 외국 잡지(베를린의 프러시아 왕립학술원 회보 ⅩⅩⅩⅥ)에 소개한 논문으로 중요한 의의가 있다.

이 논문은 한반도의 지형과 지질을 다루고 있으며 최초로 작성된 1:4,000,000축척의

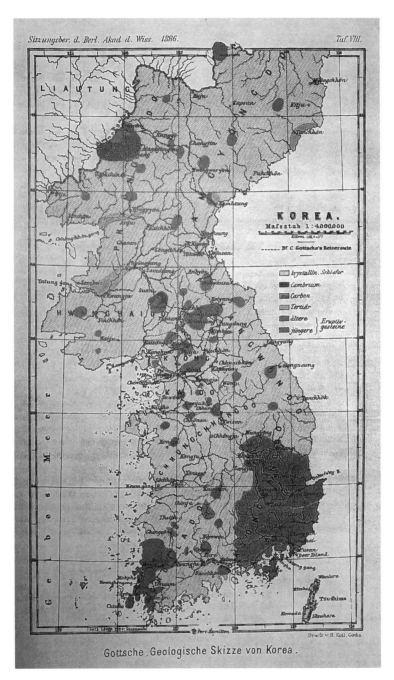

그림 13.1

곳체(1886)의 논문 '한국의 지질 개관'에 실린 1:4,000,000축척의 우리나라 최초의 지질도

컬러판 한국 지질도(그림 13.1)를 포함하고 있다. 그가 제시한 우리나라 전도는 오늘날의 모습과 거의 같을 정도로 정밀한 것이었다. 그는 또한 최초로 한국의 지질 계통을 제시하였는데, 이들을 하부로부터 ① 결정편암계, ② 캄브리아계, ③ ?석탄계, ④ ?제3계, ⑤ 현생 퇴적층으로 구분하고, 화성암은 ① 고기 화성암류와 ② 신기 화성암류로 구분하였다.

오늘날 사용하고 있는 지질계통과 비교해볼 때, 대체로 그의 결정편암계는 선캄브리아계의 변성암류에, 캄브리아계는 조선누층군에, 석탄계는 경상계에, 그리고 제3계는 제3계에 해당한다. 또한 그의 고기 화성암류는 중생대의 화성암류에 해당하며, 신기 화성암류는 한반도 남동부의 현무암을 지칭하는 것이었다.

그는 결정편암계를 크게 편마암-운모편암층과 상부 천매암층군으로 구분하였으며, 고기 화성암류는 화강암, 화강반암, 규장반암, 섬록암, 각섬반암 및 휘록암 등으로 구분하여 광물과 암석의 특징 및 분포지를 기재하였다.

또한 퇴적암류에 대해서는 퇴적 구조와 층서 및 화석을 기록하였으며, 캄브리아계에서는 아그노스투스 등의 삼엽충과 오티스 등의 완족류, 석탄계에서는 뉴롭테리스 등의 식물 화석, 그리고 제3계에서는 규화목의 산출을 언급하였다.

구한말 개화기에 우리나라의 근대 교육기관에서는 지구과학에 관한 교과서를 출판하였는데 그중 하나가 민대식이 편찬한 신찬지문학(그림 13.2)으로 1907년에 출판되었다.

이는 우리나라 최초의 검정 지구과학 교과서로서 오늘날 지구과학 교과서의 모태를

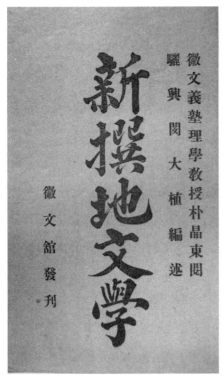

그림 13.2
우리나라 최초의 지구과학 교과서인, 1907년에 출판된 신찬지문학의 표지

이룬다고 할 수 있다. 이 책에서는 지구의 운동과 지표의 변화, 공기의 성질과 운동, 해수의 성질과 운동 등 천문학, 기상학, 해양학 및 지질학에 관계되는 내용을 다루고 있다. 이 중 지질학에 관련된 내용으로는 지각의 구성 성분을 산소(47.29%), 규소(27.21%), 알루미늄(7.81%), 철(5.46%), 칼슘(3.77%), 마그네슘(2.68%), 소듐(2.36%), 포타슘(2.40%) 등으로 정밀하게 제시하고 있으며, 이는 오늘날의 값과 거의 유사하다.

이 책은 또한 지각의 구성 물질인 암석을 수성암과 화성암으로 구분하고 있으며 변성암에 대한 언급은 없다. 수성암에는 역암과 사암 및 이암이 포함되어 있으며, 이암은 판이암 또는 점판암으로 표현하고 있다. 화성암에는 화강암과 안산암 등이 포함된다.

그리고 단층 및 횡압력에 의한 습곡의 형성을 그림으로 설명하고 있으며, 지진을 단층 지진과 함몰 지진 및 화산 지진으로, 산을 성인에 따라 습곡산과 삭마산 및 삭마 습곡산으로 구분하였다. 또한 토벽의 열극과 비석의 전도를 관찰하여 진원을 알아내는 방법을 설명하였으며, 지진파의 속도를 약 7,500척/초로 나타내었다. 해수면 변화의 원인을 삭마와 화산의 작용으로 설명하였고, 해수면 상승의 증거로는 대동강에 존재하는 고구려왕이 쌓은 석성의 일부를, 해수면 하강의 증거로는 라이엘의 지질학의 원리와 같이 이탈리아 나폴리의 대리석 기둥 상부에 보링셸(boring shell)의 서식 흔적을 들어 설명하였다. 여기서는 육지와 바다가 접하는 선을 정선으로, 보링셸은 패개류로 표현하였다.

지진계의 종류로서 유잉의 지진계와 팔미에리의 지진계를 소개하였으며, 지진의 강약을 수평 운동과 수직 운동의 진폭 및 파괴 정도에 따라 미진, 약진, 강진 및 열진으로 나누어 설명하였다. 화산의 형태와 화산 분출물에 대해 설명하였으며, 화산 분출의 원인을 지상의 물이 지중에 침투하여 지하의 고열로 수증기가 증가하고 팽창하여 상부의 압력보다 크게 되면 지표로 화산이 폭발하는 것으로 설명하였다. 그리고 화산과 지진의 세계적 분포지로서 태평양 연안과 지중해 화산대를 설명하고 있다. 또한 지하수와 자분정, 온천, 간헐천의 성인과 분포에 대해 그림을 그려 설명하였다.

1910년 한일합방 이후 일본인 지질학자들이 한반도의 지하자원 조사에 노력하였으며, 1918년에는 지질조사소가, 1922년에는 중앙연료선광연구소가 설립되었다. 이에 따라 1924년부터 1:50,000축척의 지질 도폭이 발간되었으며 국내 주요 탄전과 광상의 지질 조사가 수행되었다. 또한 1926년에는 가와사키(1878~1940)에 의한 조선의 지질과 지하자원이 출판되었고 1928년에는 1:1,000,000 축척의 '조선지질도'가 발행되었다.

해방 전까지 여러 일본인 지질학자 중에서 활약이 많은 사람으로는 고토(1856~1935)의 조선의 지형 개관(1904)과 야베(1878~1969)의 조선의 중생대 식물(1905)이 있다. 또한 고바야시(1901~1996)의 조선계에 대한 고생물학적 연구와 가와사키의 평안계와 대동계의 식물 화석 연구, 그리고 다테이와(1894~1982)의 경상계와 신생대 지층의 연구를 들 수 있다.

2. 해방 이후의 지질학의 발전

해방과 더불어 지질조사소와 연료선광연구소를 통합해 지질광산연구소(1946)가 발족되었고, 2년 후에는 국립중앙지질광물연구소로 개칭되었다. 이는 다시 국립지질조사소(1961), 국립지질광물연구소(1973), 자원개발연구소(1976), 한국동력자원연구소(1981), 및 한국자원연구소(1991)로 명칭을 변경하였다. 그후 이는 2011년부터 한국지질자원연구원으로 개칭하였으며 지질 광상의 조사 연구와 선광 시험 등을 꾸준히 시행하여 오면서 한국의 지질 연구와 지하자원 개발에 선도적 역할을 담당하여 왔다.

중요한 업적으로는 1956년에 발간한 1:1,000,000축척의 개정 '대한지질도'(그림 13.3), 1973년에 발간한 1:250,000축척의 16매로 된 남한의 지질도, 1982년에 발간한 1:1,000,000축척의 '대한지질도'가 있고, 지질도는 다시 1995년과 2019년 개정되어 '한국지질도'가 완성되었다. 조선총독부 지질조사소에서부터 시작된 1:50,000축척의 지질 도폭 조사는 광복 이후 지금까지 계속되어 왔다. 2019년까지 총 316매의 지질 도폭이 발행되었으며, 2020년까지 87%에 해당하는 320매가, 2025년까지 364매 중 359개가 완료 예정이다. 2020년 현재 40대 학회장을 맞은 대한지질학회의 회원 수는 약 3,300명으로, 관련 학회에서 가장 많은 회원을 갖춘 학회로 자리매김 하였다.

각 대학에도 지질학과가 창설되었으며, 여러 학회가 창립되어 지질학의 발전에 기여하며 많은 학자를 배출하였다. 1946년에 국내에서 처음으로 서울대학교에 지질학과가 창설되었고, 1961년 경북대학교, 1964년 부산대학교, 1965년 연세대학교, 1969년

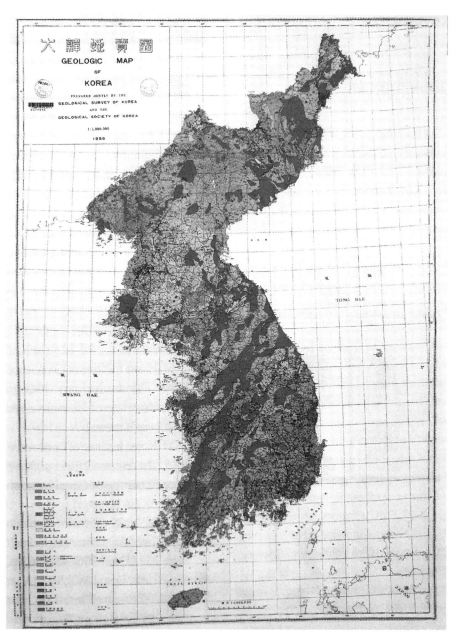

그림 13.3

문화재 제604호로 지정된 *대한지질도*(지질조사소와 대한지질학회, 1956)

고려대학교에 지질학과가 창설되었다. 1947년에는 대한지질학회가, 1968년에는 대한광산지질학회가 창설되었다. 이어서 대한원격탐사학회, 대한자원환경지질학회, 대한지질공학회, 한국광물학회, 한국물리탐사학회, 한국지구물리학회, 한국석유지질학회, 한국암석학회, 한국고생물학회 및 한국지하수토양환경학회 등 다양한 전문 학회가 창설되었다. 한국 지구과학회는 1964년 창설되었으며, 전국의 국립대학과 사립대학에 지구과학과를 창설하여 여러 분야를 교육하며 지구과학 교사를 양성하고 있다.

일찍이 외국에서 지질학을 공부하고 돌아와 국내 지질학의 발전에 크게 공헌한 선구자들에는 박동길, 손치무, 김옥준, 정창희, 김봉균, 이대성, 이상만, 장기홍, 이하영 교수 등이 있다.

박동길 교수(1897~1983)는 광물학 이론이 뛰어나고 이를 실천에 옮겨 한국의 지질학의 기반을 다지고, 후진에게 굳건한 기초를 구축한 우리나라 지질학계의 태두로서 지질학자와 광산기술자들로부터 존경의 대상이 되는 인물이다.

일찍이 그는 1930년에 일본 동북제국대학 이학부 지질광물학과를 졸업하고, 1930년부터 서울대학교 공과대학의 전신인 경성고등공업학교와 경성광산전문학교에서 15년간 교수로 활동하며 지질학과 광물학을 강의 연구하였다.

해방과 더불어 1945년에는 국립지질광물연구소장과 연료선광연구소장을 지냈으며, 1947년에는 대한지질학회의 초대 회장, 1949년에는 국립중앙지질광상연구소장, 1951년에는 국립지질광물연구소장을 맡았고, 그 후 서울대학교와 인하대학교의 교수로 재직하였다. 그는 대학 교수로서 50년간 재직하면서 오로지 지질학과 광물학에 대한 연구와 후진 양성을 위해 헌신한 우리나라 지질학계의 거목으로 추앙받고 있다.

손치무 교수(1911~2000)는 해방 후 우리나라에서 처음으로 지질학과를 창설하여 이 땅에 지질학의 씨를 심어 놓은 선구자이다. 1941년 일본 북해도제국대학의 지질학 광물학과를 졸업한 후 1945년부터 경성대학의 교수로, 그리고 1946년부터는 서울대학교 문리과대학 교수로 재직하면서 지질학과를 창설하여 현재 각계에서 활동하는 수많은 지질학의 인재들을 양성하였다.

또한 대한지질학회 회장을 두 번이나 역임하였으며, 지난 수십 년 전부터 학술원 회원으로서 우리나라 지질학 발전에 기여하였다. 그를 '한국의 소쉬르'라고 부르는 데 반대할 사람은 아마 거의 없을 것이다. 그가 우리나라 지질학 연구를 위해 삼천리 방방곡곡을 답사하지 않은 곳이 없었으며, 연구 결과는 우리나라 지질 계통 확립의 터전을 닦았다. 연구 내용의 범위는 선캄브리아기부터 신생대까지 모든 지질 시대에 이르며, 광물학, 암석학, 층서학, 광상학, 구조지질학 등 전 지질학적 분야가 포함된다.

수십 편의 논문 중에서 중요한 연구 논문으로는 1965년에 발표한 '태백산 지역의 퇴적 환경과 지질 구조', 1969년에 발표한 '한국의 지각 변동', '한국의 백악기 화성 활동', '한국의 퇴적 환경과 지질 구조' 등이 있다.

김옥준 교수(1916~2004)는 1935년 일본 추전광산전문학교 채광학과를 졸업하고, 1943년 일본 동북제국대학 지질학과를 졸업하였다. 1951년에는 미국 콜로라도 광산대학교에서 지질학 전공으로 석사 학위를 받았고, 1954년에는 미국 콜로라도대학교에서 한국인으로는 최초로 지질학 전공으로 박사 학위를 받았다. 그는 1946년부터 3년간 서울대학교 지질학과 교수로서 봉직하였으며, 1968년부터 연세대학교 지질학과 교수로서 활약하였다.

1955년 국립지질조사소 초대 소장을 맡았으며, 대한지질학회 회장을 역임하였고, 1969년부터 현재까지 학술회 회원으로서 우리나라 지질학 발전에 기여하였다. 수십 편의 연구 논문 중에서 중요한 것으로는 1967년에 발표한 '충주~문경 간의 옥천계의 층서와 구조', 1970년에 발표된 '남한 중부지역의 지질과 지구조', 1971년의 '남한의 신기 화강암류의 관입 시기와 지각 변동' 및 '남한의 광상 생성 시기와 광상구' 등이 있다.

정창희 교수(1920~)는 1944년 일본 북해도제국대학 지질학 광물학과를 졸업하고, 1952년부터 서울대학교 지질학과 교수로서 지질학 연구와 인재 양성에 지대한 공헌을 하였다. 1960년부터 지금까지 학술원 회원으로서 국내 지질학 발전에 기여하고 있으며, 1974년에는 대한지질학회 회장을 역임하였다. 그는 우리나라 층서고생물학의 선구자로서 1956년 미국 지질조사소 논문집에 발표한 '문경~음성 및 화순 탄전의 지질'을 시작으로, 삼척 탄전(1969, 1970, 1973, 1974), 영월 탄전, 단양 탄전(1971) 등의 층서와 고생물학적 연구, '한반도의 지사 연구(1972)', '한국 지질 개요(1956)' 등의 논문이 있다.

30년 동안 방추충 화석에 대한 고생물학적 연구는 우리나라 석탄 자원의 개발에 크게 기여하였으며, 고생대의 층서 확립에 기초를 마련하였다. 방추충의 진화에 대한 학술적 연구는 1979년 미국 워싱턴에서 개최된 석탄기 층서에 대한 국제 학회에서 발표되었으며, 국제적으로 높은 평가를 받은 바 있다.

김봉균 교수(1920~2003)는 1945년 대북제국대학 지질학과를 졸업하고, 1946년에는 경성대학을 졸업하였으며, 1965년에는 일본 동북대학 지질 고생물학과에서 박사 학위를 받았다. 그는 1951년부터 1957년까지 육군사관학교 교수를 지냈으며, 1955년부터 서울대학교 지질학과 교수로서 지질학 연구와 후진 양성에 심혈을 기울여왔다.

1976년에는 대한지질학회 회장을 역임하였으며, 1982년부터 학술원 회원으로 우리나라 지질학 발전에 이바지하여 왔다. 그는 우리나라 고생물학 연구의 선구자로서 고생물학에 관한 수십 편의 논문을 발표하였다. 이들 중에서 신생대 지층에 대한 유공충 등의 고생물학적 연구는 후속 연구자들의 모델을 이루고 있다. 주요 연구로는 '우리나라 신생대 제3기층의 고생물학적 퇴적암석학적 연구(1982)'와 '남한의 신생대 제3기의 생층서(1984)' 등이 있다.

이대성 교수(1921~1987)는 1950년 서울대학교 지질학과를 졸업했으며, 1970년 일본 동북대학 지질학과에서 박사 학위를 취득하였다. 1953년부터 1957년까지 육군사관학교 교수를 지냈으며, 1960년부터는 서울대학교 교수를, 1967년부터 연세대학교 지질학과 교수를 역임하였다. 1983년에는 대한지질학회 회장을 지낸 바 있다.

그의 연구 업적으로는 수많은 지질 도폭과 옥천지향사대의 화성 활동과 층서 연구를 들 수 있다. 1987년에 출판된 한국의 지질(*Geology of Korea*)의 영문판은 그가 남긴 유작으로 우리나라의 지질을 국제적으로 소개하는 발판을 이루었다.

이상만 교수(1926~)는 1950년 서울대학교 지질학과를 졸업하고, 1957년 미국 미시간 공과대학 대학원 지질학과를 졸업하였으며, 1962년 캐나다 맥길대학교에서 지질학을 전공하여 박사 학위를 받았다.

1964년부터 서울대학교 지질학과 교수로 재직하는 동안 변성암에 대한 연구와 후진 양성에 공헌하였으며, 1985년에는 대한지질학회 회장을 역임하였다. 그의 주요 연구로는 '우리나라의 지체구조와 변성작용과의 연관성 연구(1973)', '소백산 육괴의 변성암 복합체에 대한 변성활동에 관한 연구(1981)', '한반도의 지질과 지체구조(1982)' 및 '남동 아시아의 변성지질도(*Metamorphic Map of South and East Asia*)(1985)' 등이 있다.

장기홍 교수(1934~)는 1957년 서울대학교 지질학과를 졸업하고, 1976년 미국의 명문 대인 프린스턴대학교 대학원에서 지질학, 지구물리학과를 전공하여 석사 학위와 이학 박사 학위를 받았다. 1963년 경북대학교 지질학과 교수로 부임하여, 1999년 명예 교수로 재직 중이다.

그는 주로 한국의 백악기 지층인 경상누층군의 층서와 퇴적 환경에 대한 연구를 계속하여왔다. '경상층군의 층서 개요(1968)', '한국 남동부 백악기의 층서(1975)', '한국의 백악기 층서에 대한 최근의 진전(2003)' 및 '남과 북 중국의 동쪽 끝에서의 봉합: 한반도에서 무엇이 일어났을까?(2012)' 등 여러 논문이 국내외에서 발표되었다. 또한 1985년 민음사에서 **한국지질론**을 발표하여 주목을 받았다. 1977년에는 경북 의성군 금성면 청로리에서 우리나라 최초로 용각류 공룡의 상완골에 해당하는 공룡 뼈 화석을 발견하여 기재한 바 있다.

이하영 교수(1936~1994)는 1965년 서울대학교 지질학과 대학원을 졸업하였고 묘곡층의 층서에 대한 논문을 석사 학위 논문으로 제출하였다. 독일에서 박사 학위를 받고 귀국한 이후 코노돈트(conodont)라는 미화석의 고생물학적 연구에 전념하였으며, 우리나라 조선누층군의 층서를 확립하였다.

1980년에는 한국에서 최초로 강원도 정선에서 실루리아기의 코노돈트를 발견하여, 실루리아기의 지층(회동리층)의 존재를 밝혔다. 후대동(後大同)~선경상(先慶尚) 시기에 해당하는 묘곡층의 발견과 실루리아기의 회동리층의 발견은 조선누층군의 생층서 확립과 더불어 해방 이후 우리나라 지질학계의 보배로 길이 간직될 것이다.

이밖에도 우리나라 지질학의 많은 업적을 쌓은 선구자로서 지구물리학 연구의 정봉일 교수, 옥천계 연구의 이종혁, 이민성 교수, 박봉순 교수, 광상 연구의 윤석규, 박희인 교수, 고지자기학 연구의 박창고 교수, 화산학 분야의 원종관 교수, 광물학 연구의 소칠섭, 김수진 교수, 구조지질학 분야의 김정환 교수, 중생대의 연체동물과 공룡 발자국에 대한 연구의 양승영 교수, 3기층의 연체동물 연구의 윤선 교수, 해양지질학의 박용안 교수 등이 있다.

지질학 연구와 후진 양성에 공헌하고 있는 학자로는 퇴적학 연구의 조성권 교수, 삼엽충 화석 연구의 최덕근 교수, 공룡 화석 연구의 이융남 교수, 퇴적학 연구의 이용일 교수, 변성암 연구의 조준섭 교수, 지진학 연구의 이기화 교수, 지구물리학 연구의 권병두 교수, 변성암 연구의 권성택 교수, 광물학 연구의 최선규 교수, 고지자기학 연구의 도성재 교수, 지구물리학 연구의 민경덕 교수, 구조지질학 연구의 이진한 교수, 퇴적암 연구의 유강민 교수, 코노돈트 화석 연구의 박수인 교수, 광상학 연구의 이상헌 교수, 구조지질학 연구의 이희권 교수, 층서학 연구의 정대교 교수, 광물학 연구의 노진환 교수, 탄산염 암석 연구의 우경식 교수, 변성암 연구의 나기창 교수, 방추충 연구의 이창진 교수, 지진학 연구의 경재복 교수, 공룡과 새 발자국 화석 연구의 김정률 교수, 층서학 연구의 최현일 박사, 식물 화석 연구의 전희영 박사, 퇴적지질학 연구의 손진담 박사, 옥천대 연구의 임순복 박사, 화성암 연구의 진명식 박사, 지질 연대 측정 연구의 조득룡 박사 등이 있다.

그리고 암석학 연구의 정지곤 교수, 지구물리학 연구의 송무영 교수, 탄산염 암석 연구의 정공수 교수, 신생대 연구의 윤혜수 교수, 광물학 연구의 이정후 교수, 광상학 연구의 정재일 교수, 고생물학 연구의 이종덕 교수, 변성암 연구의 오창환 교수, 암석학 연구의 우영조 교수, 식물 화석 연구의 김종헌 교수, 고생물학 연구의 서광수 교수, 퇴적암 연구의 고인석 교수, 암석학 연구의 유인창 교수, 공룡 발자국 화석 연구의 임성규 교수, 구조지질학 연구의 장태우 교수, 암석학 연구의 황상구 교수, 층서학 연구의 김항묵 교수, 지진학 연구의 김우한 교수, 암석학 연구의 김진섭 교수, 화산암 연구의 윤성효 교수, 지구물리학 연구의 김인수 교수, 화산학 연구의 손영관 교수, 지진학 연구의 김성균 교수, 암석학 연구의 김용준 교수, 공룡 발자국 화석 연구의 허민 교수, 미화석 연구의 고영구 교수, 퇴적학 연구의 백인성 교수 등 수없이 많은 여러 학자들이 활약을 하고 있다.

또한 이들 선구자들의 가르침을 받은 수많은 젊은 지질학자들이 대학과 연구소의 다양한 분야에서 한국의 지질학을 연구하고 있으며 세계의 지질학자들과 국제적으로 학술 교류를 이루며 우리나라의 지질학 발전을 위해 학문 연구에 정진하고 있다. 이 중에서 학자들의 주목을 받고 있는 연구를 몇 가지 들면 다음과 같다.

첫째, 연천층군과 태안층의 층서학적 변화를 들 수 있다. 종래의 연천계는 원생대의 암석으로 알려져 있으나, SHRIMP U-Pb 저어콘 연대에 의하면(Cho et al., 2001, 기원서 외, 2008) 중기 데본기−전기 석탄계로 알려져 있다. 또한 태안층군은 종래 시생대로 알려져 있으나 저어콘 연대 측정으로 생성 시기가 408~229Ma(조, 2007), 400~250Ma(Cho, 2007)의 데본기−석탄기임이 밝혀져 있다.

둘째, 조선누층군의 삼엽충 연구로 상세한 생층서학적 대비가 가능해졌다. 삼엽충 화석의 연구는 고바야시의 연구에 이어, 주로 최덕근 교수와 그의 제자들에 의하여 영월 지역과 태백 지역의 캠브로−오르도비스기의 묘봉 슬레이트로부터 두위봉 셰일까지 조선누층군의 연구로 생층서가 확립되었다(Lee and Choi, 1994, 1996, Cho et al., 2004, 2008).

셋째, 한반도와 중국의 조산대를 연결하는 다양한 지구조 모델이 확립되었다. 이들은 만입쐐기 모델(indented wedge model, Cho et al., 2007, 2012), 충돌대 모델(collisional belt model, Oh et al., 2005, 2006), 그리고 지각분리 모델(crustal detachment model, Chang and Zhao, 2012)이다. 이에 대한 연구가 계속되고 있다.

넷째, 경상누층군의 공룡, 새 및 익룡의 발자국 연구가 활발히 진행되고 있다. 1969년 김봉균 교수에 의해 새 발자국 화석이 알려진 후, 1982년 양승영 교수에 의해 고성에서 공룡 발자국 화석 연구가 시작되었다. 1997년 우항리 공룡 심포지엄이 개최되었고, 2006년부터 고성 공룡엑스포가 3년마다 개최되고 있으며, 2012년 11차 중생대 육상생태계(MTE) 심포지엄이 개최되었다. 이에 대한 연구 내

그림 13.4
고성군의 백악기 진동층에서 산출되는 보존 상태가 양호한 조각류 공룡 발자국 화석

용이 한국의 공룡, 새, 및 익룡(*Dinosaurs, Birds and Pterosaurs of Korea*)(Kim and Huh, 2018) 책에 소개되어 있다(그림 13.4).

2024년 부산에서 개최될 예정인 제37회 국제지질과학총회는 세계적인 지질학회의 관련 국제회의로서 한국의 개최가 뒤늦은 감이 없지 않으나 한국의 위상을 높이고 지질학 발전을 알리는 데 중요한 행사이며, 지질학을 전공한 사람으로서 긍지를 느끼게 하는 귀중한 자리가 될 것으로 기대한다. 정대교 교수는 또한 2020년 IGC 4년 임기의 부회장으로 피선되는 영광을 차지하였다.

제14장

21세기 지질학의 과제와 전망

최근 지질학은 지구의 특성과 기원 그리고 지구 표면의 특징과 내부의 구조를 연구하는 전통을 유지해 왔다. 그러나 지질학은 현재 지구를 대기권, 생물권과 수권으로 구성된 보다 넓은 맥락으로 생각하여 더욱 통합적인 접근 방법을 이용하여 연구되고 있다. 지구의 광범위한 사진을 찍는 우주에 위치한 인공위성은 그러한 전망을 제공한다.

1972년 미국 항공 우주국(NASA)과 미국 지질조사소(USGS)가 공동으로 운영하는 인공위성 특별 임무 시리즈인 랜드샛 프로그램(Landsat Program)은 지질학적으로 분석될 수 있는 인공위성 이미지를 공급하기 시작하였다. 이런 이미지들은 중요한 지질학적 단위를 발견할 수 있도록 하고, 넓은 지역의 암석을 인식하고 관련 현상을 대비할 수 있도록 하며, 판구조 운동을 추적하는 데 이용될 수 있다. 이들 자료의 응용적인 용도로는 천연 에너지의 근원지 탐사 및 판 운동으로 인한 자연 재해 예측 등이 있을 것이다.

프랑스의 알레그르와 쿠르티요트는 지구과학과 생물학 등의 자연과학에서의 혁명은 20세기 후반에 이루어졌다고 주장한 바 있다. 그리고 20세기에 지구과학에서 일어난 세 가지의 혁명은 판구조론과 행성과학(Planetary Sciences), 그리고 환경과학이며, 그들의 효과는 지금까지 강력하게 지속되고 있다고 언급한 바 있다(Allègre & Courtillot, 1999). 또한 그들은 교육 과정의 대폭 개정이 요구되며, 개방된 사고를 가진 학자, 그리고 야외 관찰 경험에 훈련되고 전공 분야를 넘어 협력할 수 있는 새로운 세대를 양성할 것을 요구하고 있다(Allègre and Courtillot, 1999).

미국 국립연구평위원회는 고체 지구과학의 원대한 연구문제위원회를 구성하고, 캘리포니아대학교 지구와 행성과학과 교수이며 로렌스 버클리 국립 실험실 지구과학분과 소장인 데파올로 박사를 위원장으로, 지구과학 각 분야의 세계적인 석학들을 위원으로 구성하였다. 21세기의 출발점에서 지구과학이 당면한 중요한 과학적 쟁점을 반영함을 목적으로, 국립연구평의원회가 제출한 지질학적 그리고 행성과학적으로 영향력이 큰 열 가지 질문들이 소개되었다. 미국 국립과학아카데미의 '지구의 진화와 기원: 변화하는 행성을 위한 연구 계획(Origin and Evolution of Earth: Research Questions for Changing Planet, National Academy of Sciences, 2020)'이라는 제목의 연구 계획에서 제시하고 있는 열 가지 질문은 다음과 같다.

1. 지구와 다른 행성들은 어떻게 형성되었을까?

많은 과학자들은 태양계의 태양과 행성들이 동일한 성운에서 생긴 것에 대해 대체로 동의하지만, 그들은 지구가 어떤 진화 과정을 거쳐 지금과 같은 화학 조성을 갖게 되었는지, 또는 행성들끼리 왜 지금과 같은 차이를 보이는지에 대해 충분히 알지는 못한다. 행성 형성의 신뢰할 만한 모델이 있기는 하지만, 태양계와 태양계 밖의 물체에 대한 더 많은 측정을 통해 지구와 태양계의 기원에 대해 이해할 수 있게 한다.

2. 지구의 암흑 시대(최초의 5억 년)에 무슨 일이 있었을까?

과학자들은 다른 행성이 지구 형성 과정의 후기에 지구와 충돌하였고, 그 잔해가 달을 만들고 지구가 용융되어 핵을 만들게 되었다고 믿는다. 이 기간은 행성의 진화를 이해하는 데, 특히 지구가 어떻게 대기와 해양을 이루게 되었는지를 이해하는 데 결정적이나, 이 시기의 암석이 보존되지 않았기 때문에 과학자들이 가진 정보는 거의 없다.

3. 생명은 어떻게 시작하였을까?

생명의 기원은 과학에서 가장 흥미롭고 어려우며, 끊임없이 제기되는 문제 중 하나이다. 언제, 그리고 어떤 형태로, 처음의 생명체가 나타났는지에 대한 유일하게 남아 있는 증거는 암석과 광물에 대한 지질학적 탐구에서 얻을 수 있다. 이 질문에 대한 답을 얻기 위해 과학자들은 지구에서 가장 오래된 것보다 더 오래된 초기 행성의 역사를 담고 있는 퇴적암이 있는 화성으로, 나아가 행성을 가진 다른 행성계로 우리의 시선을 돌리고 있다.

4. 지구의 내부는 어떻게 운동하며, 내부 운동이 지표에 어떻게 영향을 미칠까?

과학자들은 맨틀과 핵은 변함없는 대류 운동을 하고 있다고 생각한다. 핵의 대류는 지구의 자기장을 형성하고, 지구의 자기장은 지표의 상태에 영향을 미치며, 맨틀 대류는 화산 활동과 해저 확장 및 조산 운동을 일으킨다. 그러나 과학자들도 이러한 운동을 정밀하게 기술하지는 못하며, 그러한 운동이 과거를 과학적으로 이해하고, 지표 환경을 예측하는 데 방해가 되기 때문에 과거에는 어떤 차이가 있었는지도 계산할 수 없다.

5. 지구는 왜 판구조론의 운동과 대륙 이동을 할까?

판구조론은 잘 수립되었지만, 과학자들은 지구가 왜 판구조를 갖게 되었는지, 그리고 이것이 대륙과 해양이나 생명체의 존재와 같은 지구의 다른 면모와 얼마나 밀접한 관계를 갖는지에 대해서도 궁금해 하고 있다. 더욱이 대륙이 언제 최초로 형성되었는지, 그들이 어떻게 수십 억 년을 간직하며 남아 있는지, 미래에 어떻게 진화할 것인지에 대해 아직도 모르는 것이 많다. 이것은 대륙 지각의 풍화 작용이 지구의 기후를 조절하는 역할을 하는 데 대해 특히 중요한 질문이다.

6. 물질의 성질에 따라 지구의 과정은 어떻게 조정될까?

과학자들은 현재 판구조 운동과 맨틀 대류와 같은 거시적 규모의 운동은 원자 구조와 같은 미시적 규모의 성질에서 시작된다는 것을 인식하고 있다. 이러한 미시적 규모에 대한 이해는 지구의 역사를 이해하고, 행성이 미래에는 어떻게 변할지에 대한 합리적인 예언을 하는 데 필수적이다.

7. 무엇이 기후를 변하게 할까? 그리고 기후는 얼마나 많이 변할 수 있을까?

지구의 표면 온도는 거의 지난 40억 년 동안 상대적으로 좁은 범위에서 유지되어 왔으나, 기후가 급격하게 변한다고 하더라도 기후가 오랜 시간 동안 잘 조정된 상태로 남아 있을까? 기후는 극심하게 춥거나, 덥거나 또는 빠르게 변화하였다. 역사를 통해 지구 기후의 극치에 대한 연구는 과학자들이 기후 변화의 규모와 결과를 예측할 수 있는 기후 모델을 개선하는 데 중요한 역할을 한다.

8. 생명이 어떻게 지구의 형태를 만들까? 그리고 지구는 어떻게 생명의 모양을 만들까?

지질학과 생물학이 서로 영향을 미치는 정확한 방법은 아직까지 이해하기 어렵다. 과학자들은 산소가 많은 대기에서 생명체가 어떤 역할을 하는지, 풍화와 침식 작용을 통해 지표의 형태에 어떤 변화가 일어나는지에 관심을 갖고 있다. 그들은 또한 지질학적 사건들이 어떻게 대량 멸종을 일어나게 했으며, 진화의 과정에 어떤 영향을 미쳤는지를 이해하기 위해 탐색하고 있다.

9. 지진과 화산 폭발, 그리고 그들의 결과는 예측할 수 있을까?

미래 지진의 가능성에 대한 추정은 진전이 있었으나, 현재의 과학자들에게 지진이 일어날 정확한 시간과 장소를 예측하는 것은 불가능하다. 그럼에도 불구하고, 그들은 단층의 파열이 어떻게 시작하고 끝나는지, 그리고 큰 지진의 진앙 부근에서 얼마나 많이 흔들릴 가능성이 있는지를 지속적으로 판독해 왔다. 화산 폭발의 경우에 지질학자들은 예측 가능성이 있는 쪽으로 생각해 왔으나, 상부 맨틀에서 기원하여 지각을 통과하고 지표로 폭발하는 마그마의 운동에 대한 분명한 모습을 발전시키는 시험대에 직면하고 있다.

10. 유체의 흐름과 이동이 어떻게 인류의 환경에 영향을 미칠까?

천연 자원과 환경의 양호한 관리는 지하와 지표 전체의 유체의 거동에 대한 지식을 필요로 한다. 과학자들은 최종적으로 이러한 자연계의 성과를 예측할 수 있는 수학적 모델을 만들기를 원한다. 지금까지 지하수가 어떻게 이질성의 암석과 토양층에 분포하는지, 지하수가 얼마나 빠르게 흐르는지, 지하수가 얼마나 효과적으로 녹아 있거나 부유하는 물질을 운반하는지, 또한 그들이 모암층과 화학적으로 그리고 열적으로 교환에 어떻게 영향을 미치는지를 결정하는 것은 어려움으로 남아 있다.

여기에 제시한 것들은 대체로 공감이 가고 동의될 수 있는 야심차고 원대한 과제들이라고 생각된다. 21세기가 우리에게 온 지도 20년이 지나가고 있는 시점에서, 우리는 이 중에서 과연 어떠한 문제를 해결하는 데 중요한 기여를 얼마나 할 수 있을까? 그러나 21세기에 지구과학이 당면한 중요한 과학적 논쟁으로 제시되고 있는 일부 과제들은 어쩌면 영원히 풀 수 없는, 단지 인류가 갖고 있는 꿈과 희망 그리고 염원일 뿐인 것일 수도 있고, 또한 일부 과제들은 국제적인 공조 체계하에서 종합적인 연구를 수행한다면 해결에 근접할 수도 있을 것이다.

인류는 수없이 많은 연구를 통해 과학적 발전을 맞아왔다. 그러나 더 많은, 그리고 더 어려운 과제들을 국제적인 협력으로 문제 해결 방법을 찾아내 왔다. 21세기에는 인류가 갖고 있는 능력의 최대치까지 발휘하여 새롭고 원대한 지구와 생명의 기원과 지구과학의 여러 문제들을 지혜롭게 해결해 나가고, 아름다운 지구에서 풍요로운 삶을 유지하기를 기대한다.

1. 지질 연대표

국제층서위원회(2014)

지질 시대(절대 길이)			대	기	세	단위(100만 년)
현생누대	중생대		신생대	제4기	홀로세	0.012
	고생대				플라이스토세	2.58
				신세3기	플라이오세	5.33
					마이오세	23.03
				고제3기	올리고세	33.9
					에오세	56
					팔레오세	66
선캄브리아 초누대	원생누대		중생대	백악기		145
				쥐라기		201
				트라이아스기		252
			고생대	페름기		299
				석탄기	펜실베이니아기	323
					미시시피기	359
				데본기		419
				실루리아기		443
				오르도비스기		485
				캄브리아기		541
	시생누대		신원생대	3개의 기로 세분됨		1000
			중원생대	3개의 기로 세분됨		1600
			고원생대	4개의 기로 세분됨		2500
			신시생대			2800
			중시생대			3200
	명고대		고시생대			3600
			시시생대			4000
			명고대			4600

* 하부로부터 고원생대는 시데리아기, 리아시아기, 오로시리아기, 스타테리아기, 중원생대는 칼림미아기, 엑타시아기, 스테니아기, 신원생대는 토니아기, 크라이오제니아기, 에디아카라기로 세분된다.

2. 지질학사 연표

B.C.	
약 10000~2000	구석기 시대인이 플린트(flint), 규암, 흑요석 등을 이용해 도구와 무기를 제작함(B.C. 10000). 신석기 시대인이 채석과 채광을 시작함(B.C. 5000). 신석기 시대의 플린트 광산이 이집트(B.C. 3500)와 영국(B.C. 2000)에서 알려져 있으며, 구리 광산이 사이프러스(B.C. 3000)에서 알려져 있음. 메소포타미아에서는 청동기가 B.C. 3,500~3,000 사이에 제작되었음.
약 2,200~500	중국인이 B.C. 2200경에 금속, 물, 불, 나무, 흙의 5원소를 구분하였으며, B.C. 1300경에는 청동을, B.C. 500경에는 철을 사용하였음.
약 1450	산토리니의 테라 화산 분출로 지진이 발생하였으며, 화산재가 덮여 크레타의 문화 중심지와 에게해의 여러 곳이 파괴되었음.
763~720	아시리아인이 B.C. 763에 일식 현상을 기록하였으며, 월식 현상이 B.C. 720경에 바빌로니아인에 의해 관찰되었고, 그 후 톨레미(Ptolemy)에 의해 기록되었음.
624/623~548/545	탈레스(Thales) : 만물의 기원을 물이라고 가르쳤으며, 유수의 작용에 대한 지질학적 관찰을 최초로 기록하였음.
570?~495?	피타고라스(Pythagoras) : 천체의 운동에 대한 교리를 가르쳤으며, 거주할 수 있는 많은 세계의 존재를 믿었음.
약 570	아낙시만드로스(Anaximander, B.C. 610~546) : 화석에 대한 최초의 연구자로 알려져 있으며, "인간은 물고기로부터 유래하였다"라고 주장함. 그 후 크세노파네스(Xenophanes, B.C. 570~478)는 화석을 상세하게 기재함. 두 사람은 화석의 성질을 바르게 인식하였음.
약 546	아낙시메네스(Anaximenes, B.C. 586~526) : 만물의 근원을 공기라고 주장하였음. 헤라클레이토스(Heraclitus, B.C. 535~475)는 불을 첨가하였음.
약 494~435	엠페도클레스(Empedocles, B.C. 494~434) : 공기, 물, 불, 흙의 4원소 개념을 소개하였음. 그는 지질학의 최초의 순교자로 알려져 있으며, 전해지는 이야기에 의하면 그는 에트나 화구를 관찰하기 위해 너무 접근하였다가 실족하여 사망하였다고 함.

440~370	레우키포스(Leucippus)와 데모크리토스(Democritus, 약 460~380BC) : 원자설을 제안함. 모든 물질은 영원하고 운동하며 파괴할 수 없는 원자로 되어 있으며 원자들은 질적으로는 유사하나 그 크기와 모양 및 질량이 다름. 엠페도클레스의 4원소는 이들 원자들로 이루어짐.
428~348	플라톤(Plato)과 아리스토텔레스(Aristotle, 384~322BC) : 원자 개념을 거부함. 그들은 4원소를 물질보다는 성질로서 생각함. 수문학의 바른 사고에 공헌함.
약 371~287	테오프라스토스(Theophrastus) : 저서 암석에 대하여(*Peri Lithōn, On Stones*)에서 보석, 광물 및 암석을 기재함.
305~240	추연(鄒衍) : 제자백가 중 음양가의 대표적인 인물로, 그의 철학인 오덕종시설(五德終始說)은 흙, 쇠, 물, 나무 및 불의 다섯 가지 원소가 순서를 지켜 뒤를 잇는다고 주장하였음.
247	아르키메데스(Archimedes, 287~212BC) : 천문 관측을 수행함. 왕관을 녹이지 않고 금속 물질의 성분을 알아냄.
276~194	에라토스테네스(Eratosthenes) : 알렉산드리아 박물관의 사서로서 지구의 크기를 측정함.
243~149	카토(Kato) : 저서(*De re rustica*)에서 벽돌, 타일 및 시멘트의 제작에 대해 기술하였으며, 토양 단면의 차이를 언급함.
150	아가타르키데스(Agatharchides) : 이집트의 금 광상에 대해 기술함.
약 100	비트루비우스(Marcus Vitruvius Pollio) : 로마 시대의 가장 저명한 건축가로서 저서(*De Architectura*)에서 물과 샘의 기원에 대해 논의함.
90~30	디오도로스(Diodorus Siculus) : 화산에 대해 기재하였으며, 석영은 '하늘의 불'에 의해 생성된다고 주장함.
1세기	루크레티우스(Lucretius Carus) : 저서(*De rerum natura*)에서 4원소를 논의하였으며, 암석의 침식을 언급함. 지구 중심에 샘의 원천이 있다는 생각을 가졌으며, 지구 중심의 격렬한 바람이 지진을 일으키는 원인이라고 생각함.
64/63~A.D. 24	스트라본(Strabo) : 저서 지리학을 출판함. 화산에 대한 중심불(Central fire) 이론을 논의하였으며, 유수에 의한 퇴적물의 이동을 설명함.
4~A.D. 65	세네카(Lucius Annaeus Seneca) : 물의 기원에 대한 증발과 응결 이론을 알아냄.

1세기

여행자 디오니시우스 페리게츠(Dionysius Perigetes) : 우랄의 호박과 금강석 광상에 대해 기술함.

79

플리니 디 엘더(Pliny the Elder, 23~79) : 베수비오 화산 폭발 때 생존자를 구하기 위해 노력하다가 사망함. 그의 대작인 **자연사**(*Natural History*)에서 지질학에 관한 많은 글을 남겼으며, 광물의 의학적 이용에 대해 기술하였음. 그의 조카인 플리니 더 영거(Pliny the Younger, 61~113)는 약 100년경에 쓰인 편지에서 화산 폭발과 삼촌의 죽음을 기술하였음.

약 120~185

테오필루스(Theophilus) : 안디옥의 대주교로 "세상은 기원전 5529년에 창조되었다"고 주장함.

132

장형(張衡, Zhang Heng, 79~139) : 세계 최초의 지진계를 발명함.

약 300

장쿠(Chang Qu, 291~361) : 중국 진나라의 역사학자로 용의 **뼈**를 우청(Wucheng, 오늘날의 사천성)에서 발견하였다고 기록하였음. 당시 중국에서는 파충류와 포유류를 모두 용의 뼈라고 하였음.

354~430

아우구스티누스(Aurelius Augustinus Hipponensis) : 기독교의 주교로서 창세기의 해설에서 모세의 기록에 대한 자연주의적인 해석을 하였음.

310~403

에피파니우스(Epiphanius) : 사이프러스의 주교로 보석에 관한 책을 저술함.

527

역도원(酈道元, Li Daoyuan, 466~527) : 중국 남북조 시대의 지리서인 수경주에서 화산, 지진, 광물, 암석 등을 기재하였음. 또한 그는 완족류(*Crytospirifer*) 화석을 돌제비(석연, stone-swallows)라고 언급하였음.

854~925

알 라지(Al-Razi) : 수많은 화학적 연구를 수행하였으며, 광물의 여섯 가지 종족을 알아냄.

896~956

알 마수디(Al-Masudi) : 보석과 지진 및 여러 지질학적 문제에 대해 저술함.

1022

아비센나(Avicenna, 980~1037) : 과학의 거의 모든 분야에 걸쳐 공헌을 하였음. 1022년에 산과 암석 및 광물을 설명한 암석의 유착을 저술함. 광물을 암석, 연소 물질, 황, 염의 네 가지로 분류함.

1048

알 비루니(Al-Biruni, 973~1048) : 18종의 광물의 비중을 정밀하게 측정하였으며 자분정의 수력학적 원리를 설명함. 인더스 계곡을 이전의 해저가 충적층으로 채워진 것이라고 기재함. 지구의 반지름을 측정하는 방법을 밝힘.

1088　심괄(沈括, Shen Kuo, 1031~1095) : **몽계필담(夢溪筆談)**을 저술하였으며 지형의 변화와 이매패류 화석에 대한 바른 해석을 하고, 시간에 따른 기후의 변화를 대나무 화석으로 밝혔음.

약 1200　주희(朱熹, Zhu Xi, 1130~1200) : 주자 어록에서 "높은 산에서 조개를 보았다. 그들은 간혹 암석 중에 묻혀 있었다. 암석은 오랜 옛날의 지표를 이루는 물질이었음에 틀림이 없으며, 조개는 물속에 살았음에 틀림없다. 저지대는 현재 높이 올라왔으며, 연한 물질은 단단한 암석으로 변하였다"라고 기록하였음.

1220　캄브렌시스(Giraldus Cambrensis, 1146~1223) : 아이슬란드의 화산 분출을 기재함.

약 1227　스코트(Michael Scot) : 리파리섬과 시칠리아의 화산을 기재함.

약 1250　마그누스(Albertus Magnus, 1193~1280) : 94종의 암석을 기재하였으며, 셀레나이트가 석고의 형태라는 것을 알았고, 계관석과 웅황으로부터 비소의 승화를 기재하였음.

1282?　아레초(Ristoro d'Arezzo) : 산맥의 기원에 대해 저술하였으며, 하늘이 산을 만드는 일차적이고 가장 중요한 원인이라고 생각함. 유수와 해안선의 파도, 노아의 홍수 및 지진의 작용과 수중에서의 석회질 퇴적물의 퇴적 작용을 인식함.

약 1300　만수르(Mohammed Ben Mansur) : 광물학에 대한 최초의 과학적 저서(*Book of Precious Stones*)를 집필함.

약 1350　알베르트(Albert, 약 1316~1390) : 지각 균형설에 대한 최초의 생각을 가짐.

1502　레오나르두스(Camillus Leonardus) : 저서(*Speculum Lapidum*)에서 279종의 광물의 물리적 성질을 알파벳 순서로 기재하였으며, 이들의 주술적이고 의술적인 효능을 언급함.

1505　베로알도(Filippo Beroaldo, 1453~1505) : 볼로냐대학교 교수로 지진에 관한 저서를 출판함(1505). 이 책은 지진에 대한 최초의 인쇄물로 알려져 있음.

1516　발레리우스(Faventies Valerius) : 유럽에서 최초로 산의 기원에 대한 내용을 다룬 논문을 출판함.

1519　다빈치(Leonardo da Vinci, 1452~1519) : 지질학의 모든 분야를 다루었으며, 화석의 성질과 의미를 알았고, 파도의 운동, 강과 해류 및 조류의 침식과 퇴적 작용에 대해 연구함.

1530　아그리콜라(Agricola, 1494~1555) : 지질학의 가장 위대한 창시자 중 한 사람으로 알려져 있으며, 역작 화석의 성질(*De Natura Fossilium*)(1546)과 금속에 관하여(*De re metallica*)(1556)를 저술함.

1543

코페르니쿠스(Nicolaus Copernicus, 1473~1543) : 1543년에 불멸의 명저 천구의 회전에 대하여(*De revolutionibus orbium*)에서 태양 중심설을 주장함.

1564

팔로피오(Gabriele Falloppio, 1523~1562) : 화석화된 조개가 유기물 기원이 아니라고 주장함. 해부학자로서의 그의 평판은 당대의 사람들에게 화석에 대한 진실한 설명을 거부하도록 영향을 끼침.

1565

게스너(Conrad Gesner, 1516~1565) : 저서인 화석의 본질에 관하여(*De Rerum Fossilium*)(1565)를 출판함.

켄트만(Johannes Kentmann, 1518~1574) : 지질 표품에 대한 최초의 목록을 출판함.

1580

팔리시(Bernard Palissy, 1510~1589) : 화석의 성질과 지하수의 순환 및 샘의 기원을 인식함. 최초의 유정이 시추되기 수세기 전에 토양을 굴착하여 토양 밑에 있는 지층의 성질을 알아냄.

트와인(Thomas Twyne, 1543~1613) : 영국에서 발생한 지진에 대한, 영국에서 최초로 쓰인 논문(*A Shorte and pithie Discourse concerning the engendering … of all Earthquakes …*)(1580)을 발표함.

1586

캠덴(William Camden, 1551~1623) : 저서(*Britannia*)에서 영국의 화석에 관한 많은 초창기의 참고문헌을 언급함.

1600

길버트(William Gilbert, 1544~1603) : 자기에 대해 연구하였으며, 실험을 통해 지구가 거대한 자석이라고 주장함.

브루노(Giordano Bruno, 1548~1600) : 코페르니쿠스의 태양 중심설을 지지하여 화형을 당함.

1616

콜로냐(Fabio Colonna, 1567~1640) : 글로소페트레(Glossopetrae)가 상어의 이빨이라고 논문에서 밝힘.

1625

카펜터(Nathanael Carpenter, 1589~1628) : 저서인 지리학(*Geography*)에서 지형학의 원리를 최초로 설명함.

1637

데카르트(René Descartes, 1596~1650) : 저서 방법 서설(*Discours de la méthode*)에서 우주 진화론(cosmogony)과 지구의 내부 구조를 설명하였으며, 1644년에 발표된 저서 철학 원리(*Principia Philosophiae*)에서 샘의 기원에 대해 언급함.

1647

부트(Anselmus Boethius de Boot, 1550~1632) : 17세기에 보석에 관한 중요한 저서(*Gemmarum et lapidum historia*)를 발표함.

1650

어셔(James Ussher, 1581~1656) : 창조가 B.C. 4004 10월 22일 밤에 이루어졌다고 주장함.

1657

에숄트(Escholt Mikkel Pederson, 1600~1699) : 지진에 대한 저서(*Geologia norvegica*)를 출판함. 이 책에서는 지질학을 뜻하는 '지올로지아(geologia)'라는 용어가 최초로 현대적 의미로 사용됨.

1660

런던 왕립학회가 창립되었으며, 학회에서 발행하는 잡지(*Philosophical Transactions*)의 제1권은 광석, 광산, 규화목 및 토양에 대한 논문을 포함함.

1661

로벨(Lovell, Robert, 1630?~1690) : 저서 광물의 우주적 역사(*Universal History of Minerals*)에서 지질학(Geologia)과 암석학(Lithologia)을 설명함.

1664~1665

키르커(Athanasius Kircher, 1602~1680) : 저서(*Mundus subterraneus*)에서 지구의 내부 구조, 지하수 및 화산에 대해 설명함. 이 책은 17세기 동안 가장 인기 있는 지질학 책으로 알려짐.

1665

후크(Robert Hooke, 1635~1703) : 저서 마이크로그래피카(*Micrographica*)에서 식물의 해부학적 조직에 의해 식물 화석의 동정을 최초로 시도하였음. 1668년에는 지질에 대해 논의하였으며, 화석이 과거의 확실한 자연의 증거로서 연대학을 세우는 데 이용될 수 있음을 설명함.

1669

스테노(Nicolaus Steno, 1638~1686) : 최초로 결정 그림과 지질 단면도를 그렸으며, 퇴적 작용과 퇴적암 및 지사학에 관한 자료를 만들었음. 저서 프로드로무스(*De solid intra solidum⋯*)에서 지층 누중의 법칙, 지층 수평성의 법칙, 지층 연속성의 법칙 및 절단 관계의 법칙을 제안하였음.

1670

바르톨리누스(Erasmus Bartholinus, 1625~1698) : 저서(*Experimenta crystalli islandici disdiaclastici⋯*)에서 빙주석(Iceland spar)의 복굴절을 발표함.

1671

리스터(Martin Lister, 1639~1712) : 화석을 유기물의 잔해가 아니라고 주장함. 1684년에는 지질도 작성하는 방법을 최초로 제안함.

1672

싱클레어(George Sinclair, ?~1696) : 저서(*The Hydrostaticks*)에서 주향, 경사 및 도형과 함께 석탄층의 구조를 설명함.

보일(Robert Boyle, 1627~1691) : '보석에 대한 논문(*An essay about the origin and virtues of gems*)'에서 가장 투명한 보석들은 원래 액체 상태였으며, 불투명한 보석들은 원래 흙이었고, 이들이 암석화되는 어떤 용액에 의해 이후에 굳어진 것이라고 생각함. 해저의 상태와 퇴적 작용에 대해 설명하였으며 광물이 생물처럼 자란다는 생각을 거부한 것으로 가장 잘 알려져 있음.

1674

페로(Pierre Perrault, 1608~1680) : 저서 샘의 기원(*Origine des Fontaines*)에서 샘과 하천에서의 강수량과 물의 근원과의 관계를 정량적으로 설명함. 그의 연구는 지질학적 이론을 최초로 정량적으로 검증한 것으로 알려짐.

1681 버넷(Thomas Burnet, 1635~1715) : 저서 지구의 신성한 이론(*Sacred Theory of the Earth*)에서 성서의 창조와 홍수에 대해 논의함.

1691 라마치니(Bernardino Ramazzini, 1633~1714) : 저서(*De Fontium Mutinensium…*)에서 자분정의 기원을 그림으로 설명함.

1693 라이프니츠(Gottfried Wilhelm Leibniz, 1646~1716) : 논문(*Acta Eruditorum*)에서 지구 초기의 역사에 대한 견해를 밝힘.

1696 휘스턴(William Whiston, 1667~1752) : 멘토인 뉴턴의 뒤를 이어 케임브리지대학교 교수가 되었다가 종교적인 갈등으로 대학에서 추방됨. 그의 저서 지구의 새로운 이론(*A New Theory of the Earth*)(1696)에서 창조론과 노아의 홍수에 관한 주장을 하였음.

1699 르위드(Edward Lhwyd, 1660~1709) : 약 250여 개의 그림과 함께 영국의 화석에 대한 최초의 저서(*Lithophylacii Britannici Ichnographica…*)를 출판함.

1705 베벌리(Robert Beverly, 1667~1722) : 논문(*History of the present state of Virginia…*)에서 미국의 광물 자원, 토양, 수자원 및 물리적 양상에 대해 기술함.

1709 슈처(Johannes Jakob Scheuchzer, 1672~1733) : 저서(*Herbarium Diluvianum*)에서 홍수의 잔해로 해석한 식물 화석을 기재함.

1719 스트레이치(John Strachey, 1671~1743) : 논문(*A curious description of the strata observed in the coalmines of Mendip…*)에서 지질 구조 단면을 최초로 설명하고 퇴적암을 기재함.

1726 슈처 : 저서(*Lithographica Helvetica*)에서 마이오세의 화석을 호모 딜루비 테스티스(*Homo diluvii testis*), 즉 성경의 홍수에서 익사한 사람의 유해의 증거로 생각하였음. 이 화석은 1809년 퀴비에에 의해 도롱뇽 화석으로 밝혀짐.

베링거(Johann Beringer, 1667~1740) : 뷔르츠부르크(Würzburg) 대학교의 교수로 놀랄 만큼 잘 보존된 화석에 대한 저서(*Lithographiae Wirceburgensis*)를 출판함. 이 화석은 조작된 것으로 밝혀짐.

1740 모로(Anton Lazzero Moro, 1687~1740) : 1차적 산(Primary Mountain)과 2차적 산(Secondary Mountain)의 개념을 도입함.

1746 게타르(Jean-Étienne Guettard, 1715~1786) : 논문(*Sur la nature et la situation des terreins qui traversent la France et l'Angleterre*)에서 최초로 광물 지도를 작성하였으며, 층서를 논의하였고 역암(puddingstones)의 하성 기원을 역설하였음.

1748 마이예(Benoit de Maillet, 1656~1738) : 지질 시대의 길이 등에 대한 지질학적 사고가 시대를 훨씬 앞섰음.

뷔퐁(Georges Louis Lecelerc, Comte de Buffon, 1707~1788) : 저서 **지구의 이론**(*Théorie de la Terre*)에서 지구의 기원에 대한 충돌설을 주장함. 그 후 1778년에 출판된 저서 **자연의 시대에 대한 자연사**(*Histoire naturelle des épogues de la nature*)에서 지구의 역사에 대해 설명함.

디드로(Denis Diderot, 1713~1784) : 1751년에 출판된 **백과사전**(*Encyclopedie*)에서 '지질학'이라는 새로운 용어를 소개함.

에반스(Lewis Evans, 1700~1756) : 논문(*An analaysis of a general map of the Middle British Colones in America…*)에서 동부 북아메리카의 지질에 대해 기술함.

레만(Johann Gottlob Lehmann, 1719~1767) : 층서학에 관한 고전적 논문(*Versuch einer Geschichte von Flötz-Gebürgen*)에서 투링기아(Thuringia)의 페름기 지층에 대해 상세히 기술함.

아두이노(Giovanni Arduino, 1714~1795) : 암석을 1차적, 2차적 및 3차적으로 구분함. 신생대 제3기는 아두이노의 제3차 암석에서 유래함.

미첼(John Michell, 1724~1793) : 논문 '지진 현상의 원인과 관찰에 관한 추론(*Conjectures concerning the cause and observations upon the phaenomena of earthquakes*)'을 발표함.

휘크젤(Georg Christian Füchsel, 1722~1773) : 논문(*Historia terrae et maris ex historia Thuringiae…*)에서 투링기아의 트라이아스기 지층을 기재하였으며, 중요한 층서학적 용어의 과학적 사용을 정의함.

저명한 광산 학교이며 수성론의 산실인 베르그아카데미 프라이베르크(Bergakademie Freiberg)가 작센에 설립됨.

리슬(Jean-Baptiste Louis Romé de l'Isle, 1736~1790) : 논문 '결정학 에세이(*Essai de Cristallographie*)'에서 결정의 법칙을 제안함.

데마레(Nicolas Desmarest, 1725~1815) : 논문(*Sur l'origine et la nature du basalte…*)에서 현무암의 화산의 기원을 밝히고 화산 지질학의 기초를 세움.

베르너(Abraham Gottlob Werner, 1749~1817) : 광물학의 교과서인 명저 **화석의 외부 특징에 대하여**(*Von den äusserlichen Kennzeichen der Fossilien*)를 출판함. 모든 암석은 태초에 해양에서 퇴적되어 형성되었다는 수성론(Neptunism)을 주장함.

글레이저(Friedrich Gottlob Gläser) : 최초로 컬러판 지질도를 포함한 논문(*Versuch einer mineralogischen Beschreibung der Gefürsteten Grafschaft Henneberg Chursächsischen Antheils*)을 출판함.

생퐁(Barthélemy Faujas de Saint-Fond, 1741~1819) : 그의 논문(*Recherches sur les volcans éteints du Vivarais et du Velay*)에서 휴화산의 성질과 용암류의 기원을 인식하였으나 금속과

금속광이 식물처럼 자란다고 생각하였음.

팔라스(Peter Simon Pallas, 1741~1811) : 논문(*Observations sur la formation des montagnes…*)에서 구조지질학과 조산 운동에 대한 연구의 효시를 이룸.

1779　소쉬르(Horace Bénédict de Saussure, 1740~1799) : 저서인 **알프스의 여행기**(*Voyages dans les Alpes*)(1779~1796)를 출판하고 알프스의 지질 구조를 밝힘.

1784　아위(René Just Haüy, 1743~1822) : 결정형의 일정함을 설명하였으며, 결정형에 따라 광물학의 체계를 발전시킴.

1787　베르너(Abraham Gottlob Werner) : 논문 '암석의 간단한 분류와 기재(*Kurze Klassifikation und Beschreibung der verschiedener Gebirgsarten*)'에서 암석을 최초로 분류함.

쉐프(Johann David Schoepff, 1752~1800) : 미국의 지질학에 대한 최초의 저서를 출판하였으며 미국 동부의 지질에 대해 상세하게 기술함.

1793　세계 최초로 프랑스 국립자연사박물관이 개관함.

1795　허턴(James Hutton, 1726~1797) : 명저 증거와 도해를 곁들인 지구의 이론(*Theory of the Earth with Proofs and Illustrations*)에서 동일과정설을 제창하고, 화성론의 기초를 확립함.

1796　소쉬르(Horace Bénédict de Saussure, 1740~1799) : 서부 알프스의 지질 구조를 상세히 기술하였음.

1797　스팔란자니(Lazzaro Spallanzani, 1729~1799) : 실험적으로 화산암 구조에 대한 연구를 최초로 수행함. 이탈리아 화산에 대한 광범위한 관찰 결과는 1792~1797년에 출판됨. 화성 용액을 천천히 식히면 유리질이 아니라 결정질이 된다는 것을 증명할 수 없었음. 그 후에 홀(Sir James Hall)이 이를 밝혀냄.

1798　홀(Sir James Hall, 1761~1832) : 용융된 현무암을 천천히 식히면 결정질 암석이 된다는 것을 실험적으로 증명함. 따라서 허턴의 지구의 이론에 대한 비판 중 하나를 해결함(Trans. Royal Soc. Edinb. Vol.5, p. 43, 1805).

1799　라플라스(Pierre Simon Laplace, 1749~1827) : 지구의 기원에 대한 성운설을 제안함.

스미스(William Smith, 1769~1839) : 웨일즈의 배스 부근 지층과 지층에 포함된 특징적 화석 목록을 만듦. 1815년에는 영국의 지질도를 최초로 출판함. 그의 지질도는 모든 후속 지질도의 모델이 되었으며, 그의 논문은 생물층서학의 기초를 이루었음.

1801　아위(René Just Haüy, 1743~1822) : 명저 광물학 원론과 결정학 원론을 발표함. 현대 결정학의 아버지라고 불림.

플레이페어(Playfair, 1748~1819) : 저서 허튼의 지구의 이론에 대한 해설(*Illustrations of the Huttonian Theory of the Earth*)에서 허턴에 의해 발전된 지질학의 원리를 명료하게 설명함.

라마르크(Chevalier de Lamarck, 1744~1829) : 명저 수문 지질학(*Hydrogéologie*)에서 지표의 모양을 변화시키는 데 있어서의 물의 작용을 설명하였으며 무척추 고생물학의 기초를 세움.

슐로트하임(Baron von Schlotheim, 1764~1882) : 논문(*Ein Betirag Zur Flora der Vorwelt*)에서 투링기아의 식물 화석을 기재하였으며, 식물 화석이 완전히 멸종한 식물 세계를 나타낼 가능성을 논의함.

홀(Sir James Hall) : 석회암이 압력을 받아 가열되면 분해되지 않는다는 것을 실험적으로 증명하여 허턴의 지구의 이론의 비판 중 하나를 해결함(Trans. Royal Soc. Edinb. Vol. 6, p. 71, 1812).

런던 지질학회가 창설됨. : 1811년에는 학술 잡지(*Transactions*)가 발행됨.

제임슨(Robert Jameson, 1774~1854) : 베르너 자연사학회를 창설하고 수성론을 계승하였음.

부흐(Leopold von Buch, 1774~1853) : 베르너의 수제자로 1809년 현무암의 화성 기원을 받아들이기 전까지 그의 수성론을 지지함. 화산에 대한 많은 연구를 수행함. 1832년에 42매로 구성된 독일의 지질도를 출판함.

마틴(William Martin, 1767~1810) : 논문(*Outlines of an attempt to establish a knowledge of extraneous fossils on scientific principles*)에서 고생물학의 원리를 설명함.

매클루어(William Maclure, 1763~1840) : 미국의 지질 조사를 수행하였으며, 논문(*Observations on the geology of the United States of America, explanatory of a geological map*)에서 미국인에 의한 미국의 최초 지질도를 발표함.

말루스(Étienne-Louis Malus, 1775~1812) : 그의 논문(*Sur une propriété de la lumière réfléchie*)에서 반사에 의한 편광의 발견을 처음으로 발표하였으며, 결국에는 현미경 기술의 중요한 진전을 이루게 함.

울라스톤(William Hyde Wollaston, 1766~1828) : 결정학 연구를 위한 반사 측각기를 발명함.

퀴비에(Georges Cuvier, 1769~1832) : 저서 사족동물 화석에 관한 연구(*Recherches sur les ossemens fossiles de quadrupédes*)에서 척추고생물학을 과학으로 정립함. 1825년에 출판된 저서(*Discours sur les révolutions de la surface du globe*)에서 격변설을 최초로 주장함.

소워비(James Sowerby, 1757~1822) : 저서 **영국의 광물 패류학**(*Mineral Conchology of Great Britain*…)을 출판함.

1816

클리블랜드(Parker Cleaveland, 1780~1858) : 미국의 지질도와 함께 최초로 지질학 교과서를 저술함.

스미스(William Smith, 1769~1839) : '화석에 의한 지층의 동정(*Strata identified by Organized Fossils*…)'을 논문으로 발표하고 동물군 천이의 법칙을 설명함.

1818

실리만(Benjamin Silliman, 1779~1864) : 현재까지 계속 출판되고 있는 미국 과학 잡지(*American Journal of Science*)를 만듦.

켄터키 웨인 카운티의 비티 유정에서 미국에서는 최초로 원유가 생산됨.

1820

헤이든(Horace H. Hayden, 1769~1844) : 모든 충적층을 노아의 홍수에 의한 것으로 생각하였으며, 물은 극의 빙하가 갑자기 녹아서 유입된 것으로 생각함. 이는 지질학적 사고의 어떤 분야가 얼마나 늦게 발전하는지를 보여주는 하나의 예임.

1821

퀴비에 : 저서 **지구의 이론**(*Théories de la Terre*)이 영어로 번역 출판됨.

1822

코니비어(Wiliam Daniel Conybeare, 1787~1857)와 필립스(William Phillips, 1775~1828) : 층서학의 명저 **잉글랜드와 웨일즈의 지질 개관**(*Outlines of the Grology of England and Wales*)을 남겼으며, '석탄계'를 명명함.

브롱니아르(Adolphe Brongniart, 1801~1876) : 식물 화석에 대한 논문(*Sur la classification et la distribution des végétaux fossiles en général, et sur ceux des terrains de sédiment supérieur en particulier*)을 발표해 고식물학의 단단한 기초를 확립하였으며, 식물 화석의 지리적 및 지질학적 분포를 기재함.

1823

훔볼트(Alexander von Humboldt, 1769~1859) : 전 유럽과 북미, 남미 등을 여행하며 지진과 화산 및 여러 지질학적 현상을 연구하였으며, 그 결과를 논문(*A Geognostical Essay on the Superposition of Rocks in Both Hemispheres*)으로 발표함.

쿠아(Jean René Constant Quoy, 1775~1812)와 게마르(Joseph Paul Gaimard, 1790~1858) : 산호섬의 형성과 그들의 지질학적 중요성을 발표함(*Annales des Sciences Naturelles*, v. IV, pp. 273~290)

버클랜드(William Buckland, 1784~1846) : 동굴에서 발견된 '전 지구적인 홍수의 잔해를 입증하는' 생물의 잔해를 관찰하고 그 결과를 저서 **홍수의 유물**(*Reliquiae Diluvianae*)로 발표함. 1824년에 최초로 기재한 공룡을 메갈로사우루스(*Megalosaurus*)로 명명함.

1839

머치슨(Roderick Impey Murchison, 1792~1871) : 저서 **실루리아계**(*Silurian System*)를 출판함.

1840

오웬(Richard Owen, 1804~1892) : 영국의 고생물학자로 자연사박물관의 책임자로서 영국 자연사박물관의 발전에 기여함. 공룡(Dinosaurs)이라는 명칭을 제안함.

1841

머치슨 : 자신이 제안한 페름계(Permian System)를 최초로 기재함(Philos. Mag. 3rd ser. v. XIX. 1841).

뒤프레노이(Ours-Pierre-Armand Petit-Dufrénoy, 1792~1857) 와 보몽(Jean-Baptiste Élie de Beaumont, 1798~1874)에 의해 1:500,000축척의 6매로 이루어진 '프랑스 지질도 (*The Carte Geologique de la France*)'가 출판됨.

1842

다윈 로저스(Henry Darwin Rogers, 1808~1866)와 바턴 로저스(William Barton Rogers, 1804~1882) : 조산 운동의 원인과 애팔래치아 석탄층의 기원을 연구함.

로건(William Edmond Logan, 1798~1875) : 캐나다 지질조사소의 초대 소장으로 임명됨.

1843

홀(James Hall, 1812~1898) : 뉴욕주와 유럽의 고생대 암석의 대비를 시도함.

1845

라이엘(Charles Lyell, 1797~1875) : 1841~42 그리고 1845~46 사이에 미국을 두루 여행하며 석탄층, 조산 운동 및 빙하 작용 등에 대한 많은 새로운 사실을 야외 관찰하여 그 결과를 논문(*Travels in America*, 1845; *A second visit*…1849)으로 발표함.

1849

도비니(Alcide d'Orbigny, 1805~1857) : 저서 **층서학적 고생물학 서문**(*Prodrome de Paléontologie Stratigraphique*)에서 1만 8,000종의 화석을 기재하였으며 27개의 층서학적 조(Stage)를 설정함.

말렛(Robert Mallet, 1810~1881) : 지진 운동에 대한 관찰을 논문으로 발표하였으며, 관찰한 지진의 현상들을 파동 운동의 법칙으로 해결하였음.

대너(James Dwight Dana) : 태평양섬에서의 화산 분출의 성질과 계곡의 기원에 대한 논문을 발표함.

1851

소비(Henry Clifton Sorby, 1826~1908) : 박편을 제작하여 편광하에서 관찰하였음. 암석의 현미경적 구조에 대한 논문(*On the microscopical structure of the Calcareous Grit of the Yorkshire Coast*)을 발표함.

1855

램지(Andrew Crombie Ramsay, 1814~1891) : 고생대의 빙하에 대한 논문(*On the probable existence of glaciers and icebergs on the Permian Epoch*)을 발표함.

도슨(John William Dawson, 1820~1899) : 논문(*Acadian Geology*)에서 캐나다 노바 스코샤의 지질을 설명함. 1865년에 에오준 캐나덴스(*Eozoon canadense*)를 보고함.

프랫(John Henry Pratt, 1809~1871)과 에어리(George Bedell Airy, 1801~1892) : 프랫의 논문(*The attraction of the Himalaya Mountains upon the plumbline in India*)과 에어리의 논문(*Hypothesis of crustal balance*)으로 지각균형설이 확립됨.

1856 레슬리(Peter Lesley, 1819~1903) : 애팔래치아의 구조와 지형 및 미국 동부의 자연지리구에 대해 연구함.

1859 다윈(Charles Darwin, 1809~1882) : 명저 종의 기원(*Origin of the Species*)을 출판함.

홀(James Hall) : 지향사로부터 습곡 산맥이 발달한다고 생각함. 그러나 지향사라는 용어 자체는 사용하지 않음.

1860 필립스(John Phillips, 1800~1874) : 퇴적층의 두께와 퇴적물의 평균 퇴적 속도를 이용해 지구의 나이를 9,600만 년으로 추정함.

헉슬리(Thomas Henry Huxley, 1825~1895) : 다윈의 열렬한 지지자로 1860년 영국 연합회에서 토론 중 윌버포스 주교가 자신의 혈통이 원숭이인지를 물어본 데 대하여 자신은 주교보다 원숭이를 선택하겠다고 대답함.

1862 죽스(Joseph Deete Jukes, 1811~1869) : 아일랜드의 계곡 형성을 바다에서의 침식이 아닌 하천에 의한 침식으로 발표함(Q. J. G. S. 18:378~403).

톰슨(William Thomson, Lord Kelvin, 1824~1907) : 지구의 냉각 속도를 고려하여 지구의 나이를 2,000만~4억 년으로 발표함. 지질학자들은 이 값이 너무 짧기 때문에 수용하지 않음.

1864 오웬(Richard Owen, 1804~1892) : 1861년에 졸렌호펜에서 발견된 시조새(*Archaeopteryx*)를 기재함.

1870 프록터(Richard Anthony Proctor, 1837~1888) : 운석과 지구의 기원에 대해 기술함. 그는 체임벌린과 모울턴보다 먼저 운석 물질의 부가에 의한 행성의 성장에 대한 아이디어를 가졌던 것으로 보임.

1871 게이키(Archibald Geikie, 1835~1924) : 스코틀랜드에서의 빙하 작용을 명백하게 설명함(Gelo. Mag., v. VIII, pp. 545~553).

1873 대너(James Dwight Dana) : 지구의 냉각과 산의 기원, 그리고 지구 내부의 성질을 다룬 논문에서 '지향사'라는 용어를 소개함(Am. J. Sci. (3) 5:423~443).

1876 소비(Henry Clifton Sorby, 1826~1908) : 암석 기재학을 창시하였으며, 명저 현미경적 암석기재학(*Microscopical Petrography*)을 출판함.

1878 하임(Albert Heim, 1849~1937) : 지각 변동과 변성암 그리고 조산 운동의 원동력을 설명한 논문(*Untersuchung über den Mechanismus der Gebirgsbildung, im Anschluss an die geologische*

Monographie der Toede Windgällengruppe)을 발표함.

프랑스 파리에서 제1회 국제지질과학총회(IGC)가 개최됨.

1879 킹(Clarence King, 1842~1901) : 미국 지질조사소(USGS)가 창설되었으며 초대 소장으로 킹이 취임함.

1884 베르트랑(Marcel Alexandre Bertrand, 1847~1907) : 알프스의 오버스러스트(overthrust)를 기재함.

로젠(Karl August Lossen, 1841~1893) : 접촉 변성 작용과 광역 변성 작용을 구분함.

1885 쥐스(Eduard Suess, 1831~1914) : 명저 지구의 모습(*Das Antlitz der Erde*)을 출판하였으며, 마지막 부분은 1909년에 출판됨. 이는 지표의 진화에 대한 가장 훌륭한 단일 연구 논문 중 하나로 알려져 있음.

화이트(Israel Charles White, 1848~1927) : 천연 가스의 집적에 대한 배사구조설을 제안함.

1886 곳체(Carl Christian Gottsche, 1855~1909) : 지질도와 함께 한국의 지질을 최초로 외국에 소개한 논문 '한국의 지질 개관(*Geologische Skizze von Korea*)'을 발표함.

베크렐(Antoine Henri Becquerel, 1852~1908) : 방사선을 발견하여 절대 연령을 측정할 수 있게 함.

1888 미국 지질학회가 창설됨. 초대 회장으로 홀(James Hall)이 취임함.

1889 더턴(Charles Edward Dutton, 1841~1912) : 지각 균형설을 제안함.

1893 포세프니(Ferencz Pošepný, 1836~1895) : 화성암의 광물 성분과 산출 상태 사이의 관계를 기술함.

지텔(Karl Alfred von Zittel, 1839~1904) : 명저 고생물학 편람(*Handbuch der Palaeontologie*)을 출판함.

1895 셰일러(Nathaniel Southgate Shaler, 1841~1906) : 빙하의 발달과 해수면 변화의 관계를 설명함.

뒤부아(Marie Eugène François Thomas Dubois, 1858~1940) : 자바섬에서 인류 화석인 피테칸트로푸스 에렉투스(*Pithecanthropus erectus*)를 보고함.

1897 랩워스(Charles Lapworth, 1842~1920) : 오르도비스계를 제안함.

체임벌린(Thomas Chrowder Chamberlin, 1843~1928) : 지구의 내부 구조, 표면 온도 및 나이에 대하여 논의함.

1898

퀴리(Marie Sklodowski Curie, 1867~1934) : 라듐 원소를 발견함. 그 후 방사성과 원자의 붕괴에 대한 연구로 지구의 나이를 더욱 정밀하게 측정하는 방법을 발견함.

밀네(John Milne, 1850~1913) : 지진파의 도달 시간을 계산하고 지진 목록을 제작하여 현대 지진학을 개척함.

1899

졸리(John Joly, 1857~1933) : 강으로부터 바다로 유입되는 나트륨의 양을 측정하여 바다의 나이를 8~9,000만 년으로 추정함. 이 방법은 1715년에 핼리(Halley)에 의해 처음으로 제안되었음.

1903

비케르트(Emil Wiechert, 1861~1928) : 자동 계기 지진학의 기초가 되는 저서(*Theorie der automatischen Seismographen*)를 발표함.

1904

체임벌린(Thomas Chrowder Chamberlin)과 모울턴(Forest Ray Moulton, 1872~1952) : 태양계의 기원에 대한 미행성설을 발표함.

1905

러더포드(Ernest Rutherford, 1871~1937) : 방사성이 지구의 나이를 추정하는 방법임을 최초로 명쾌하게 제안함. 1908년 방사능에 관한 공헌으로 노벨 화학상을 수상함.

1907

민대식(1882~불명) : 한국 최초의 검정 지구과학 교과서인 신찬지문학을 출판함.

볼트우드(Bertran Boltwood, 1870~1927) : 방사성 방법을 이용해 우라늄/납의 비로부터 광물의 나이를 22억 년까지 추정함.

1909

체임벌린(Thomas Chrowder Chamberlin) : 지각 변동을 대비의 궁극적인 기초로서 기술함.

모호로비치치(Andrija Mohorovičić, 1857~1936) : 크로아티아의 지진학자로서 지각과 맨틀 사이의 불연속면(모호면)을 발견함.

라이트(Frederic Eugene Wright, 1877~1953)와 라센(Esper Signius Larsen, Jr., 1879~1961) : 석영이 지질 온도계로서 사용될 수 있음을 설명함.

월컷(Charles Doolittle Walcott, 1850~1927) : 캐나다의 버제스 셰일(Burgess Shale)에서 중기 캄브리아기의 대규모 화석을 발견함.

1910

리드(Harry Fielding Reid, 1859~1944) : 지진의 원인으로 탄성발발설을 주장함.

기어(Gerard de Geer, 1858~1943) : 호상 점토의 두께를 측정해 빙상의 후퇴 이후의 경과 시간을 정확하게 결정함.

1912

구텐베르크(Beno Gutenberg, 1889~1960) : 지진파를 이용하여 지구 내부 2,900km 깊이에 액체 상태의 핵이 존재함을 밝힘.

베게너(Alfred Wegener, 1880~1930) : 대륙이동설을 주장함.

라우에(Max von Laue, 1879~1960) : X선을 이용해 결정의 원자 배열 상태를 규명함. 1914년 노벨 물리학상을 수상함.

도슨(Charles Dawson, 1864~1916) : 영국 필트다운에서 유인원과 인류 사이의 '잃어버린 고리'를 발견하였음. 우드워드는 턱뼈와 두개골 등을 발견하고, 이를 50만 년 전의 인류의 화석인 에오안트로푸스 도슨아이(*Eoantropus dawsoni*)라고 명명하였음. 그러나 이 화석은 1953년 현대인의 두개골과 오랑우탄의 턱뼈를 조합한 사기로 밝혀짐.

1913

브래그(William Henry Bragg, 1862~1942)과 브래그(William Lawrence Bragg, 1890~1971) : X선 분광계를 발명하였으며, 이를 이용해 칼리암염과 암염의 결정 구조를 최초로 결정함. 1915년 노벨 물리학상을 수상함.

홈즈(Arthur Holmes, 1890~1965) : 금세기 최고의 지질학자 중의 한 사람으로, 저서 지구의 나이(*The Age of the Earth*)를 발표함. 이 논문은 그 후 1937년에 동일 제목의 새로운 논문으로 발표되었음.

린드그렌(Waldemar Lindgren, 1860~1939) : 스웨덴 출신의 미국 지질학자로 명저 광상학(*Mineral Deposits*)을 출판함. 광상을 마그마 광상, 접촉 변성 광상, 페그마타이트 광상, 퇴적 광상으로 분류함.

1918

한국에 지질조사소가 창설됨.

1922

퍼스만(Alexander Evgen'evich Fersman, 1883~1945) : 러시아의 지질학자로서 지구과학이라는 용어를 정의함.

1923

바우어(Louis Agricola Bauer, 1865~1932) : 바다에서의 광역적인 조사를 통해 지구 자장을 분석함.

1928

1:1,000,000축척의 '조선 지질도'가 발간됨.

홈즈(Arthur Holmes) : 대륙이동설에 대한 저서 방사성과 대륙의 이동(*Radioactivity and continental drift*)에서 맨틀대류설을 발표함.

보웬(Norman Levi Bowen, 1887~1956) : 금세기 최고의 암석학자로서 마그마 분화 과정과 화성암 성인설을 확립함. 1928년에 연구 결과로 화성암의 진화(*The Evolution of Igneous Rocks*)라는 명저를 출판함.

1929

마쓰야마(Motonori Matsuyama, 1884~1970) : 현무암의 자화 방향을 연구함.

1932

완레스(Harold Rollin Wanless, 1898~1970)와 웰러(James Marvin Weller, 1898~1976) : 펜실베이니아기의 윤회층의 대비와 규모를 기술함.

에스콜라(Pentti Eelis Eskola, 1883~1964) : 변성암 분화의 원리와 화강암질 마그마의 기원을 기술함.

1935 리히터(Charles Francis Richter, 1900~1986) : 지진의 규모(리히터 척도)를 제안함.

1936 데일리(Reginald Aldworth Daly, 1871~1957) : 해저 협곡의 성인을 설명함.

레만(Inge Lemann, 1888~1993) : 내핵이 액체 상태의 외핵 안에 존재함을 발견함.

1937 피테칸트로푸스(*Pithecanthropus*)의 골격이 자바에서 발견됨. 자바인은 호모 에렉투스(*Homo erectus*)에 해당하며 아프리카, 아시아 및 유럽에서 기록됨.

뒤투아(Alexander Logie du Toit, 1878~1948) : 저서 **표류하는 우리의 대륙**(*Our Wandering Continents*)을 발표하고 베게너의 대륙이동설을 지지함.

1940 부처(Walter Hermann Bucher, 1888~1965) : 조산 운동의 순환에 대해 기술함.

그릭스(David Tressel Griggs, 1911~1974) : 재결정 작용이 일어나는 조건하에서 암석의 유동을 실험적으로 연구함.

맥그리거(Alexander Miers MacGregor, 1888~1961) : 남아프리카의 27억 년 이상 된 선캄브리아대의 석회암에서 조류의 구조를 발견함.

1941 베그놀드(Ralph Alger Bagnold, 1896~1990) : 바람에 의한 모래의 운동에 대하여 실험 연구를 수행함.

1944 홈즈(Arthur Holmes) : 명저 **물성 지질학의 원리**(*Principles of Physical Geology*)를 출판함.

1946 헤스(Harry Hammond Hess, 1906~1969) : 태평양의 물속에 잠긴 오랜 섬의 존재를 밝히고 이를 기요(Guyots)라고 명명함.

1947 대한지질학회가 창립됨. 초대 회장으로 박동길 교수가 취임함. 학회에서 발행하는 지질학회지에서 1권 1호가 1964년에 발행됨.

마이네즈(Felix Anderies Vening Meinesz, 1887~1966) : 지구 내부에서의 대류를 연구함.

1949 베니오프(Hugo Benioff, 1899~1968) : 프랑스의 지진학자로서 해구 부근의 경사진 지진대의 존재를 발견함. 후세 사람들은 이를 '와다티(Wadati)-베니오프대'라고 부름.

그레이엄(John Warren Graham, 1918~1971) : 퇴적암 중의 고지자기의 안정성과 중요성을 설명함.

1950 윌슨(John Tuzo Wilson, 1908~1993) : 젊은 산맥과 호상 열도의 분포 양상과 원인을 설명함.

1952 리비(Willard Frank Libby, 1908~1980) : 방사성 탄소(14C)를 이용한 연대 측정법을 확립함. 1960년 이러한 공로로 노벨 화학상을 수상함.

1954 에이벨슨(Philip H. Abelson, 1913~2004) : 고생대의 화석에서 아미노산을 발견함.

1956 페터슨(Clair Cameron Patterson, 1922~1995) : 캐니언 디아블로 운석의 납의 동위 원소를 이용하여 지구의 나이를 45억 5,000만 년으로 밝힘.

1957 유잉(William Maurice Ewing, 1906~1974) : 중앙 해령의 길이가 약 6만 4,000km 정도로 길다는 것을 발표함. 또한 히젠(Heezen) 등과 함께 해령이 변환 단층에 의하여 갈라져 있음을 확인함.

1959 리키(Louis Seymour Leakey, 1903~1972) : 탄자니아 올두바이 협곡에서 인류 화석 진잔트로푸스 보이세이(*Zinjanthropus boisei*)를 발견함.

1961~1962 디츠(Robert Sinclair Dietz, 1914~1995), 헤스 : 해저 확장설을 주장함.

1963 윌슨(John Tuzo Wilson) : 변환 단층을 제안하고 윌슨 사이클을 제창함.

바인(Frederick John Vine, 1939~) : 매튜스와 함께 해저확장설을 증명하는 '해령에서의 자기 이상'이라는 논문을 발표함.

1964 오스트롬(John Harold Ostrom, 1928~2005) : 공룡 화석 데이노나이쿠스(*Deinonychus*)를 발견하여 공룡 연구의 르네상스를 열었음.

1968 모건(William Jason Morgan, 1935~), 아이작스(Bryan Isacks), 올리버(Jack Oliver, 1923~2011) 및 사이크스(Lynn R. Sykes, 1937~) : 판구조론을 주장함.

1969 김봉균(1920~2003) : 경남 함안군 용산리의 백악기 함안층에서 새 발자국 화석을 코리아나오르니스 함안엔시스(*Koreanaornis hamanensis*)로 명명함. 코리아나오르니스는 1931년 멜(Mehl)에 의해 기재된 이그노토오르니스(*Ignotornis*)에 이어 세계에서 두 번째로 명명된 새 발자국 화석임.

7월 20일(일요일) 암스트롱(Neil Alden Armstrong, 1930~2012)과 앨드린(Buzz Aldrin, 1930~)이 아폴로 11호 우주선을 타고 달에 안착하였으며, 고요의 바다에서 토양과 암석 시료를 채취하였고 7월 24일 지구에 돌아왔음. 인류가 다른 천체에 도달하여 외계의 지질을 최초로 연구하였음.

1972 굴드(Stephen Jay Gould, 1941~2002) : 하버드대학교 지질학 교수로 엘드리지(Niles Eldredge, 1943~)와 함께 단속평형설(Punctuated Equilibrium)을 발표함.

1974 요한슨(Donald Carl Johanson, 1943~) : 미국의 고인류학자로 1974년 11월 24일 에티오피아의 하다르에서 약 320만 년 된 오스트랄로피테쿠스 아파렌시스(*Australopithecus afarensis*)를 발견함.

1975　김수진(1939~) : 국제광물학회 신종 광물 및 광물명위원회로부터 산화망간 광석에서 드물게 나타나는 장군석(Jangunite)을 발견하였다고 발표함. 그 이름은 경북 봉화군 장군 광산에서 따온 것이라고 함.

1980　이하영(1936~1994) : 강원도 정선 부근에서 최초로 실루리아기의 코노돈트(conodont) 화석을 발견함(지질학회지 16권 2호, pp. 114-123).

알바레츠(Luis Walter Alvarez, 1911~1988) : 공룡의 멸종 원인을 운석 충돌설로 설명함.

1982　양승영(1938~) : 경상남도 고성군에 분포한 백악기 진동층에서 최초로 공룡 발자국 화석을 발견함(지질학회지, 18권 1호, pp. 37-48).

1987　대한지질학회 : 이대성(1921~1987) 교수가 유작으로 남긴 한국의 지질(Geology of Korea) 영문판이 출판됨.

1994　달림플(Gary Brent Dalrymple, 1937~) : 명저인 지구의 나이(The Age of the Earth)(1994)를 출판함. 지구의 나이가 45억 4,300만 년이라고 주장함.

마루야마(Shigenori Maruyama, 1949~) : 논문 '열주구조론(Plume Tectonics)'을 발표함.

2002　황구근(1963~) 외 : 신종 익룡 발자국 화석 해남이크누스 우항리엔시스(Haenamichnus uhangriensis)를 전남 해남의 백악기 우항리층에서 발견함.

2005　오창환(1957~) 외 : 홍성 지역 비봉 부근에 분포하는 덕정리 화강편마암 내 변성염기성암에서 에클로자이트 상(eclogite facies) 변성 작용을 발견함. 한반도를 홍성~오대산대를 남중국과 중한 지괴의 충돌 경계로 생각하게 함.

2006　제1회 경남 고성공룡엑스포가 경남 고성군에서 개최됨.

2007　조등룡(1957~) : 충남 태안 지역에 분포하는 태안층의 지질 시대가 데본기~트라이아스기에 속한다고 발표함.

2008　기원서(1962~) 외 : 연천도폭 설명서에서 연천계의 지질 시대를 중기 데본기-전기 석탄기로 발표함.

2010　허민(1961~) 외 : 신종 공룡 골격 화석 코리아노사우루스 보성엔시스(Koreanosaurus boseongensis)를 전남 보성의 백악기 선소 역암에서 발견함.

2011　이융남(1960~) 외 : 신종 공룡 화석 코리아세라톱스 화성엔시스(Koreaceratops hwaseongensis)를 경기도 화성의 백악기 탄도층에서 발견함.

2012　제11차 중생대 육상생태계시스템 심포지엄(Mesozoic Terrestrial Ecosystems)이 전남 광주에서 개최됨.

2014

문화재청 : 2014년 9월 2일 조선지질도(1928)와 대한지질도(1956)가 각각 문화재 제603, 제604호로 지정됨.

2018

김정률(1952~), 허민 : 저서 한국의 공룡, 새 및 익룡(*Dinosaurs, Birds, and Pterosaurs of Korea*)을 발표함(Springer).

2019

1995년에 발행된 '한국지질도'(한국지질자원연구원, 2019)가 개정되어 24년 만에 발행되었음.

2024

대한지질학회 : 35차 남아프리카 IGC에서 제37차 국제지질과학총회(IGC)가 부산에서 개최 예정지를 부산으로 결정함.

격변론(Catastrophism) : 지구의 물리적 및 생물학적 역사가 갑작스러운 세계적인 격변에 의하여 일어났다는 것으로, 퀴비에가 제안했다.

곳체(Gottsche) : 한국의 지질을 최초로 답사하여 연구 발표한 독일의 지질학자로, '한국 지질 개관'이라는 논문을 1886년에 발표하였다.

공자새(Confuciusornis) : 중국 요녕(Liaoning, 遼寧省)에서 발견된 깃털이 달린 백악기의 공룡 화석으로, 중국의 학자인 공자의 이름으로 기재되었다.

규모(Magnitude) : 지진으로 발생한 에너지를 양적으로 나타낸 것으로, 리히터가 처음으로 정의하였다. 규모 1이 증가할 때마다 에너지는 약 31.6배만큼 커진다.

그레이와케[(美)Graywacke, (英)Greywacke] : 점토질 기질의 함량이 15% 이상이며, 원마도가 낮고 분급이 불량하며 암회색을 띠는 사암으로 암편이나 장석을 많이 포함한다.

냅(nappe) 또는 스러스트 시트(thrust sheet) : 스러스트 중, 원래 위치에서 2~5km 올라온 층상의 지괴를 말하며, 대륙 충돌대 혹은 활성 섭입대 등에서 형성된다.

돌로마이트(Dolomite) : 고회석(CaMgCO₃)으로 구성된 암석으로, 광물 이름과 암석 이름이 돌로마이트로 같기 때문에 이를 피하기 위해 암석의 경우에 돌로스톤이라고 한다.

동물군 천이의 법칙(Law of faunal succession) : 화석 군집은 시간에 따라서 규칙적이고 결정할 수 있는 순서로 천이한다는 것을 설명하는 법칙을 말하며, 스미스가 주장하였다.

동일과정설(Uniformitarianism) : 자연적 과정은 항상 현재 작용하는 것과 동일하다는 생각에 근거하여 오늘날의 과정을 이해함으로써 과거의 사건을 해석할 수 있다는 것을 설명하는 원리를 말한다.

드럼린(drumlin) : 빙하 말단부 근처에 빙하 밑을 따라 운반되던 암석이 쌓여 형성된 작은 언덕 모양의 지형을 말한다.

로렌시아(Laurentia) : 캐나다 순상지의 핵을 이루는 거대한 지괴(Craton)로, 캐나다와 그린란드를 포함한 옛 대륙을 말한다.

메리 애닝(Marry Anning) : 19세기 영국의 아마추어 화석 애호가로 수많은, 거의 완벽한 화석을 발견하여 고생물학의 발전에 공헌하였다.

면각 일정의 법칙(Law of the Constancy of Interfacial Angles) : 같은 종의 광물 결정에서 외형은 달라도 대응하는 면 사이의 각은 같다는 법칙으로, 스테노가 주장하였다.

모스 굳기계(Mohs' scale of minerla hardness) : 굳기 측정에 표준이 되는 10개의 광물로, 두 대상을 서로 긁어 어느 쪽에 흠집이 나는지를 기준으로 서로에 대한 굳기를 비교한다. 경도가 가장 낮은 활석을 굳기 1로 하고, 가장 높은 금강석을 굳기 10으로 한다.

미아석(erratics) : 주변의 기반암과 전혀 다른 먼 지역으로부터 온 암석을 말한다. 빙하에 의해 수백 km의 거리를 이동한 암석이 이에 해당하며, 크기는 자갈만한 것에서 1만 톤을 넘는 것까지 다양하다.

베수비오(Vesuvio) : 고도 1,281m인 이탈리아 나폴리 남동쪽에 위치한 화산으로, 화산 폭발이 일어난 서기 79년에 있었던 기록이 화산재로 덮인 채 남아 있다.

부정합(unconformity) : 침식이나 무퇴적에 의한 지질 기록의 중단이나 간격을 말하며, 허턴은 부정합이 지질 기록의 장구함을 나타내고 있음을 언급하였다.

분별 정출 작용(fractional crystallization) : 마그마의 냉각 과정에서 용융점이 높은 광물부터 정출되고, 남은 액상들끼리의 반응으로 특정 순서를 따라 정출이 이루어져 전체적인 조성이 정해지는 결정학적 작용을 말한다.

뼈 전쟁(Bone War) : 미국에서 19세기 말에 있었던, 공룡 화석에 열정적이었던 마쉬와 코프와의 전쟁을 방불케하는 격론과 싸움을 말한다.

빙력암(tillite) : 빙하에 의해 퇴적되었으며, 분급이 일어나지 않고 층상이 아닌 빙력 점토가 고화된 퇴적암을 말한다. 대서양 양쪽에 대칭적으로 나타나는 빙력암층은 초기 대륙 이동설의 근거가 되기도 하였다.

빙하 시대[(獨)Eszeit, (美)Ice Age] : 빙하가 세계적으로 잘 발달한 시대를 말하며, 지질 시대에는 약 25억 년 전, 원생 누대 말기, 페름기 말기, 그리고 신생대 말기에 커다란 빙하 시대가 있었다.

수성론(Neptunism) : 모든 암석이 세계적인 대양에서 침전에 의하여 특정한 순서로 형성되었다고 하는 생각으로, 베르너에 의해 주장되었다.

수축설(Contraction theory) : 19세기와 20세기 초에 널리 알려졌던 학설로, 지구 표면의 조산 운동이나 여러 구조물이 원래 고온의 용융 상태였던 지구가 점차 냉각 수축하여 형성된 것이라고 해석하였다. 현재는 폐기되었다.

스러스트(thrust) 또는 충상단층 : 단층의 한 종류로 알프스, 애팔래치아와 같은 조산대에서 흔히 나타난다. 큰 압력을 받아 연령이 많은 암석이 연령이 적은 암석을 밀고 올라온 구조를 보이며, 단층면의 기울기가 45° 이하이다.

시조새(*Archaeopteryx*) : 이빨과 꼬리 뼈 및 발톱을 갖고 있어 공룡과 비슷한 골격을 지니고 있으면서, 깃털의 흔적이 발견되는 고생물을 말한다. 현재까지 발견된 것은 12점이며 모두 독일의 졸른호펜(Solnhofen)의 석회암층에서 산출되었다.

신찬지문학(新撰地文學) : 1907년에 민대식이 저술한 우리나라 최초의 지구과학 교과서이다.

아레니기안(Arenigian) : 오르도비스기 하부에 해당하는 시간층서 단위로, 주로 영국을 포함한 유럽 지역에서 사용된다.

아시아의 별 사파이어(Star of Asia Sapphire) : 버마의 모곡 광산에서 채굴된 330캐럿의 청색 스타 사파이어이다.

알파인 텍토닉스(Alpine tectonics) : 중생대 후기에서 신생대 전기까지 유럽의 남부와 북아프리카에 영향을 준 텍토닉스를 말한다.

에오준(*Eozoon*) : 조립 결정질 방해석과 사문석의 무기적인 띠 모양으로 나타나는 구조를 보이는 암석으로, 캐나다의 선캄브리아대 석회암층에서 발견된다. 도슨(John Wiliam Dawson)은 이를 거대한 유공충의 화석으로 생각하였다.

열극 분출(fissure eruption) : 화산 폭발 없이 선형의 분출구로 용암이 분출되는 것을 말한다.

오버스러스트(overthrust) : 단층면의 기울기가 15° 미만이고, 단층면 위에 놓인 지괴가 수 킬로미터에 이르는 경우를 오버스러스트라고 한다.

오베르뉴(Auvergne) : 프랑스 중남부에 위치한 화성암 지대로, 화산학적 이해에 지대한 영향을 주었으며 알프스와 함께 현대 지질학 탄생 배경이 된 곳이다. 데마레, 드 보아장, 부흐, 라이엘, 머치슨 등에 의해 조사되었으며, 수성론자의 무덤으로 불리고 있다.

올드 레드 샌드스톤(Old Red Sandstone) : 사암과 역암 및 셰일로 이루어진 비해성 지층으로 데본기에 형성되었으며 영국과 노르웨이, 북아메리카의 북서부 해안에 걸쳐 분포한다.

운석(meteorite) : 유성체가 지표면에 낙하한 것을 말하며 석질 운석, 석철질 운석, 철질 운석으로 구분된다.

육교설(Land Bridge theory) : 대륙과 대륙 사이를 연결하는 육지가 있다는 생각으로, 이는 생물의 이동을 가능하게 한다. 빙하기 아시아와 북아메리카를 이었던 베링 육교, 북아메리카와 남아메리카를 이었던 파나마 육교가 대표적인 예이다.

인도의 별(Star of India) : 약 300년 전에 스리랑카에서 발견된, 세계에서 가장 크고 유명한 스타 사파이어이다.

지각 균형설(Isostasy) : 지각 평형설이라고도 하며, 지각이 아래보다 밀도가 높은 맨틀 위에 떠 있다고 생각하는 개념이다.

지층 누중의 법칙(Law of Superposition) : 퇴적암에서 위로 갈수록 지층의 연령이 젊어진다는 법칙을 말하며, 스테노가 주장하였다.

지향사(geosyncline) : 판 구조론에 대한 논의가 진행되기 전에 도입된 개념으로, 지각의 일부가 침강하여 두꺼운 퇴적물이 쌓인 길쭉한 퇴적 분지를 말하는 옛 용어이다. 현재는 폐기되었다.

진도(Seismic Intensity) : 지진 발생으로 인한 피해 정도를 지진의 강도라고 말하며, '진도'라고도 한다. 수정 메르칼리 진도 계급(Modified Mercalli intensity scale)을 기준으로 I부터 XII까지 세분된다.

클리노미터(Clinometer) : 지층의 주향과 경사를 측정하는 데 이용되는 기구를 말한다.

클리페[(獨)klippe, (美)cliff 또는 crag] : 스러스트가 발달한 평원에서 나타나며, 냅의 일부가 풍화되고 남은 것으로 지질학적으로는 마치 섬과 같이 고립되어 주변 암석과는 매우 다른 특징을 보인다. 클리페의 예로는 스위스의 프리 알프스, 스코틀랜드의 어신트(Assynt) 등이 있다.

파라독시데스(Paradoxides) : 캄브리아기의 지층에 넓게 분포하는 삼엽충 속으로, 특징적으로 볼모(genal angle)가 길다. 주로 북아메리카의 동부와 유럽에서 발견된다.

플리시(Flysch) : 알프스 북쪽의 하부 백악기로부터 신생대 에오세에 이르는 지층으로, 알프스 조산 운동 과정에서 산맥이 융기하기 시작하여 그 전면이나 내부에 생긴 침강 분지에 퇴적된 것이다.

호박(amber) : 수지 화석으로 흔히 황갈색을 띠며 반투명하거나 투명하고, 곤충이나 기타 생물을 화석으로 포함한다.

호프 다이아몬드(Hope Diamond) : 45.52캐럿의 인도산 청색 다이아몬드이다.

화성론(Plutonism) : 지구가 용융 상태의 물질이 고화되어 형성되었다고 하는 생각을 말하며 허턴이 주장했다.

헤르시니안(Hercynian) : 고생대 후기의 조산 운동으로 일어난 지각 변동을 말하며, 바리스칸(Variscan)과 동일하게 사용된다.

| 1장 |

그림 1.1 Bust of Aristotle. Public domain from Wikipedia.

그림 1.2 Geographer Strabo. Public domain from Wikipedia.

그림 1.3 A replica of an ancient Chinese Seismograph. From Wikipedia.

그림 1.4 World of Hebrews. Robert Miller, 2014. What the Old Testament Can Contribute to an Understanding of Divine Creation. The Heythrop Journal.

그림 1.5 20 somoni banknote from Tajikistan which bears a portrait of Avicenna. From Wikipedia.

그림 1.6 Drawing by Seo Myeong Joon.

그림 1.7 Shen Kuo(1031–AD1095). From Wikipedia.

그림 1.8 Bamboos and Rocks by Li Kan(1244~1320). Public domain from Wikipedia.

| 2장 |

그림 2.1 The Father of Mineralogy, Georgius Agricola. Public domain from Wikipedia.

그림 2.2 *De re metallica* title page. Public domain from Wikipedia.

그림 2.3 Conrad Gesner. From Wikipedia.

그림 2.4 Ulisse Aldrovandi. Public domain from Wikipedia.

그림 2.5 Nicholas Steno. Public domain from Wikipedia.

그림 2.6 De solido intra solidum naturaliter contento dissertationis prodromus. Public domain from Wikipedia.

그림 2.7 Elementorum myologiae specimen. Public domain from Wikipedia.

그림 2.8 James Ussher. Public domain from Wikipedia.

그림 2.9 Portrait of Georges-Louis Leclerc, comte de Buffon. Public domain from Wikipedia.

그림 2.10 Giovanni Arduino's scetch section of the Agno Valley, near Vicenza, Italy, 1758. Public domain from Wikipedia.

그림 2.11 Jean-Étienne Guettard. Public domain from Wikipedia.

그림 2.12 Dolomites in the Alps. From Wikipedia.

그림 2.13 Horace-Bénédict de Saussure. Public domain from Wikipedia.

그림 2.14 Descent from Mont-Blanc in 1787. Public domain from Wikipedia.

그림 2.15 1755 Lisbon earthquake. Public domain from Wikipedia.

| 3장 |

그림 3.1   Der Mineraloge Abraham Gottlob Werner (1749–1817). Public domain from Wikipedia.

그림 3.2   René Just Haüy. Public domain from Wikipedia.

그림 3.3   James Hutton (1726–1797). Public domain from Wikipedia.

그림 3.4   Theory of the earth with proofs and illustrations. From Wikipedia.

그림 3.5   Siccar Point, eroded gently sloping Devonian Old Red Sandstone layers forming capping over conglomerate layer and older vertically bedded Silurian greywacke rocks. From Wikipedia.

그림 3.6   Robert Jameson. Public domain from Wikipedia.

| 4장 |

그림 4.1   Georges Cuvier. Public domain from Wikipedia.

그림 4.2   Portrait d'Alexandre Brongniart (1770–1847). Public domain from Wikipedia.

그림 4.3   William Smith (1769–1839), portrait by French painter Hugues Fourau (1803–1873). Public domain from Wikipedia.

그림 4.4   Geological map Britain William (Smith 1815). Public domain from Wikipedia.

그림 4.5   Smith fossils. Public domain from Wikipedia.

그림 4.6   Tucking Mill. William Smith's house. British Geological Survey.

| 5장 |

그림 5.1   Portrait of Alexander von Humboldt by Joseph Karl Stieler. Public domain from Wikipedia.

그림 5.2   Leopold von Buch. Public domain from Wikipedia.

그림 5.3   Portrait of The Reverend William Buckland, D.D. F.R.S. Public domain from Wikipedia.

그림 5.4   *Reliquiae diluvianae*; or, observations on the organic remains contained in caves, fissures, and diluvial gravel, and on other geological phenomena, attesting the action of an universal deluge. Wellcome Library, INTERNET ARCHIVE.

| 6장 |

그림 6.1   Charles Lyell. Public domain from Wikipedia.

그림 6.2   Charles Lyell's Principles of Geology. Public domain from BRITISH LIBRARY.

그림 6.3   Pillars of Pozzuoli. Public domain from Wikipedia.

그림 6.4   Adam Sedgwick. Public domain from Wikipedia.

그림 6.5   Roderick Murchison, 1st Baronet. Public domain from Wikipedia.

그림 6.6   Charles Lapworth. Public domain from Wikipedia.

| 7장 |

그림 7.1   Seal of the Geological Society of London. Geological Society of London contents.

그림 7.2   The Universal Exhibition of 1878: Les Palais des Fêtes at Trocadéro, Photographed by Harlingue -Viollet. The First International Geological Congress (1878), IUGS.

그림 7.3   Maclure Geological Map Transactions. Public domain from Wikipedia.

그림 7.4   Geological Map(Dufrénoy and Beaumont, 1846).

그림 7.5   Recent Earthquakes from APR 23th 2010 to MAY 23th 2010. Public domain from Wikipedia.

| 8장 |

그림 8.1   Louis Agassiz. Public domain from Wikipedia.

그림 8.2   Études sur les glaciers. Oxford University, INTERNET ARCHIVE.

그림 8.3   Photograph of Charles Darwin taken around 1874 by Leonard Darwin. Public domain from Wikipedia.

그림 8.4   Origin of Species title page. Public domain from Wikipedia.

그림 8.5   Darwin divergence. Public domain from Wikipedia.

그림 8.6   Thomas Henry Huxley. Public domain from Wikipedia.

그림 8.7   Editorial cartoon depicting Charles Darwin as an ape (1871). Public domain from Wikipedia.

| 9장 |

그림 9.1   Arnold Escher vd Linth. Public domain from Wikipedia.

그림 9.2   Albert Heim. Public domain from Wikipedia.

그림 9.3   Dents du Midi. Battista Matasci, et al., 2015. Geological mapping and fold modeling using Terrestrial Laser Scanning point clouds: application to the Dents-du-Midi limestone massif(Switzerland). European Journal of Remote Sensing, p. 572.

그림 9.4   Peach and Horne. Public domain from Wikipedia.

그림 9.5   The Moine Thrust at Knockan Crag photographed by Gordon Hatton. From Wikipedia.

그림 9.6   Portrait of Archibald Geikie. Public domain from Wikipedia.

그림 9.7   William Barton Rogers. Public domain from Wikipedia.

그림 9.8   PSM V50 D158 Henry Darwin Rogers. Public domain from Wikipedia.

그림 9.9   James Hall. Public domain from Wikipedia.

그림 9.10   James Dwight Dana by Warren, 1865. Public domain from Wikipedia.

| 10장 |

그림 10.1   Portrait of Henry Clifton Sorby. Public domain from Wikipedia.

그림 10.2   Norman Levi Bowen. From Wikipedia.

그림 10.3   Karl Alfred von Zittel. Public domain from Wikipedia.

기원서 외, 2008. 연천도폭 지질조사 보고서 (축척 1 : 50,000). 한국지질자원연구원, p. 83.

왕앙지 편저, 1994. 중국지질학간사. 중국과학기술출판사, p. 292.

정창희, 김정률, 이용일, 2011. 지질학. 박영사, p. 550.

조득룡, 2007. 태안층 저변성 사암의 SHRIMP 저어콘 연대 측정: 근원과 지체구조적 의미. 한국지질자원 연구원 논문집, 11: 3-14.

최덕근, 2014. 한반도 형성사. 서울대학교 출판문화원, p. 277.

최덕근, 2015. 내가 사랑한 지구. 청아문화사, p. 243.

Adams, F. D., 1938. *The Birth and Development of the Geological Sciences*. William & Wilkins Company, p. 209.

Airy, G. B., 1855. On the computation of the effect of attraction. *Philosophical Transactions of the Royal Society, 145*: 101-104.

Al-Rawi, M. M., 2002. *The Contribution of Ibn Sina (Avicenna) to the development of Earth Sciences*. Manchester, UK: Foundation for Science Technology and Civilisation. Publication 4039.

Asimov, M. S. and Bosworth E. (eds.), 1998. The Age of Achievement: A.D. 750 to the End of the Fifteenth Century: The Achievements. *History of Civilizations of Central Asia*, p. 700.

Benioff, H., 1954. Orogenesis and deep crustal structure: additional evidence from seismology. *Bulletin of the Geological Society of America, 65*: 385-400.

Benton, M. J. and Harper D. A., 2009. *Introduction to Paleobiology and the Fossil Record*. Wiley-Blackwell, p. 591.

Burnet, T., 1681. *Sacred Theory of the Earth*. Printed for J. Hoke, London, 4th edition, p. 1719.

Chang, K. H. and Zhao, X., 2012. North and South China suturing in the east: What happened in Korean Peninsula? *Gondwasa Research, 22*: 493-506.

Cho, D. L. et al., 2006. SHRIMP U-Pb geochronology of detrital zircons from iron-bearing quartzite of the Seosan Group. *Journal of the Petrological Society of Korea, 15*: 119-127 (in Korean).

Cho, M. et al., 2007. Metamorphic evolution of the Imjingang Belt, Korea: implications for Permo-Triassic collisional orogeny. International Geology. *Review, 49*: 30-51.

Cho, M. et al., 2010. SHRIMP U-Pb ages of detrital zircons in metasandstones of the Taean Formation, western Geyonggi massif, Korea: tectonic implications. *Geosciences Journal, 14*: 99-109.

Chough, S. K., 2013. *Geology and Sedimentology of the Korean Peninsula*. Elsevier, Amsterdam, p. 363.

Dalrymple, G. B., 1994. *The Age of the Earth*. Stanford University Press, p. 492.

Dietz, R. S., 1961. Continent and ocean basin evolution by spreading of the sea-floor. *Nature, 190*: 854–857.

Dixon, T. et al.(eds.), 2011. Science and Religion, *New Historical Perspective*. Cambridge University Press, p. 317.

Du Toit, A. L., 1937. *Our wandering continents: An hypothesis of continental drifting*. Oliver and Boyd, p. 366.

Eisely, L. C., 1963. Charles Lyell. *Scientific American, 201*: 98–106.

Geikie, A., 1905. *The Founders of Geology*. Baltimore: Macmillan and Company, limited, p. 486.

Gohau, G., 1990. *A History of Geology*. Rutgers University Press, p. 216.

Hess, H. H., 1962. History of ocean basins. In: Petrologic Studies: a Volume in Honor of A. F. Buddington, Engel, A. E. J., James, H. L., and Leonard, B. F.(eds.), New York, *Geological Society of America*, pp. 599–620.

Holmes, A., 1913. *The Age of the Earth*. London: Harper and Brothers, p. 46.

Holmes, A., 1931. Radioactivity and earth movements. *Transactions of the Geological Society of Glasgow, 18*: 559–606.

Holmes, A., 1944. *Principles of Physical Geology*. London, Thomas Nelson, and Sons, p. 730.

Hutton, J., 1788. Theory of the Earth; or an Investigation of the Laws Observable in the Composition, Dissolution, and Restoration of Land upon the Globe. *Transactions of the Royal Society of Edinburgh, 1*: 209–304.

Hutton, J., 1795. *Theory of the Earth with Proofs and Illustrations*. Edinburgh William Creech, p. 306.

Isaacks, B., Oliver, J., and Sykes, L.R., 1968. Seismology and the new global tectonics. *Journal of Geophysical Research, 73*: 5855–5899.

Jefferys, H., 1929. *The Earth*. Cambridge University Press, p. 356.

Kim, J. Y. and Huh, M., 2018. *Dinosaurs, Birds and Pterosaurs of Korea, A Paradise of Mesozoic Vertebrates*. Springer, p. 320.

Kölbl-Ebert, M.(eds.), 2009. *Geology and Religion: A History of Harmony and Hostility*. Geological Society, London, Special Publications, 310: 1–357.

Köppen, W. and Wegener, A., 1924. *Die Klimate der geologischen Vorzeit. Berlin*, p. 657.

LaRocque, A., 1994. Milestones in the History of Geology: A chronologic list of important events in the development of geology. *Journal of Geological Education, 22*: 195–203.

Laudan, R., 1987. From Mineralogy to Geology, *The Foundation of a Science*, 1650–1830. University of Chicago Press, p. 285.

Lyell, C., 1830. *Principles of Geology*. John Murray, p. 374.

Lyell, C., 1991. *Principles of Geology*. Chicago, University of Chicago Press, p. 477.

Maclure, W., 1817. Observations on the Geology of the United States of America: With Some Remarks on the Effect Produced on the Nature and Fertility of Soils, by the Decomposition of the Different Classes of Rocks; and an Application to the Fertility of Every State in the Union, in Reference to the Accompanying Geological Map.

Morgan, W. J., 1968. Rises, trenches, great faults and plate motions. *Journal of Geophysical Research, 73*: 1959–1982.

Needham, J., 1986. *Science and Civilisation in China*. Vol. 3. Taipei: Caves Books, Ltd, pp. 603–604.

O'Hara, K. D., 2018. *A Brief History of Geology*. Cambridge University Press, p. 262.

Oh, C.W. et al., 2005. First finding of eclogite facies metamorphic event in South Korea and its correlation with the Dabie-Sulu collision belt in China. *Journal of Geology, 113*: 226–232.

Patterson, C., 1956. Age of Meteorites and the Earth. *Geochimica et Cosmochimica Acta, 10*: 230–237.

Pratt, J. H., 1855. On the attraction of the Himalaya mountains. *Philosophical Transactions of the Royal Society, 145*: 53–100.

Robson, D. A., 1986. Pioneers of Geology. *Natural History Society of Northumbria*, p. 73.

Runcorn, S. K., 1959. Rock magnetism. *Science, 129*: 1002–1011.

Salam, A., 1984. Islam and Science. In: Lai, C. H., 1987. *Ideals and Realities: Selected Essays on Abdus Salam*. 2nd ed., World Scientific, Singapore, pp. 179–213.

Smith, W., 1815. Strata identified by organized fossils, containing prints on colored paper of the most characteristic: Specimens in each stratum. p. 22.

Steno, N., 1669. De solido intra soliddum naturaliter contento: Dissertationis prodromus. Florence, p. 83.

Taylor, F. B., 1910. Bearing of the Tertiary mountain belts in the origin of the earth's plan. *Bulletin of the Geological Society of America, 21*: 179–226.

Vine, F. J., 1966. Spreading of the ocean floor-new evidence. *Science, 154*: 1405–1415.

Vine, F. J. and Matthews, D.H., 1963. Magnetic anomalies over oceanic ridges. *Nature, 199*: 947–949.

Wang, H. et al., 1996. Development of geoscience disciplines in China. *The Council of History of Geology and Geological Society of China*, China University of Geosciences Press, p. 154.

Wegener A., 1912. Die Entstehung der Kontinente. *Geologische Rundschau, 3*: 276–292.

Wicander, R. J. and Monroe J. S., 2010. Historical Geology, *Evolution of Earth and Life Through Time*(6th ed.). BROOKS/COLE, p. 444.

Wilson, J. T., 1963a. Hypothesis of the Earth's behaviour. *Nature, 198*: 925–929.

Wilson, J. T., 1963b. Continental drift. *Scientific American, 208*: 86–100.

Wilson, J. T., 1965. A new class of faults and their bearing on continental drift. *Nature, 207*: 343–347.

Zittel, K. A. von, et al., 1900. *Textbook of Palaeontology*. Macmillan, p. 726.

Zittel, K. A. von, et al., 1901. *History of Geology and Palaeontology to the End of the Nineteenth Century*. London: Walter Scott and Charles Scribner's Sons, p. 616.

ㄹ

ㅁ

김정률

학력 및 주요 경력
서울대학교 사범대학 지구과학교육과 및 동 대학원 지질학과(이학박사)
한국교원대학교 지구과학교육과 교수
영국 리버풀대학교, 캐나다 뉴브런즈윅대학교 방문 교수
문화재 위원(천연기념물 분과, 세계유산 분과)
한국고생물학회 회장, 한국지구과학회 회장
한국교원대학교 제3대학 학장
한국교원대학교 명예교수

상훈
한국지구과학회 학술상, 대한지질학회 학술상
대통령 표창(과학기술 유공), 대한민국 옥조근정 훈장

연구 내용
필석 화석과 생흔 화석 전문학자로서 17종의 신종 공룡 발자국 화석 등의 생흔 화석을 공식적으로 발표한 바 있으며 그 가치를 국제적으로 인정받았다. 2018년 세계적인 출판사 스프링거에서 *Dinosaurs, Birds, and Pterosaurs of Korea*(한국의 공룡, 새, 그리고 익룡)라는 영문 저서를 출판하여 한국의 공룡, 조류, 익룡의 연구 성과를 국제적으로 널리 알리는 데 결정적으로 기여했다.

단행본

2018 : *Dinosaurs, Birds and Pterosaurs of Korea: A Paradise of Mesozoic Vertebrates*(공저). Springer.

2011 : *Dinosaur Fossils of Korea*(공저). Kungree Press.

2011 : 지질학(공저). 박영사.

최근 국제 학술지에 발표된 논문

2016 : New dinosaur tracks from the Lower Cretaceous(Valanginian-Hauterivian) Saniri Formation of Yeongdong area, central Korea: Implications for quadrupedal ornithopod locomotion. *Cretaceous Research, 61*: 5-16.

2016 : First report of turtle tracks from the Lower Cretaceous of Korea. *Cretaceous Research, 64*: 1-6.

2016 : Major events in Hominin evolution. In Mángano, M. G. and Buatois, L. A. (Eds.), The Trace Fossil Record of Major Evolutionary Events, Volume 2: Mesozoic and Cenozoic, *Topics in Geobiology, 40*: 411-448. Springer.

2014 : Tracking Lower Cretaceous dinosaurs in China: A new database for comparison with ichnofaunal data from Korea, the Americas, Europe, Africa and Australia. *Biological Journal of the Linnean Society, 113*: 770-789.